本书受国家社会科学基金项目"农田水利产权的契约与治理研究"
（14BJY113）、湖南省国内"双一流"培育学科（农林经济管
湖南省"三农"问题研究基地和湖南省农村发展研究基地的资.

湖南农业大学经济学院学术文库

农田水利产权：
契约缔结与治理绩效

Farmland and Water Conservancy Property Rights:
Contract Conclusion and Governance Performance

刘　辉◎著

经济管理出版社
ECONOMY & MANAGEMENT PUBLISHING HOUSE

图书在版编目（CIP）数据

农田水利产权：契约缔结与治理绩效/刘辉著. —北京：经济管理出版社，2020.8
ISBN 978 - 7 - 5096 - 7469 - 7

Ⅰ.①农…　Ⅱ.①刘…　Ⅲ.①农田水利—产权—研究—中国　Ⅳ.①D923.2

中国版本图书馆 CIP 数据核字（2020）第 159843 号

组稿编辑：曹　靖
责任编辑：任爱清
责任印制：黄章平
责任校对：董杉珊

出版发行：经济管理出版社
　　　　　（北京市海淀区北蜂窝 8 号中雅大厦 A 座 11 层　100038）
网　　　址：www. E - mp. com. cn
电　　　话：（010）51915602
印　　　刷：唐山昊达印刷有限公司
经　　　销：新华书店
开　　　本：720mm×1000mm/16
印　　　张：17. 25
字　　　数：290 千字
版　　　次：2020 年 10 月第 1 版　　2020 年 10 月第 1 次印刷
书　　　号：ISBN 978 - 7 - 5096 - 7469 - 7
定　　　价：88. 00 元

序 言

　　我国是一个水资源短缺的国家，人均水资源量和亩均水资源量分别只有2100立方米和1400立方米，仅占世界平均水平的28%和50%。特殊的地理位置、地形地貌、气候条件等天然禀赋决定了我国农业水资源数量和质量分布不均匀，而庞大的农业人口基数，导致农业用水迅速增长，农业可持续发展与水资源不足的矛盾正在日益加剧，水涝干旱现象时常发生，使我国农田水利治理时间紧、任务重、战线长。在新型农业经营主体蓬勃发展、农业供给侧结构性改革和农业农村现代化建设新形势下，农田水利面临着"重建设、轻管理、缺维护""有人用、没人管""搭便车"等困境，因此，重视和加强农田水利治理是一项基础性、战略性和长期性的任务。

　　针对我国农田水利供需非均衡性，农田水利产权治理政府"悬浮"和市场"困局"并存局面，中央政府高度重视，中央一号文件多次强调，农田水利是农业现代化建设的首要条件，是农村基础设施建设的重中之重，需要把农田水利放在"三农"发展的突出位置，并将其列为实施乡村振兴战略的重要手段。打开农田水利产权结构"黑箱"，厘清农田水利契约缔结逻辑，实现农田水利建管护有机衔接，是补齐农业现代化发展短板、推进现代农业可持续发展的迫切需要。因此，本书以提高农业用水效益，促进粮食增产、农民增收、农业增效为目标，紧紧围绕农田水利产权的契约缔结与治理绩效这一核心，完善农田水利治理体系，明确产权主体行为逻辑，设计一套契约规则，厘清利益主体权责利关系，构建适应不同产权结构的农田水利治理模式，从而提升农田水利治理绩效，保障农业可持续发展和国家粮食安全。

　　基于新制度经济学视角，研究农田水利产权契约与治理是农业经济管理学科的重要领域，如何厘清产权主体行为逻辑，构建农田水利契约缔结经济逻辑，科学评价农田水利治理绩效是农田水利研究的核心和关键。作者为实现这一目标，从以下五个方面进行了扎实和细致的研究工作：

第一部分为农田水利产权契约与治理的基本范畴。一是阐明研究背景、目的及意义，并进行国内外关于农田水利产权契约与治理研究，特别是关于农田水利产权制度改革与契约缔结问题的研究，把握农田水利产权、契约与治理研究前沿，找准论文突破口，梳理出农田水利产权契约与治理的研究思路和基本框架。二是阐述农田水利产权契约与治理的基本概念，科学界定农田水利本身的内涵及分类，厘清农田水利产权、契约与治理间的联系和区别，把握三者关系的演化历程，明确产权和契约是农田水利治理的核心和关键。三是梳理农田水利产权契约与治理的理论及机理，通过阐述交易费用与产权理论、契约与委托代理理论、公共物品与公共选择理论、博弈与信息经济理论，结合农田水利产权契约与治理AID范式，构建农田水利产权契约与治理分析框架，具体阐述农田水利产权契约与治理作用机理。

第二部分为农田水利产权契约与治理的现实依据。一是基于中央政府、地方政府、灌区、村集体、新型农业经营主体和农户的行为特征，结合博弈理论，利用完全信息静态博弈和不完全信息动态博弈模型，探寻产权主体合作均衡解。二是根据宏观统计数据和微观调研数据，从建设和管护不同环节，分析农田水利治理现状和问题，并从产权改革和契约缔结两方面，阐述农田水利产权和契约的现实与困境，为农田水利研究奠定现实基础。

第三部分为农田水利产权契约与治理的经济逻辑。沿着农田水利"产权结构—契约缔结—治理模式"分析思路，阐述不同产权结构下农田水利契约缔结与治理模式，分析了集体产权、私有产权、混合产权、产权转移下弱显性强隐性契约的政府主导型治理模式、弱显性强隐性契约的集体主导型治理模式、弱显性强隐性契约的私人治理模式、中显性中隐性契约的多中心治理模式、强显性弱隐性契约的"四位一体"治理模式，并根据实地调研对农田水利治理逻辑进行案例检验。

第四部分为农田水利产权契约与治理的实证分析。一是农田水利治理效率评价和影响因素分析，选取农林水事务支出、第一产业从业人员数和排灌机械数量作为投入指标，粮食产量、有效灌溉面积和农村饮水安全人口作为产出指标，使用 DEA - BCC 模型和 Malmquist 指数，分别从静态和动态角度对农田水利治理效率进行科学评价，并利用 Tobit 模型进行影响因素分析。二是以湖南省为例，运用二元 Logistic 模型从农民个人特征、农户家庭特征及农民心理认知状况三个方面选取变量，对农户参与农田水利建设意愿两个阶段决策行为影响因素进行分析；利用 Logistic 模型从农户个人特征、家庭特征、参与特征和外部环境特征选取指标，对农户满意度及其影响因素进行实证分析；基于供给和维护视角充分考虑农田水利治理绩效，结合二元 Logistic 模型，从边界规则、分配规则、投入规则、监督和制裁规则等制度规则视角实证分析小型农田水利治理绩效的影响因素。

第五部分为农田水利产权契约与治理的路径选择及政策建议。一是结合美国、日本、澳大利亚、以色列等发达国家和印度、智利等发展中国家农田水利设施产权、契约与治理的实践，阐释国外农田水利产权、契约与治理的经验与启示。二是结合理论与实证分析，提出外部环境与内部环境有效结合的路径选择。三是作者梳理了研究的基本结论，从加大农田水利建设、加强监督与管理、理顺治理逻辑、提升治理绩效等方面提出有针对性的政策建议，形成农田水利产权、契约与治理的具体实施策略，进一步展望农田水利产权契约与治理研究。

本书在汲取前人研究成果的基础上，结合中国实际，经过长期的思考最后决定的。在研究过程中，作者坚持深入农村一线调查，将理论与实践相结合，在该领域取得了一定的研究创新成果。例如，尝试融合代理理论和治理理论，构建农田水利"产权结构—契约缔结—治理绩效"经济范式；利用农田水利利益主体间博弈模型，探讨政府部门、中间组织与农户的博弈均衡；基于农田水利集体产权、私人产权、混合产权的静态差异和动态产权转移，分析强显弱隐、中显中隐、弱显强隐契约组合下治理模式差异，具体包括政府主导型治理模式、集体主导型治理模式、多中心治理模式和私人治理模式；结合规范分析和实证分析，利用面板数据和数据包络分析方法（DEA），从静态和动态角度客观评价全国农田水利治理绩效；利用湖南实地调查数据，实证分析农田水利产权治理的农户意愿度、满意度、制度规则及其影响因素。这些观点和主张，对不断发展与完善农田水利产权、契约与治理的理论与实践形式，不无裨益。

最后，我希望作者能继续保持心静如水、脚踏实地的心理状态，在相关领域再出新成果奉献给读者，为我国农业经济理论与农田水利产权、契约与治理等理论作出自己更大的贡献。

2020 年 5 月

目　录

第一部分

第二部分

第三部分

第四部分

第五部分

第一部分

第一章　导论

第一节　研究的背景和意义

一、研究背景

我国是一个水资源短缺的国家，人均水资源量和亩均水资源量分别为2100立方米和1400立方米，仅占世界平均水平的28%和50%。2013年中国长江以南大部地区、2014年华北地区、2015年东北地区出现了历史罕见的持续高温少雨天气，持续时间长，范围特别广，温度异常高，浙江、湖南、湖北、山东、河南、辽宁等省灾情严重，受旱农田范围广、大量牲畜饮水困难。2017年，全国共出现36次暴雨，洪涝灾害直接损失2143亿元，农作物受灾面积8122万亩、成灾面积4533万亩，这暴露出农田水利设施的薄弱性。我国农业人口多，农业水资源少并且分布不均匀，水资源供需矛盾突出，水涝干旱现象时常发生，使我国农田水利治理任务重、治理过程复杂。自进入21世纪以来，我国治水的主要矛盾转变为人民群众对水资源水生态水环境的需求与水利行业监管能力不足的矛盾。此外，由于中国农村家庭联产承包改革造成的"人均一亩三分，户均不过十亩"的小农经济和"三权分置"下农村土地适度规模、新型农业经营主体快速发展并存的现实，农田水利"重建设、轻管理、缺维护"、农业用水"最后一公里"和"九十九公里"等问题仍然存在，尤其是治理过程中治理主体的"搭便车"和机会主义行为，已成为现代农业发展的突出短板。为有效解决农田水利供需的非均衡性和我国治水的主要矛盾，2011 年中央一号文件明确提出把农田水利作为农村基础设施建设的重点任务，强调农田水利薄弱环节建设，建立水利投入稳定增长机制，通过农田水利体制机制改革等措施扭转农业"靠天吃饭"的局面。2012 ~ 2016 年中央一号文件相继提出要把农田水利作为农村基础设施建设的优先发展领域，强调农田水利建设是落实新增千亿斤粮食生产能力、稳定农业发展和保障粮食安全的关键。2016 年 6 月 3 日，国务院常务会议审议通过的《农田水利条例》进一步明确发展农田水利坚持政府主导、建管并重的原则，各部门按照职责分工做好管理和监督工作。农业供给侧结构性改革和乡村振兴战略强调将农田水利列为"补短板"的重要领域，并将农田水利设施达标提质作为实施乡村振兴战略的重要手段。因而，完善农田水利治理体系，不仅是乡村振兴背景下有待进一步探究的理论问题，也是迫切需要解决的现实问题。那么，如何理顺产权治理主体参与农田水利治理的行为逻辑，如何对农田水利治理进行契约设计，如何改变理性主体的博弈策略等问题需要形成社会共识，本书将在理论与现实的基础上，厘清农田水利治理主体的权责利关系，构建不同产权结构下的农田水利契约缔结与治理模式的分析框架，以克服农田水利治理主体的机会主义行为，满足治理主体的参与约束和激励约束，有效突破产权不明晰、管护责任不到位等现实困境，保障农田灌溉的可持续性和国家粮食安全。

二、研究目的

农田水利治理是提高农业综合生产能力、改善农村生态生活环境和实现农业农村现代化的关键。而我国农田水利治理出现政府"悬浮"和市场"困局"并存的局面，导致农田水利供需不均衡，制约了农田水利契约缔结和制度安排，最终影响农田水利治理绩效，从而导致粮食生产难以产量化、农业生产难以产业化，国家粮食安全得不到有效保障。农田水利产权结构安排和契约关系缔结能为农田水利治理主体提供内在激励机制和外部环境支撑机制，农田水利治理绩效的提高无疑是促进粮食增产、农民增收和现代农业发展的关键。本书试图运用产权经济学、新制度经济学、农业经济学、计量经济学、博弈论等相关理论，认真吸收国内外学者关于农田水利产权契约与治理研究的经验成果，深刻剖析我国农田水利产权契约与治理的现实、困境，在实际调研的基础上，运用农田水利产权治理与契约的基础理论，分析农田水利产权主体的行为特征，构建不同产权结构下农田水利的契约缔结与治理模式，建立模型评价农田水利治理绩效及其影响因素，通过湖南省的案例检验，结合国外发达国家和发展中国家农田水利产权契约与治理的实践经验，从而提出针对性强、可操作的农田水利治理的有效路径与政策建议。

三、研究意义

农田水利治理是我国农业稳定的需要，是农村经济社会发展的需要，是解决粮食安全问题的迫切要求，是突破水资源对农业的瓶颈制约、缓解农业用水矛盾的迫切要求，其本质是农户、地方政府和中介组织之间的一种契约形式。只要市场具有竞争性，理性的农户、政府和中介组织就会选择最有效的契约。因此，农田水利产权、契约与治理的研究，可厘清农田水利产权主体的行为逻辑、寻求有限理性主体的利益共性，缔结最优契约，提高农业用水的综合效益，从而保障国家的粮食安全。加强农田水利产权契约与治理研究，对改善农业生产条件和农村生态环境、夯实农业生产能力基础，保障我国粮食安全、供水安全和生态安全都具有十分重大的理论意义和实践意义。

（一）理论意义

第一，有利于廓清农田水利产权、农田水利契约、农田水利治理等概念的区别与联系，厘清农田水利设施的公益性和经营性职能，进一步丰富农田水利治理的相关理论；

第二，有利于厘清农田水利设施的权利分割，落实建设与管护主体责任，明晰各主体的权责利关系，为农田水利设施产权制度改革提供科学依据；

第三，有利于把握产权主体的利益共性，理顺农田水利"产权结构—契约缔结—治理模式"的经济逻辑，创新农田水利治理的运行机制，丰富该领域的研究成果，推进该领域研究的深化和细化。

（二）实践意义

第一，有利于促使政府、农户等产权主体增强农田水利管护意识，提升产权主体的监督和管理水平，发挥农田水利农业命脉的作用，提高农业用水效率，促进农业增产、农民增收，保障国家粮食安全和国家安全；

第二，有利于产权理论、契约理论和农田水利治理实践的融合，认清农田水利产权契约与治理的现状、问题、原因，探索不同产权结构下农田水利契约缔结和治理模式，并提出可操作性的对策建议，从而为政府提供农田水利以及公共物品治理的科学决策依据；

第三，有利于应对自然灾害的挑战，保障国家粮食安全。针对我国干旱、洪涝、台风等自然灾害频发，加强农田水利治理，能从根本上改变"靠天吃饭"的状况，积极应对自然灾害带来的挑战，巩固与提高农业综合生产能力，确保国家粮食安全。

第二节　国内外研究动态及述评

一、国外研究动态

(一) 关于农田水利产权制度的研究

国外学者对水权进行了长期的研究，Bruns 和 Meinzen - Dick（2001）、Yamamoto（2002）认为，水权是一组权利体系，通常被当作不动产财产权，在一般情形下权利持有者拥有水资源的用益权，实际上，水权是一种明确规定谁应该在何时、何地获得多少数量水资源的权利，且水资源的不同用途决定着不同的权利拥有者。尽管对水权进行了界定，但水资源的利益冲突仍然存在，为解决这一问题，McNamara（2000）认为，需要对水资源财产所有权做出合适的制度安排，即明确利益界限，明晰水资源的产权归属和使用范围。Hamilton（1989）、Demsetz（1967）认为，产权能内化公共物品的外部性问题，使产权所有者在与其他人进行交易时产生预期，通过清晰界定产权关系和稳定的交易机制将外部性问题内在化，从而使外部性内部化，而可交易水权制度的建立使产权相对明晰，同时可进一步鼓励节水技术的使用及用水效率的提高，从而推进高效节水灌溉工程建设。Easter、Feder 和 Moigne 等（1993）指出，水权与水价这一重要手段是实现对水资源管理的有效途径。从 20 世纪 80 年代中后期，许多发展中国家先后出现了将灌溉系统的权责从政府向农民协会和其他私人组织转移的改革浪潮（Vermillion，1997），大多数学者认为，农田水利产权改革带来的影响是积极的，能使制度发生变迁的两个条件是清晰的水权关系和可自由交易（Uphoff，2000），一方面，可以降低交易费用，保证使用者的权益；另一方面，也能使水资源的机会成本纳入使用者的考虑范围（Rosegrant 和 Binswanger，1994）。Kessides（2004）指出，在小型农田水利设施的经营管理中引入私人组织和竞争机制是产权制度改革的重要措施。Renfro 和 Sparling（1986）认为，公有灌溉系统常与土地所有权联系在一起，公有灌溉系统僵化机制制约了农业生产率的提高，因为私有灌溉系统赋予了农民在水资源供给和输送方面更大的控制权利。Meinzen Dick（1994）通过对巴基斯坦的研究指出，私有机电井的管理效率明显高于非私有机电井，在一定条件下水利设施通过产权私有可以大大提高工程运行效率。Gheblawi（2004）认为，由农民协会或其他私人部门来承接政府承担的农田水利管理职责，能极大地提高灌溉系统的运行效率。Yercan（2003）以土耳其 Gediz 流域为例，比较灌溉转移前后灌溉方案中农民参与决策的行为，结果发现，对于灌溉用水这一公共池塘资源，行之有效的解决办法是由农协、合作社、用水者协会等来代替政府行使管理职责，加大农民决策参与度。Mabry（1996）认为，全世界1/3 的粮食丰收硕果得益于各地农田水利工程的有效建造和管理，并通过许多的案例来论证得出限制水资源的使用权是资源可持续管理的必要步骤。Calvo - Mendieta、Petit 和 Vivien 等（2017）以法国的水资源管理政策为例，提出共有财产权是解决水资源管理问题的重要手段。Yiheng（2018）研究得出，农田水利产权不完整的本质是土地产权主体的人格不健全，认为应该建立相应的制度保障保护产权主体权利。

（二）关于农田水利治理契约的研究

Hart 和 Holmstrom（1987）认为，契约需要考虑两个核心问题，即不对称信息下的收入转移和不同风险态度的当事人之间的风险分担。Hart 和 Moore（2008）不仅将契约视为一个参照点，而且认为契约是为缔约各方提供一个判断交易关系中权利得失的参照标准，强调权利得失的心理感知主要由缔约各方签订的契约决定。Tirole（2009）的探索性研究结果表明，尽管契约参照点效应和敲竹杠机会随着契约调整成本的上升、交易伙伴谈判能力的增强而增加，但随着缔约主体间关系契约强度的提升而降低。自科斯将企业与外部的契约关系认为是市场交易以来，Williamson（1996，2002）则提出，由于交易不确定性、信息不对称和人的有限理性等因素的存在，故现实中的契约本质上是不完全的，他将契约类型划分为古典契约、新古典契约和关系性契约三种，并把契约关系称为混合结构，从而为不同契约类型匹配的治理结构提供了理论基础。Macneil（1978）指出，契约可分为正式契约和关系契约，正式契约是企业内和企业间制定的，关系契约表现为依赖各种关系性规则来进行交易。Poppo 和 Zenger（2002）通过实证研究证明了关系契约与正式契约之间的互补关系，认为在复杂的、风险很大的交易关系中，同时采取正式契约和关系契约比单纯采取一种契约治理方式会产生更好的交易绩效，明确的契约条款以及灵活的关系契约双管齐下会使交易更加顺畅。Bartolini、Gallerani 和 Raggi 等（2007）指出，在水框架方针下，不同的政策设计的效果是水质改进的关键，并强调了管理者和代理人之间存在信息不对称的问题。Barrett（1998）探讨了信息的产生是私有时水资源在管理者与代理人之间的有效配置，并指出双方会达成一个契约以达到利益最大化，而不同形式的契约决定了其分配方式。Gallini 和 Wright（1990）认为，当存在逆向选择时，农田水利的产权治理的激励反映在自我选择约束中，治理契约的设计应体现一种质量信息传递。Amit 和 Parthasarathy（2013）强调需求管理的二期委托代理契约可以减轻用水系统的市场失灵现象。Galioto、Raggi 和 Viaggi 等（2013）根据实际监管机构的目标和由欧洲水框架指令原则，基于委托代理逻辑分析农业水资源管理中的价格政策，实证结果表明，价格限制能够解决委托人与代理人之间信息不对称，且监管机构的歧视性定价契约更适合用水成本较高的价格。Viaggi、Raggi 和 Bartolini 等（2010）运用线性回归模型和委托代理模型比较了世界水框架指令下的扁平化与差别化合同，指出以激励为导向的政策合同具有可行性。Banerji、Meenakshi 和 Khanna 等（2012）分析了印度北部甘蔗种植村庄中管理地下水分配的机构和非正式市场，构建了社会契约管理村庄水交易模型，指出尽管村级水价与水的边际价值产品无关，但社会契约能转化为水的空间有效分配。Sharma（2012）以澳大利亚墨累—达令盆地的水资源管理为例，认为政府部门和社会机构应该从制度层面和文化规范两方面对水资源进行管理，肯定了契约对降低水市场交易成本的作用。Caretta、Börjeson 和 Lowe（2015）以及 Caretta 和 Angela（2015）以小农户社区灌溉为例，运用地方性别契约概念分析了男性和女性适应气候变化的不同策略，认为性别契约的转变将直接影响社区的适应能力和气候变异性，而从事经济作物种植的家庭正在从"地方资源契约"向"家庭收入契约"转变。Banerji、Meenakshi 和 Khanna（2012）以及 Veldwisch（2015）研究发现，正式契约和非正式契约通过整合各种生产要素资源，协调灌溉组织系统内的农业生产，将土地和水的使用效益重新定位，从而提高大豆生产效益。

（三）关于农田水利治理模式的研究

国外学者将农田水利视作一种特殊的农村公共物品，认为政府是主要投资者和供给者，应当充分发挥职责，能有效规避市场失灵（Olson，1965；Sarker，2001；Thoni 等，2012）。Larson 和 Bromley（1990）基于"公地悲剧""囚徒困境"和"集体行动的逻辑"的悲观性隐喻，认为应由中央政府对农田水利设施实施集中控制和治理。鉴于农田水利的重要地位和供给中的政府失灵，Wilder 和 Margatet（2002）认为，农田水利产权治理可通过"社区共管"模式与市场机制相结合来提高利用效率，并且实行私有产权制度也是解决问题的途径之一。Johansson、Tsur 和 Roe 等（2002）认为，由农民协会或其他私人部门提供也是有效的，建立农民自己的组织来进行有效管理是农业灌溉管理由集权向分权转化的根本途径。针对农田水利治理中政府与市场"双重失灵"而出现的设施供给短缺和公共服务不均等问题，为了克服"搭便车"、规避责任、寻租等机会主义行为，Ostrom、Schroeder 和 Wynne 等（1993）以及 Ostrom（2000）将农田水利设施界定为"公共池塘资源"，政府统一供给的格局将发生改变，市场供给的方式将被引入，进而提出了农田水利自筹资金的合约博弈模型及其自主治理模式。Klein、Bewer 和 Ali 等（2012）基于激励相容理论，强调小型农田水利治理模式要与制度和政策环境相匹配，更重要的是要激励农户参与，从而实现农户的长久效益。Ast 和 Boot（2005）认为，农田水利建设治理的新模式受农田水利产权界定、农业用水价格、政府与用水农户参与积极性的影响。Downer 和 Poter（1992）的研究指出，公众和私营企业参与的 PPP 模式能够加快农田水利基础设施建设的步伐，缩短农田水利基础设施项目的完成时间。哈维·S. 罗森（2003）认为，农田水利设施治理 PPP 模式能使私人企业、公共部门双方形成互惠互利的关系，实现共赢，进而更好地服务社会公众，创造更多的社会效益。Yamout 和 Jamali（2007）通过对黎巴嫩水务管理体制的分析，提倡在水务服务中引入私人机制，采用公私合营的方式解决落后农村的供水问题。Shah 和 Raju（2001）认为，用水者组织对小型农田水利的监管起着重要的作用，不但减少了监督成本，还增强了灌溉渠道的修建与维护工作。Molle、Chompadist 和 Sopaphun 等（1998）建议采用"水地合一"的管理体制，调动农民打井、修渠、灌溉的积极性。Svendsen 和 Murray - Rust（2001）研究了土耳其水利管理体制转换的实际成效，认为将水利管理权下放给地方，在降低经营成本、节约灌溉服务费用、减轻农民水费负担等方面都有明显效果。Hamidov、Thiel 和 Zikos 等（2015）以乌兹别克斯坦的灌溉管理为例，认为以用水户技能为主导、政府拨款为辅的参与式治理模式能有效维护灌溉渠道的运营。Ul Hassan（2011）分析表明灌溉治理改革中的问责制度设计不当是治理不善的原因，并提出从关注制度、改革意图、手段和实施安排这四个方面完善灌溉治理模式。

（四）关于农田水利绩效的研究

Kulshrestha、Vishwakarma 和 Phadnis 等（2012）运用 DEA 模型对印度干旱和半干旱地区农田水利投资绩效进行了对比分析，结果显示灌溉效率对提高农业生产生活有着十分重要的作用，政府投资农田水利基础设施对农业经济增长和农村的发展有着举足轻重的作用（Hearne 和 Easter，1997）。Bauer（1997）构建了一个整合的经济——水利模型框架来分析农业生产率、非农业生产用水、农民投入选择、水资源分配和资源等级之间的相关关系，并将这个模型运用到智利的米辅河流域的相关研究。Meinzen - Dick 和 Zwarteveen（1998）通过数学模型实证分析法，对巴基斯坦私有农田水利进行研究，研究证明对小型农田水利治理制度的创新产生显著影响的是水源质量、用户文化水平、政府职能、人口密度，这些因素都会对小型农田水利的治理方式产生重要影响，到底制定怎样的合作治理策略要根据当地的实际情况而定。Clemmens 和 Burt（1997）等认为，农田水利的使用效率、灌溉方式、灌溉规模、灌溉前景以及是否均匀分布等是影响灌溉效率的性能指标。Svendsen 和 Murray - Rust（2001）指出应从人员配备、运营成本、服务收费水平、成本回收等方面提高灌溉用水的整体管理水平。Mcmillan 和 Woodruff（1999）对东欧转型国家和越南的企业调查结果表明，在法庭功能发挥良好的情况下，以重复合作为基础的关系契约与正式契约同等重要，都广泛被应用。Bel 和 Warner（2008）基于公共选择、产权、交易费用和产业组织理论，并通过实证分析说明市场结构、产业组织的服务部门，以及政府的监督和管理在农田水利治理中的重要性。Smith（2014）在对新墨西哥州的灌溉进行详细分析后发现，额外的用水户会对灌溉系统治理绩效产生负向影响，原因是额外的用水户增加了灌溉管理系统的交易成本，因此，需增加集团规模和地方机构的实力，以排除额外的用水户。Frija、Zaatra 和 Frija 等（2017）通过考察突尼斯南部干旱地区的三个灌溉方案，并以获得用水许可、灌溉作物推广服务、灌溉技术使用培训、灌溉节水设备的财政和补贴绘制社会网络图，得出参与者密度越高的地区，灌溉组织的治理绩效越好。Hiremath、Shah P. 和 Chaudhary 等（2016）认为，印度运河灌溉部门、用水户协会和农民之间存在着巨大的沟通差距，导致该流域配水绩效不高，提出开发以农民为中心的水治理系统，并利用信息和通信技术将失去的信任重新建立，以改善灌溉部门与农民之间的沟通和问责制。

二、国内研究动态

（一）关于农田水利产权制度的研究

王金霞、黄季琨和 Scott Rozelle（2000）以河北省为例分析了我国地下水灌溉系统的产权制度的创新过程，认为主要存在集体产权、混合产权、股份制产权和私有产权，其中明显的特点是产权制度逐渐从集体产权向非集体产权转变。但是，不同类型的农田水利设施，其产权的表现形式有所差异，王英辉、薛英焕（2013）认为，大中型农田水利设施是国家分层委托产权形式，集体和私人合作产权形式大都存在于小型水利设施中，微型水利设施为农户所有的自管自营产权形式。刘辉、周长艳（2016）以山地丘陵区为切入点，将农田水利的产权结构划分为所有权、管理权和使用权，并提出了山地丘陵区农田水利产权治理的"四位一体"模式。刘辉、张慧玲（2017）将农田水利产权分为设施产权和水权，设施产权表现为利益主体在农田水利设施上的产权界定和产权保护，水权主要指引水权、排水权、蓄水权、航运权。张红玲等（2018）将小型灌溉工程产权分为所有权、使用权、经营权和管理权，并将水权管理与农田水利工程产权管理相结合，通过选择灌溉渠系、泵站、机井等典型工程进行试点应用研究，设计了基于 ET 的小型灌溉工程产权制度模式。但农田水利产权制度及运行管护存在产权不明晰、负外部性和"搭便车"明显、投入不足、体制不顺、管护机制不健全等问题（胡继连等，2000；何金霞等，2017），使原有农田水利设施产权制度缺乏效率，学者提出以市场化或私有化为主要内容的产权改革（李雪松，2007；刘石成，2011；曹鹏宇，2009；李鹤等，2011），认为农田水利设施产权制度改革是提高效率、促进设施良性运作的有效路径，能更好地推进小型农田水利设施建设与管理。陈雷、杨广欣（1998）认为，水利工程产权改革可以合理开发利用与管理农业水资源，提高水资源利用效率和效益。黄春（2003）探索了股份合作制、拍卖、承包、租赁等产权制度改革的主要形式，胡继连等（2000）分析了小型农田水利产权制度改革的集体农田水利设施的承包（租赁）经营、集体农田水利设施经营权（使用权）拍卖、个人（单户）或合伙（联户）投资办水利、组建水利合作社投资办水利、组建水利公司投资办水利五种实践模式。段艳等（2008）基于农田水利产权制度改革，构建了我国小型水利工程产权制度创新的评估指标体系，并就制度保障、政策支持、基本要素、绩效以及可持续性五个方面进行系统研究。但农田水利设施产权改革完全没有解决农田水利问题，而是出现了政府"悬浮"和市场"困局"并存的局面（焦长权，2010），导致了农田水利合作中的市场失灵与政府失灵（刘敏，2015），且产权改革的总体效果不理想（孙小燕，2011）。宋洪远、吴仲斌（2009）认为，小型农田水利设施的产权制度改革是经济利益导向下的诱致性制度变迁，不是由政府推动的，产权制度改革与设施的盈利能力相关，改革的具体方案交由市场决定。周晓平（2009）认为，产权改革不仅与农田水利设施正式制度有关，还受到农村社区个体和群体的特征的影响，换句话说，即产权改革制度需要正式制度与非正式制度的互相配合才能成功。王冠军等（2015）指出，小型农田水利工程产权制度改革应按照责权一致、有效配置、综合改革、分类推进、因地制宜的改革思路，充分发挥市场配置资源的作用，建立政府主导、各方主体参与的小农水工程产权制度改革体制，提出明晰所有权、落实管护权、界定收益权的产权改革总体框架。

（二）关于农田水利契约缔结的研究

国内学者对契约缔结的研究较早的是农业产业化和农地流转，农户与龙头企业之间最常见的是商品契约、要素契约和嵌入合作契约，商品契约形式多样，最简单的形式是签订合同，要素契约常见于反租倒包，嵌入合作契约是基于合作和嵌入关系网络之上的缔约关系，更能在契合农业供给侧结构性改革的要求上实现初始投资效率和农民福利的帕累托改进（周立群、曹利群，2002；贾晋、蒲明，2010；吴本健等，2017）。叶祥松、徐忠爱（2015）也将公司和农户自我实施的契约缔结关系分为主观度量的隐性契约和客观度量的显性契约。对于选择何种契约，黄祖辉等（2008）、聂辉华（2012）、朋文欢等（2017）认为，以信息成本、谈判成本和执行成本为代表的交易成本，以及产权、声誉、抵押和风险态度对农户选择不同的契约方式有显著的影响。洪名勇（2017）、王亚飞等（2014）则认为，产权安排、个体特征、空间距离和信任、声誉等社会资本是诱导不同的契约选择的主要因素。罗必良（2017）、罗必良等（2017）认为，在农地流转租约中，存在着不完全合约、关系合约和空合约，阐明了"不完全合约—关系合约—空合约"的动态演化逻辑机理，分析了农地租约不断加剧的短期化倾向，存在租约期限的"逆向选择"，并导致契约的"柠檬市场"，并且定额租约和分成契约分别是信息对称和不对称结构下的最优制度选择（罗必良、何一鸣，2015）。随着研究的深入，越来越多的学者关注到农田水利契约，周翔鹤（2000）以清嘉庆、道光年间中国台湾宜兰水利合股经营为个案，认为资本、劳动、土地、技术等要素是促进各主体建立明晰产权关系和水利合股契约的关键。黄少安、宫明波（2009）以山东省临朐县的农村供水为例，以委托—代理理论为工具，表明偏远山区农村供水出现了产权制度创新，通过重新设计委托代理契约，加强对代理人的激励和约束，从而选择最合适的经营权的代理人。刘海英、李大胜（2014）将农田水利治理看作一种产权关系和契约关系，并且需要通过显性和隐性的协调机制来维持这一契约关系才能维持治理的高效率。刘辉、周长艳（2018）指出，产权结构安排影响契约组合关系，得出小型农田水利治理沿着弱显强隐、中显中隐、强显弱隐的契约组合关系演变。裴丽萍、王军权（2016）提倡将行政合同引入到水资源利用与管理过程中，补充或替代原来的行政许可模式，明确水资源管理部门与取水许可申请人的权利、义务及责任，减少利益主体纠纷。张云华等（2017）认为，农田水利治理需同时发挥政府和市场的作用，重视农田水利建设的 PPP 项目，并将 PPP 项目的本质视作参与主体之间的契约关系。由于存在地方政府契约意识不强、风险分担机制缺乏等问题，学者提出设计严谨的合同条款、提高政府监管效率、动态调整剩余控制权在公私部门的分配、制定激励机制和加大惩罚力度等减少 PPP 项目中逆向选择和道德风险问题的对策建议（王永德等，2017；Thiravong 等，2016）。杨阳、周玉玺、周霞（2015）揭示了小型农田水利设施建管护中组织支持、心理契约、差序氛围和农户合作意愿间的逻辑关系和作用机理，认为心理契约正向影响农户参与小型农田水利建管护的合作意愿，并在组织支持和农户合作意愿间起部分中介作用，应综合应用组织支持和心理契约，诱导和强化农户的合作行为。任贵州、杨晓霞（2017）建议培养农田水利各参与成员协作、自觉、民主、责任的契约精神，以提高用水农户参与农田水利设施管护的广度和深度。

（三）关于农田水利治理模式的研究

刘铁军（2007）重点分析和评价了现有的小型农田水利设施的私人治理模

式、用水户参与式治理模式与集权治理模式，从产权的特征和功能视角认为自主治理模式是中国小型农田水利设施治理的合理模式。刘翠芳（2013）、王亚华（2013）则认为，用水户参与式治理模式是中国农田水利治理体制变革中的一个显著趋势，应大力推广用水户协会。周晓平（2009）提出的市场化运行、政府辅助和社会化治理有机结合的多中心治理模式得到了刘海英等（2014）的肯定，认为多中心治理模式是解决政府和市场"失灵现象"的措施，并在此基础上，从保障机制、合作机制和协调机制三个方面构建农田水利协同治理模式（刘海英、朱檬，2017）。吴泽俊、吴善翔（2012）认为，由于农田水利治理模式供给、占有、使用、维护的不同，因此，可形成政府或单一权力中心自上而下决策的集权治理模式、农户或私人经营者独立决策的私人治理模式、多组织相互制约进行决策的合作治理模式、农户自组织自下而上民主决策的参与治理模式，并提出现阶段需要实行因地制宜的多种模式并存的多元治理模式。吴森、黄倩（2013）和胡雯（2013）根据农田水利的多户共用性和多主体参与的性质，分别提出农田水利治理可持续发展的账户基金制治理模式和政府、农民和市场共同介入的"新型网络合作治理关系"。杜威漩（2015）从小农水客体属性界定、主体结构安排、运行机理阐释、治理机制构建的依次递进的治理逻辑构建了小农水耦合治理模式。何寿奎（2016）基于项目资金价值的农村水利多元供给模式，提出多元供给模式下完善农村水利市场准入机制、项目控制权选择准则、社会资本收益分配原则、国有资产监督制度、内部治理结构与外部监督制度、补偿机制及社会资本退出机制等治理路径。姜翔程、乔莹莹（2017）剖析了农地"三权分置"对农田水利设施管护的影响，提出四种新的农田水利设施管护模式，即以专业化为特征的"管养分离"模式、"村级五位一体"管护模式、专业大户和家庭农场主导的用水协会管护模式、农民专业合作社和农业企业管护模式。伍佰树（2017）认为，探索符合与农业农村生产生活发展实际相匹配的小型农田水利设施治理模式和管护体系已成为发展农业经济、提高粮食产量的一个关键性问题，提出政府主导、市场化治理、农民积极参与的治理模式是小型农田水利工程建设、管护要走的必然之路。

（四）关于农田水利利益主体及其博弈的研究

唐忠、李众敏（2005）和吴加宁、吕天伟（2008）分析了中央和地方政府、水利部门、乡镇、行政村、自然村、农民及其他私人组织等农田水利建设相关的利益主体在市场经济条件下的投入行为，总结了市场化改革对我国五个时期农田水利建设主体的变化情况，进而提出政府和农民应是农田水利建设的主要投入主体。贺雪峰、郭亮（2010）和陈辉、朱静辉（2012）基于实地调查研究，分析了与农田水利有关的政府、村社集体、灌区、农民等利益主体的行为逻辑，提出重视村社集体这一重要主体，整合分散的村民进行水利治理合作。吕俊（2012）提到，小型农田水利设施的供给参与主体主要涉及中央政府、省级和县级地方政府，不同的供给主体在小型农田水利设施的供给过程中会基于自身的目标和利益选择最优决策。李国祥（2011）认为，国家财政和银行业金融机构是农田水利的投资主体，管护主体是由政府牵头建立的专门的机构或委托相应的代理机构。俞雅乖（2012）基于小型农田水利基础设施的公益性特性和准公共产品属性，提出构建以政府为主体，农户、企业、用水协会、其他组织等共同参与的"一主多元"的农田水利基础设施供给体系。罗琳等（2017）、姜翔程等（2017）将新型农业经营主体列入农田水利建设和管理主体行列，指出新型农业经营主体的加入能激励地方政府和农户对小型农田水利的投资。何寿奎等（2015）、陈华堂等（2018）认为，尽管以用水户协会为主的农业用水合作组织是小型农田水利的重要治理主体，但用水合作组织的实际运行与基层政府、水管单位、农村精英以及农民自身等多元社会主体的利益相关（王毅杰等，2014）。杜威漩（2015）认为，小型农田水利治理主体结构应是政府＋村庄基层组织＋农户＋水利专业化服务组织＋灌区供水单位。周晓平等（2007）分析了县级以上政府、乡镇基层政府、村集体经济组织和农户之间的利益博弈，认为参与主体间的博弈推动了小型农田水利工程的产权制度变迁。区晶莹等（2013）根据 Mende – low 的权利—利益矩阵理论模型确定主要利益相关者，利用博弈论方法探讨镇政府与水利所、水利所与村委会、村委会与村民之间的博弈并提出提高利益相关者收益的均衡策略。李武、胡振鹏（2011）和黄彬彬等（2012）利用博弈理论，分析农民参与农田水利建设"搭便车"的问题，并提出相应的对策与建议。丰景春等（2018）通过演化博弈模型实证表明政府政策变化、信息不对称、极端天气等随机干扰因素会影响农田水利 PPP 项目公司和农户的选择策略，提出采取积极措施促成双方策略选择朝着努力、积极方向发展。张海燕（2015）基于农户自筹资金修建"小农水"动力不足的困境，构建县乡政府与农户，以及农户之间的博弈模型，分析农户在纯自然状况下、有政府补偿、新型经营主体在农田小水利供给的策略性行为，提出政府配套和奖励资金引导、产权明晰与自主管理权激励的农户自筹资金主导的"小农水"融资机制。杜威漩等（2016）分析了政府投资的小农水项目建设中的项目法人、施工单位、监理单位、监督机构等利益主体，明确各主体间的相关关系，通过构建项目法人与施工单位委托代理博弈模型，结果表明，施工单位进行项目申请的前提条件是具有充分的可行性论证，招投标制度和竞争申报机制是影响项目法人委托行为的重要因素。吴秋菊、林辉煌（2017）采用"合作成本—社区能力"分析框架解释了农田水利运行中重复博弈之所以无法达成合作的内在机制，认为强化农村社区能力是解决农田水利合作的当务之急，因为社区能力能降低农田水利合作中无数次重复博弈的成本。

（五）关于农田水利治理绩效和效率的实证研究

周晓平（2009）、孙静（2013）利用加权求和的多指标综合评价模型，运用ANP进行指标权重确定，采用社会化评价主体从效率、公平性和可持续性三个方面进行小型农田水利工程治理绩效评价，通过实证分析得出产权改革能促进工程治理绩效的提高。李名威、尉京红（2014）设计了项目管理、产出和效果三方面内容的小型农田水利项目绩效评价指标体系，马林靖（2008）使用效益排序倍差分析方法评估灌溉投资绩效，以农民亩均收入和灌溉设施投资项目为主要指标，结果显示灌溉项目对亩均农业收入有显著的促进作用，证明投资村级灌溉设施有利于促进农民增收。罗琳、尉京红（2014）运用灰色关联从项目实际投资额与中间产出、最终产出之间的关系建立指标体系并进行绩效评价，分析了河北省小型农田水利重点县在项目建设期内的绩效水平。华坚等（2013）、叶文辉等（2014）分别通过超效率 DEA 模型和 DEA-TOBIT 模型分析了农村水利基础建设投入产出效率、农田水利运营效率及其影响因素，指出农田水利运营效率低下的根源在于其自身的"准公共产品"性质，并认为可以通过合理调整投入力度、优化产出结构、加强生态效益和社会效益产出建设、"以补代资"等方法进行改善，以提高其运营效率。杜威漩（2016）利用 1991~2013 年的投入产出数据，运用数据包络分析法评价了我国农田水利治理效率，认为我国农田水利治理总体缺乏效率。刘辉（2014）建立 Logistic 模型分析了边界规则、分配规则、投入规则、监督与制裁规则对小型农田水利治理绩效的影响，研究发现平原湖区小型农田水利设施是否优越，治理主体产权是否清晰界定，是否按顺序取水的分配规则、使用者是否按比例投入和政府投入多少与小型农田水利治理绩效正相关，小型农田水利的排他程度，是否把水分成固定比例对小型农田水利治理绩效有负向影响。秦国庆、朱玉春（2017）实证分析了用水者规模、用水者群体异质性与小型农田水利设施自主治理绩效之间的关系，结果表明，用水者规模存在"门槛效应"，但无论用水者规模大小，用水者异质性对"总体绩效"的影响总体上是负向的。柴盈、曾云敏（2012）以山东省和台湾地区为例，实证分析了农田水利管理制度、政府公共财政投资与农田有效灌溉面积之间的作用关系，评估了四种管理制度对政府投资农田水利的绩效，结果表明，对农田水利投资效率影响最大的是用水户与公共部门有机结合的管理制度。唐娟莉、倪永良（2018）采用以产出为导向的三阶段 DEA 模型对中国 29 个省份的农田水利设施供给效率进行测算和分析，表明农田水利设施供给效率受到人均 GDP、财政分权度、农民受教育程度、农民收入水平、城市化水平、地理区位等因素的影响，且中部地区效率最高，西部地区次之，东部地区效率最低。宋敏、汪琦、吉晓雨（2017）运用 DEA – Malmquist 方法测算 31 个省的全要素农田水利效率，研究结果表明，我国全要素农田水利效率存在明显地区差异，东北地区效率最高、超过农业大省聚集的华东和华中地区，实证结果发现农村经济发展水平对农田水利全要素生产率存在显著的收敛门槛效应、机械动力投入对农田水利全要素生产率存在明显的加速门槛效应。

（六）关于农户参与农田水利建设意愿的影响因素研究

朱红根等（2010）利用江西省 619 户种粮大户数据，运用博弈模型逻辑和 Logistic 模型从理论与实证上分析了农户参与农田水利建设意愿的影响因素，指出种稻收益、粮食补贴政策评价、农业劳动力人数、易洪易涝面积比重及村庄双季稻种植比重等因素对农户参与农田水利建设意愿有显著正影响，兄弟姐妹个数对农户参与农田水利建设意愿有显著负影响，而户主年龄、文化程度、经营规模、区域类型等变量的影响不显著。曾琴等（2013）分析了农户在民办公助机制下对小型农田水利设施建设行为受性别、受教育年限、是否参加用水者协会、家庭单一务农劳动力比重、农地经营规模、小农水建设对农业生产重要性认知和对小水民办公助的认知等影响因素的显著影响。刘辉、陈思羽（2012）从个人特征、家庭特征、心理认知状况三方面实证研究表明，农民的文化程度和身体健康状况、种粮收入占家庭总收入的比重、种粮补贴与种粮投入的比例、小型农田水利建设对农业生产的重要程度、自然灾害对农业生产的影响程度显著正向影响农户是否愿意参与小型农田水利建设；家庭劳动力短缺状况和对现阶段农田水利设施整体状况的评价显著负向影响农户是否愿意参与小型农田水利建设。蔡荣（2015）将农村小型农田水利设施作为分析对象，对小型农田水利设施个体投资意愿及其影响因素进行实证分析，认为户主年龄、受教育程度、非耕作收入占比、粮食售价落差与农户对小型农田水利设施的投资意愿有显著负向影响，而灌溉地块规模、距河道距离对农户投资小型农田水利设施意愿有显著正向影响。蔡晶晶、柯毅（2015）从经济发达程度和地理位置两个维度对比分析了不同地区农户灌溉合作意愿影响因素的共性与差异性。牛利民、姜雅莉（2017）运用 DE-MATEL 方法对农户参与小型农田水利合作灌溉意愿进行实证分析，结果表明，农户灌溉费用、用水纠纷、可灌溉耕地面积、政府对水利设施投入、农户对设施的满意度、农户个体特征、亲朋好友参与等因素影响农户参与合作灌溉的意愿。黄露、朱玉春（2017）从经济异质性、退出选择、社会异质性和性别四个维度的异质性角度实证研究得出有退出选择的农户更倾向于参与小型农田水利设施供给。蔡起华、朱玉春（2017）从社会资本维度实证分析了关系网络对农户参与小型农田水利建设投资意愿和程度，弱连接网络对农户参与意愿及程度均有显著正影响，而强连接网络对农户参与意愿有显著正影响，对农户参与程度有正影响但不显著，且关系网络对农户参与小型农田水利的意愿及程度提升的边际效应都比较明显。蔡起华、朱玉春（2016）研究表明，社会资本与结构型社会资本对农户参与小型农田水利设施维护的意愿及程度均有显著的促进作用，且社会资本能显著地减弱收入差距对农户参与小型农田水利设施维护程度的消极影响。王昕、陆迁（2012）研究表明，社会资本对农户小型水利设施合作供给意愿有积极作用，其中，社会网络、社会信任、社会参与对农户参与小型水利设施合作供给意愿均有显著正向影响，而家庭收入、是否偷水和用水纠纷对合作意愿有显著负向影响。

三、研究述评

文献检索结果显示，国外学者在农田水利产权制度、治理模式和契约缔结与治理绩效方面取得了丰富成果，将契约作为产权交易的参照点，提出自主治理、用水户参与式治理等多种治理模式，并对灌溉效率和投资绩效进行实证分析。国内学者基于农田水利治理产权模糊、利益纠纷、管护缺位等困境，分析农田水利治理主体格局，探讨农田水利"公共产权"向"私人产权"的制度改革，研究契约理论在农田水利治理领域的应用，阐释农田水利治理模式，对农田水利治理效率和农户参与意愿进行了实证分析，为本书提供了借鉴和重要基础。但缺少针对不同规模和产品属性农田水利应该具有不同产权结构的分析，缺乏产权结构差异会诱致不同的契约缔结，进而会演化成不同治理模式等进行基础性和系统性研究；此外，虽然已有文献关注了农田水利农户参与和治理效率的定量分析，但总体文献偏少，且没有排除区位、制度和主体差异等因素的干扰，实证研究有待深入。为此，本书拟基于"产权结构—契约缔结—治理模式"这一经济逻辑，结合产权与契约理论，把握农田水利的公共物品性质，宏观把握全国不同地区的农田水利设施治理效率，并通过湖南省的实地调查，从农户意愿度、农户满意度及其供给维护三个方面，对治理绩效及影响因素进行实证检验，重点解决农田水利产权结构与契约缔结的安排，构建农田水利产权契约与治理的分析框架，并提出完善农田水利治理的实现路径及政策建议。

第三节　研究思路、内容、方法与技术路线

一、研究思路

本书依据农田水利规模与产品属性差异，科学界定农田水利产权，提炼农田水利产权、契约与治理的相关理论。回顾新中国成立以来农田水利产权、契约与治理的历史演进，阐释农田水利产权、契约与治理的实践形式和存在的"双失灵"困境。基于交易费用理论、产权理论、契约理论和治理理论，聚焦农田水利静态产权差异与动态产权转移这一客观事实，进行不同产权结构下农田水利的契约缔结与治理模式构建，通过实地调研，运用典型案例对农田水利治理逻辑进行检验和佐证。运用定量方法，宏观分析我国农田水利设施治理效率，以湖南省为例，从农户意愿度、农户满意度和供给维护方面对农田水利治理绩效进行评价，并从产权、契约和制度规则角度探讨了影响因素。接着，借鉴国外发达国家和发展中国家农田水利产权、契约与治理的经验与启示，围绕农田水利"产权结构—

契约缔结—治理模式"这一"三位一体"逻辑，提出促进农田水利产权改革与提高农业用水效率的路径选择与政策建议。

二、研究内容

第一章是导论。在分析研究背景、研究目的、研究意义、评述国内外关于农田水利设施产权、契约与治理研究成果的基础上，提出本书的研究思路、方法、内容、技术路线和可能的创新。

第二章是农田水利产权契约与治理的基本范畴。在阐述农田水利概念与类型的基础上，把握农田水利产权、农田水利契约、农田水利治理的特点和属性，厘清农田水利产权结构和契约缔结的基本形式，进一步按照"新中国成立初期—'人民公社'时期—'双层经营'时期—'后税费'时期—'三权分置'时期"的思路研讨农田水利产权契约与治理的演变历程。

第三章是农田水利产权契约与治理的理论与机理。熟悉农田水利产权契约与治理的理论基础，把握交易费用与产权理论、契约与委托代理理论、公共物品与公共选择理论、博弈与信息经济理论等基础理论在农田水利产权、契约与治理研究中的运用，明确农田水利产权结构、契约缔结与治理模式间的关系。借鉴公共资源治理 AID 分析范式，构建农田水利设施"产权结构—契约缔结—治理模式"的逻辑思路，具体阐述农田水利设施的产权结构、契约缔结及治理绩效。

第四章是农田水利产权主体的行为分析。考虑到农田水利的供给困境，本章通过对政府、村集体、灌区、协会、农户等产权主体特征的简单分析，厘清各个主体的行动逻辑，利用完全信息静态博弈与不完全信息动态博弈原理对各产权主体相互利益进行分析，并通过湖南省的实地调研，分析山地丘陵区小型农田水利治理主体行为的博弈，进而决定产权主体最佳利益行动方案。

第五章是农田水利产权契约与治理的现状分析。选择湖南省进行座谈和问卷调查，结合宏观统计数据，从农田水利的建设投资、管理维护、产权改革以及契约缔结四方面来分析农田水利产权契约与治理的现状及其困境。

第六章是不同产权结构下农田水利的契约缔结与治理逻辑。首先，构建不同产权结构下农田水利契约缔结与治理的分析框架；其次，分析了集体产权下的农田水利契约与治理、私有产权下的农田水利契约与治理、混合产权下的农田水利契约与治理以及产权转移下的农田水利契约与治理；最后，根据湖南省的调研，通过小型农田水利治理契约缔结和山地丘陵区农田水利产权治理模式的案例对治理逻辑进行验证。

第七章是农田水利产权契约与治理的绩效评价及影响因素分析。基于宏观视角，利用数据包络分析方法（DEA）从静态和动态角度对农田水利治理绩效进行分析，结合 Tobit 模型进行影响因素分析，深入阐明契约缔结在农田水利设施治理过程中的关键性和重要性。

第八章是农田水利产权契约与治理的案例分析——基于湖南的调查。利用实地调查和统计数据，实证分析农户意愿度、农户满意度农田和制度规则对农田水利产权、契约与治理的影响，从微观视角评价农田水利设施的治理绩效。

第九章是国外农田水利产权契约与治理的经验及启示。主要总结美国、日本、澳大利亚、以色列等发达国家以及以印度和智利为代表的发展中国家的农田水利产权契约与治理经验，并获得有效启示。

第十章是农田水利产权契约与治理的路径研究。基于理论分析与实证检验，结合我国农田水利设施治理“政府失灵”和“市场失灵”的困境，从政府有为和市场有效两方面优化外部环境；结合产权结构不清、契约缔结效率不高、治理绩效低下的问题，从产权结构明晰、契约缔结合理、治理绩效提升三方面改善内部环境，具体阐述农田水利产权、契约与治理的实现路径。

第十一章是研究结论与政策建议。在前十章分析的基础上得出研究结论，从加大农田水利建设，促进投入主体多元化，加强监督与管理，提升农田水利管护水平，理顺治理逻辑，创新农田水利治理运行机制，加强区域统筹与制度建设，构建农田水利治理绩效提升的实现机制这几个方面提出有针对性的政策建议，并根据研究中所存在的不足进行展望。

三、研究方法

（一）规范分析方法

基于产权理论，对我国农田水利产权契约与治理的制度演化与供求的非均衡进行规范分析，把握其行为逻辑共性，探寻合作均衡解。

（二）数理模型方法

基于信息不对称和激励相容理论，推演农田水利产权治理契约缔结的基本决策模型：$D(R) = P(F > R) = P(I - C > R)$。$I$ 表示农田水利产权治理契约缔结的预期收益，C 表示契约缔结成本，R 表示不缔结契约的保留效用，F 表示预期净收益，P 是契约缔结的概率，$D（R）$ 是契约缔结的决策函数。

（三）实证分析方法

在调查数据的基础上，一是运用顾客满意度逻辑模型的作用机理对农田水利产权治理满意度进行实证分析，基本模型形式为：

$$CSI = \frac{q}{e} \tag{1-1}$$

$$P = P（y = 1 \mid x）= F（\alpha + \beta x）= \int_{-\infty}^{\alpha+\beta x} f（z）dz \tag{1-2}$$

CSI 表示农户满意度，q 表示农户使用农田水利设施的实际感受，e 表示农户的期望值。

二是运用 Logistic 模型实证分析制度规则对小型农田水利治理绩效的影响。基本模型形式为：

$$P_i = F\left(\alpha + \sum_{j=1}^{n} \beta \chi_{ij}\right) = 1 / \left\{ 1 + \exp\left[-\left(\alpha + \sum_{j=1}^{n} \beta \chi_{ij}\right) \right] \right\} \tag{1-3}$$

对式（1-3）取对数，得到 Logistic 回归模型的线性表达式为：

$$\ln\left(\frac{p_i}{1-p_i}\right) = \beta_0 + \beta_1 x_{i1} + \beta_2 x_{i2} + \cdots + \beta_j x_{ij} + \cdots + \beta_m x_m \tag{1-4}$$

在式（1-3）和式（1-4）中，p_i 为某件事发生的概率，m 为自变量的个数，x_{ij} 表示影响农户 i 认为小型农田水利治理有绩效的第 j 个解释变量，β_0 为常数，β_j（$j = 1$，2，3，4，5，$\cdots$，m）为自变量的回归系数。

三是运用 DEA 方法，DEA 方法无须事先确定评价指标权重，适合于多投入多产出情况下对多个评价对象的相对效率进行分析。静态 DEA 基本模型形式为：

$$\min\left(\theta - \varepsilon\left(e_1^T s^- + e_2^T s^+\right)\right)$$

$$\text{s. t. } \sum_{j=1}^{n} \lambda_j a_j + s^- = \theta a_j， \sum_{j=1}^{n} \lambda_j b_j + s^+ = \theta b_j \tag{1-5}$$

$$\lambda \geqslant 0, s^- \geqslant 0, s^+ \geqslant 0$$

在式（1-5）中，$s = （s_1，s_2，\cdots，s_m）$ 是 m 项输入的松弛变量；$s^+ = （s_1^+，s_2^+，\cdots，s_m^+）$ 为 s 项输出的松弛变量；$\lambda = （\lambda_1，\lambda_2，\cdots，\lambda_n）$ 是 n 个决策单元的系数组合；e_1^T 和 e_2^T 分别是长度为 m 和 s 的单位矩阵；ε 为一个很小的正系数（通常为 $\varepsilon = 10^{-6}$）。

动态 DEA 通常称为 Malmquist – DEA，马氏全要素生产指数（Malmquist TPF Index）则可用于测度某个决策单元不同时期的全要素生产率的变化，该指数被定义为距离函数测算值的比率。Malmquist 指数在分析生产率变化时不需要计算投入与产出的价格，不需要进行成本最小化或利润最大化等的假设，更为方便的是，Malmquist 指数可分解为其他更为细致的指数，有利于掌握动态分析结果。用 (x_t, y_t) 表示 t 时刻某决策单元的投入产出向量，T^t 为 t 时刻的生产可能集，t 是离散参数变量，则 Malmquist 生产指数可以做如下表达：

$$M(y_{t+1}, x_{t+1}, y_t, x_t) = \left[\frac{D^t(x_{t+1}, y_{t+1})}{D^t(x_t, y_t)} \times \frac{D^{t+1}(x_{t+1}, y_{t+1})}{D^{t+1}(x_t, y_t)} \right]^{1/2} \tag{1-6}$$

其中，$D^t(x_t, y_t)$ 表示 t 时刻的决策单元在 t 时刻的有效性；$D^{t+1}(x_{t+1}, y_{t+1})$ 表示 $t+1$ 时刻的决策单元在 $t+1$ 时刻的有效性；$D^t(x_{t+1}, y_{t+1})$ 表示 t 时刻的决策单元在 $t+1$ 时刻的有效性；$D^{t+1}(x_t, y_t)$ 表示 $t+1$ 时刻的决策单元在 t 时刻的有效性。

四是运用 Tobit 模型，Tobit 模型最早由 Tobin 在 1958 年提出，是因变量 Y_i 介于 $0 \sim 1$ 的截尾数据时的回归。Tobit 模型的标准形式为：

$$Y_i = \begin{cases} \beta_0 + \sum_{t=1}^{n} \beta_t x_t + \mu_t, \beta_0 + \sum_{t=1}^{n} \beta_t x_t + \mu_t > 0 \\ 0, \beta_0 + \sum_{t=1}^{n} \beta_t x_t + \mu_t \leq 0 \end{cases} \tag{1-7}$$

在式（1-7）中，Y_i 表示实际因变量，即第 i 个 DMU 的效率值；x_t 表示自变量；β_0 表示常数项；β_t 表示自变量的回归系数；μ_t 表示独立的误差干扰项，且服从 $N(0, \sigma^2)$ 的正态分布。针对 DEA 效率值数据两边删截的特点，可将 Tobit 模型修正为更一般的形式，即：

$$Y_i = \begin{cases} 0, Y_i \leq 0 \\ \beta_0 + \sum_{t=1}^{n} \beta_t x_t + \mu_t, 0 < Y_i < 1 \\ 1, Y_i \geq 1 \end{cases} \tag{1-8}$$

四、技术路线

技术路线如图 1-1 所示：

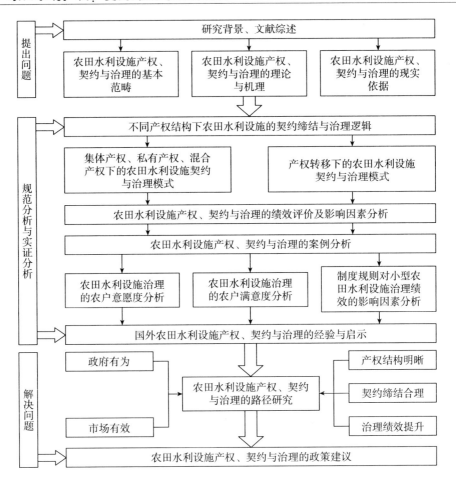

图1-1 技术路线

第四节 研究创新点

（1）研究视角较为新颖。尝试运用代理理论（"经济人"假设）和治理理论（"社会人"假设）及融合，构建了农田水利"产权结构—契约缔结—治理模式"这一"三位一体"的经济范式。

（2）研究观点有所创新。基于农田水利集体产权、私人产权、混合产权的静态差异和动态产权转移，对应分析了强显弱隐、中显中隐、弱显强隐的契约组合下政府主导型治理模式、集体主导型治理模式、多中心治理模式和私人治理模式。

第二章　农田水利产权契约与治理的基本范畴

第一节　农田水利的内涵

一、农田水利的界定

"农田水利"一词始见于北宋熙宁二年（1069）颁布的水利法规《农田水利约束》。该书提出了兴修农田水利设施的一系列管理条例。《史记·河渠书》中载有"水利"一词，将农田水利与治河修渠等工程技术相联系（王亚华，2005）。对于农田水利的界定，各方不尽一致，即使在农田水利系统内部也存在很大差异，归纳起来有广义和狭义之分。广义上的"农田水利"主要是指为调节和改变农田水分状况和乡村水利条件，增强农业抗御涝、洪、旱、碱等自然灾害能力，提高土壤肥力，创造农业生产所需的良好环境而采取的灌溉、排水以及其他工程技术措施。狭义上的"农田水利"主要是指发挥灌溉和排水功能的农田水利设施，其中，灌溉是通过相关设施或设备将水输送到农业土地上，补充农作物充足水分，以保障农作物正常生长。在特定情况下，灌溉可减少霜冻危害，改善土壤耕作性能，稀释土壤盐分，改善"田间小气候"；排水是通过农田水利设施排除农业土地上多余的水分，以改善地区或土壤的水分状况，防止作物受害，还可改良土壤结构，延长作物生长时间。本书认为，广义上的"农田水利"概念将提高农田水分、水利条件、土壤肥力等相关的措施作为农田水利看待，理解过于宽泛，模糊了农田水利本质特征，因此，倾向于从狭义上的"农田水利"概念出发。

二、农田水利的类型

（1）按空间存在的物质形态，农田水利可分为点、线、面水利设施。

所谓"点"农田水利设施，通常情况是指存在于一个"点"上的农田水利工程，主要包括水坝、泵站、机井、水闸等；"线"农田水利设施是指农田水利工程的形状犹如一条"线"，主要由各系渠道和排水沟等组成；"面"农田水利设施是指占据一定面积的农田水利工程，存在形式是一个"面"，例如，水库、池塘等（陆振广等，2014）。这三种形态的农田水利设施可以改变水资源的存在状态、运动方向和调整水资源的余缺状态。首先，水资源通过农田水利设施的"加工"和"改造"，改变了水资源的初始存在状态，使其依附于"线""面"水利设施，以静态或动态的形式存在着，间接改变了水资源的专有性和排他性。其次，农田水利设施灌溉排水系统将水资源引向田间地头和千家万户，使其变成农业生产水资源和农民生活水资源，以促进农作物生长和保障农户饮用水安全。最后，"线"形态的农田水利设施能把一个地区多余的水资源输送至水资源较为缺乏的地区，"面"形态的农田水利设施也可将某一时期较为丰富的水资源贮存起来，以待将来短缺之用。

（2）按发挥的不同功能，农田水利可分为蓄水设施、输水设施和配水设施。

蓄水设施主要是指水库、池塘等，农业蓄水设施克服了其他农田水利设施对地形的苛刻要求，通过拦蓄降雨和地表径流，利用多雨季节储存的水量调控局地农田水量平衡。输水设施主要是作为灌溉排水用的渠系工程，包括水渠、沟渠等，通常与蓄水设施相连，将蓄水设施里的水资源输送到田间地头。配水设施主要是指水坝、水闸、泵站等，输配水系统的作用是以适当的水压不间断地向用户提供充沛的水量，并能够保证所输送的水不受污染。

（3）按规模大小，农田水利可分为大中型、小型农田水利设施，见表2-1。

（4）按农田水利产权归属，农田水利可分为国家所有、村集体所有、私人所有和股份所有农田水利设施。

国家所有农田水利设施是指大中型灌区工程、大中型水库、大中型泵站等，其灌溉面在乡以上，代理人为各级政府（含各级水利主管部门、乡镇政府及乡镇

表 2 - 1 大中型、小型农田水利设施的区别

项目	小型农田水利设施	大中型农田水利设施
包含内容	小水窖、小水池、小泵站、小塘坝、小水渠"五小水利"	水库、灌区等，大都用于防洪防汛抗旱
经济作用	直接作用于农业生产，服务农业生产	除了可服务于农业生产之外，还可作用于其他产业，如工业、环保
社会作用	改变农田灌溉和生产条件，促进小区域的农村社会稳定，具有较小的外部效应	除了改变农业的基本生产条件之外，还可承担防洪抗灾、水资源调运等其他社会安全职能，具有较大的正外部性
服务范围	一般是一个或几个农户，或一个村民小组，或一个村庄，辐射面积小	一般是跨村、跨乡、跨省区、跨流域，辐射面积大
受益原则	谁投资，谁受益	国家投资，使用者获益
受益对象	数量少，确定	数量多，不确定
利益关系	简单，以追求经济效率为主要目标	复杂，效率与公平兼顾
资金来源	以农民自筹为主，筹资渠道狭窄	以税收为主筹集财政资金，同时还可动用农村的劳动力，筹资渠道广泛
投资力度	力度小，以农民自己的实际承受能力为主	力度大，必须依靠国家或政府的财政投入

水管站）和辖区水管单位，而经营管理权则为辖区水管单位所有。村集体所有农田水利设施是指由村集体投资并组织修建的一些小渠道、小水沟等。私人所有农田水利设施是指私人投资修建的小微型水利设施等。股份所有农田水利设施是通向农场或联合农户用水地的小型渠道、输水管道等。

（5）按农田水利排他性与竞争性特征，农田水利分为非公益型、公益型与准公益型水利设施。

非公益型水利设施是指农田水利设施的功能与效益由设施所有权主体单独使用，不允许其他人使用的水利设施。公益型农田水利是指农田水利设施的正外部性作用极大，村集体和农民可免费享用农田水利设施的功能与效益。准公益型农田水利介于公益型和非公益型之间，农田水利具有有限的非竞争性和非排他性。

第二节 农田水利产权的内涵

一、产权的界定

"产权"是财产权利的简称，产权的定义有多种不同的解释，具体有四个：

（一）"所有权"说

"所有权"说对产权的解释是财产所有权，指所有权主体依法对某一客体享有占有权、使用权、出借权、转让权、用尽权、消费权和其他与财产有关的完全权利。配杰威齐把产权等同于所有权，主要有两点原因：一是拥有自身资产的权利和在一定条件下使用他人资产的权利，即使用权；二是从资本中获得收益和租用他人资产并从中获得收益的权利，即交易权（邓娇娇，2013）。作为上述权利统一的所有权，实际上就是罗马法中所说的产权。

（二）"法律"说

该观点从法律层面认为产权是一种权威，通过一系列制度规则来保护人们对资产的排他性。"法律"说的最具代表性人物是阿尔钦，他对产权的定义为："产权是授予特别个人某种权威的办法，利用这种权威，可以从不被禁止的使用方式中，选择任意一种对特定物品的使用方式"（Alchian 和 Allen，1977）。换句话说，产权是通过国家强制实施保护资产权利的一种制度规则，是利用法律关系形成并确认人们对资产的权利。

（三）"社会关系"说

该观点的代表人物是巴泽尔，这类观点反对把产权归为人对物的权利，认为产权是由于物而发生的人与人之间的社会关系。物品具有多种属性，每一种属性都对应着一种权利，例如，人权是人的产权权利的一部分。产权不是绝对的，可以通过人的行为使产权关系发生变化，"社会关系"说认为，人与物的关系是产权发生的直接原因，人们在使用资产和物品过程中发生的经济、社会关系就是一种经济性质的权利，而拥有这一经济权利的人与人的关系也成为产权关系。

（四）"功能"说

德姆塞茨从产权的功能和作用出发，认为"产权是一种社会工具，其重要性在于事实上它能帮助一个人形成他与其他人进行交易的合理预期，包括一个人或他人受益或受损的权利，产权的一个主要功能是引导人们实现将外部性较大地内在化的激励"（胡继连等，2003）。沿着这一脉络，产权的定义可从其激励、约束、资源配置、协调等功能加以解释，不能就其中某种功能加以解释的产权是抽象的，而不是具体的产权。

综上所述，产权的基本内涵可总结如下三点：第一，一方面，产权不同于所有权，所有权是指财产所有者支配自己财产的权利，而产权本质上是权力束，表示主体对客体的权利，它包括所有权、占有权、支配权、使用权、收益权和处置权；另一方面，产权主体通过对该特定客体采取某种行为能够获得收益，它同外部性存在着密切联系，因而存在着如何向受损者进行补偿和向受益者进行索取的问题。第二，产权作为一种制度规则，是国家强制实施的权利，表现为国家意志，即法律、法令、法规、条例、决定、政策以及社会习俗和社会公德。第三，产权以某种经济物品为载体，表现产权主体与客体之间的某种经济利益关系，产权主体可以就两束权利进行市场交易，以发挥激励约束、资源配置和协调功能的作用，使该资产和物品的产权效益最大化。

二、产权的类型

（一）私有产权

私有产权是将资源的使用、转让、处分和收入的享用权界定给某一个特定人的产权安排。在这种产权形式下，拥有产权的个人可以根据自己的需要选择如何行使这一权利，或者将权利转让。无论如何处理，最终决策都取决于个人选择，由个人单独自主决定。也就是说，私有产权所有者能完全拥有对资源的排他性权利。正如阿尔钦所说："产权是一个社会所强制实施的选择一种经济品使用的权利。私有产权则是将这种权利分配给一个特定的人，它不会对其他资源的权利界定产生影响，但可以同附着在其他物品上的类似权利相交换。"

（二）共有产权

共有产权是指由多个经济主体所构成且所有成员都享有的共同体。共有产权没有排他性，即某个人对一种资源行使权利时，不能排斥其他人对该资源行使相同的权利。相较于私有产权，共有产权在个人之间是不可分割、不可分离、不可让渡的，即共有产权是完全重合的。因此，虽然每个人都可使用某一资源，但任何人都没有完全拥有这个资源的权利，也就是说每个人都拥有这一资源的全部产权，但这个资源或财产实际上并不属于任何人。

（三）国家产权

国家产权是一种特殊形式的共有产权，是指一个国家相对于其他国家的排他性权利。在国家产权安排中，所有权属于该国家的全体公民，通常由该国政府来决定资源获取和使用等具体权利。国家产权要素的内涵不断扩大，从最初的土地、河流、食物和产品，逐步发展到自然资源、人力资源、科学信息技术、资本、劳动力、文化和国际声誉与形象等方面。在国家产权形式下，管理机构有权制定获取和使用规则，个人有义务遵守管理机构的资源使用和获取规则。

（四）开放资源

开放资源是任何人都没有对资源排他权的产权制度，即每个人都拥有开放资源产权，同时又没有任何人拥有该开放资源产权。这种资源没有明确的使用者团体或所有者，每个人都可以进入利用，在使用份额和维护资产方面每个人都有特权，属于自由获取的资源。

第三节　农田水利契约的内涵

一、契约的界定

契约，又称合同、合约，它是法学、政治学、经济学和社会科学等普遍使用的一个概念。契约的法学解释强调了"当事人的意图必须建立在法律上具有强制力的契约，而不是一个社交性的或超出法律的协议。协议在执行上不得有障碍，例如，协议的目标不能实现、违法、违背公共政策以及其他不可强制执行的情况"（翁士洪等，2013）。对于契约的概念，普遍使用的是新制度经济学家的观点，他们从制度特性和经济功能视角出发，认为契约是一种对交易有约束作用的微观制度，且该制度具有一定的经济价值，也可以说契约是制度的一部分。张五常认为，契约是交易过程中的产权流转形式，并对当事人的行为进行约束，即人们在进行交易的过程中，契约是对人们之间的权利、责任与义务的界定。由于交易物品或劳务具有不同性质与特点，交易的方式与条件、交易的时间与频率、交易的地点等方面也具有很大的差异性，因此，交易的契约安排也有很大的区别。威廉姆森则将交易、契约与治理结构相联系，把契约看作是与交易相匹配的治理结构的重要组成部分和区分治理结构的核心维度，也就是说，在威廉姆森看来，契约是交易的微观规制结构。

综合上述分析，我们可以认为，契约是交易双方在自愿、自由、平等、公正的基础上签订的转让权利的协议，实质上是一种约束交易的微观制度。作为微观制度的契约是与交易行为紧紧联系在一起的，一般仅作用于参与交易的契约双方。虽然契约是一种微观制度，但与通常所说的制度是不相同的，因为契约带有更多的私人、自由性质，是契约当事人自愿建立的交易关系，而制度则含有更多的公共、强制成分，制度是国家公共选择的结果，不允许私人再谈判，且制度必须遵守，一般表现为制度法规、条例和准则等。契约和制度的区分是相对的，不能将契约和制度完全割裂开来。

二、契约的类型

（一）完全契约与不完全契约

根据信息是否对称，可将契约分为完全契约和不完全契约。完全契约是指缔约当事人能完全预见契约期内可能发生的事件，愿意遵守并履行契约条款所规定的内容。完全契约一般有两类行为主体，即知情方和非知情方。在不同情况下，完全契约的知情方和非知情方双方的权利义务、风险分享、契约履行方式等都能实现。不完全契约是指由于信息的不对称性和不完全性，契约双方无法证实或观察契约期内发生的一切，从而造成契约条款不完全。正如哈特所说，"在一个不确定性的世界里，要在签约时预测到所有可能出现的状态几乎是不可能的。即使预测到，要准确地描述每种状态也是很困难的；即使描述了，由于事后的信息不对称，当实际状态出现时，当事人也可能为什么是实际状态争论不休；即使当事人之间的信息是对称的，法院也不可能证实；即使法院能证实，执行起来也可能成本太高"（哈特，1998）。

（二）显性契约与隐性契约

根据契约存在形式，可将契约分为显性契约和隐性契约。显性契约是明确契约、明示契约，是指通过明确契约条款的形式来处理契约双方之间的各种关系。

显性契约有明确的条款，通常以书面契约的形式存在，有第三方进行监督。隐性契约也称默示契约、默认契约，《新帕尔格雷夫经济学大辞典》关于隐性契约的定义是："隐性契约是一种理论上的构想，用以阐述雇主和雇员之间各种书面的心照不宣的复杂协议。"换句话说，隐性契约对权利的界定较模糊、状态依存性太强，故而不能以合理的成本在契约中明确。隐性契约不能以明确的书面形式呈现契约条款，也没有第三方机构负责监督契约实施，违约的一方不会受到另一方和第三方所施加的惩罚。

第四节 农田水利治理的内涵

一、治理的界定

"治理"一词来源于古希腊文与拉丁文，意思是指掌舵、引导或操纵。治理是一个组织或社会自我掌舵的过程，沟通和控制是这一过程的核心（姚汉媛，1985），并已成为解决政治、经济、社会问题的制度性前提。自1989年世界银行首次使用"治理危机"以来，"治理"被广泛应用于政府与社会管理中。随着研究的深入，"治理"与"管理""统治"的区别越来越明显，经济学、政治学、社会学及法学等社会科学领域不断赋予"治理"一词新的含义。

广义地说，治理是指治理主体为共同目标所进行的一系列活动，这个目标可以是法律法规正式规定的合法职责，也可以是不需要强制力量而使人服从的职责。治理依赖于治理主体之间重要性程度，同时，治理主体并非仅仅指向政府，也可能不依靠政府的权威予以强制实施，即无政府的治理。

狭义地说，治理包含以下六种含义：一是作为最小国家的管理活动；二是指一个国家的公司管理；三是作为新公共管理的治理；四是作为善治的治理；五是作为社会控制体系的治理；六是作为自组织网络的治理。

二、治理的类型

（一）国家治理

国家治理通常是指统治者的"治国理政"，即国家统治者治理国家和处理政务（折晓叶，2014）。实际上，统治者治理国家和处理政务是中国传统政治思想的主要内容，例如，针对统治者的治国理政活动的"治大国如烹小鲜"和"长治久安"，都反映国家治理的目标是实现国家社会长期安定太平。自改革开放和进入 21 世纪以来，国家治理就是在新时代中国特色社会主义思想理论体系中，在实现社会主义现代化和中华民族伟大复兴的方向道路上，坚持中国共产党对一切工作的领导，在实现全面建成小康社会的基础上，发展中国特色社会主义制度、推进国家治理体系和治理能力现代化，建成富强民主文明和谐美丽的社会主义现代化强国。西方国家的国家治理是控制、引导和操纵的意思。西方学者主张政府放权，鼓励政府向社会授权，目的是弱化政治权力、去除政治权威，以实现政府与社会多主体共治、多中心治理的多元化国家治理。除此之外，他们还提出了"善治"的理念，即政府、市场和社会以合法性、透明性、责任性、有效性为原则，使公共利益最大化的社会公共事物的良好治理。

（二）政府治理

政府治理就是政府作为治理主体，对国家的政治、经济和社会公共事务的治理。这一治理过程包含政府对于自身、对于市场及对于社会实施的一系列公共管理活动。在市场经济条件下，由于传统体制的影响、客观条件的局限、政府职能错位、市场运行复杂、社会结构和社会矛盾多样化、治理手段陈旧僵化等原因，导致政府治理成本高、效率低，由此要求政府治理以合理化和高效化为目标，在国家与社会、政府与公民的关系中予以定位，构建政府与公民合作共治的治理机制。我国政府治理是指在中国共产党领导下，国家行政体制体系遵循人民民主专政的国体规定性，基于党和人民根本利益一致性，维护社会秩序和安全，供给多种制度规则和基本公共服务，实现和发展国家公共利益（王艳，2006）。西方政府治理强调政府的企业化和政府管理的市场化，尤其主张实现政府管理网络化和扁平化。随着经济发展和社会变迁，西方政府治理经过多中心治理、网络化治理、协同性政府治理、整体性政府治理多种历史演变，现已形成了多种学术流派。但演变的核心在于政府治理社会权力的分散与集中、政府与社会的冲突与合作、政府机构运行的碎片与协同，本质上体现了西方社会政治经济矛盾对于政府管理方式和机制变革的要求。

（三）社会治理

社会治理是指治理主体对社会实施的管理，以社会中心主义和公民为主导，强调理性经济人的社会自主治理。我国的社会治理是在"党委领导、政府负责、社会协同、公众参与、法治保障"的总体格局下运行的中国特色社会主义社会管理，在这一社会治理体系下，政府应该鼓励和包容不同社会治理主体的参与，发挥多元治理主体协同共治的作用，重视公众的参与权，尊重公众的主体地位，完善社会福利、保障和改善民生，推动社会有序和谐发展，实现社会治理资源整合协同、价值整合协同和利益整合协同。

第五节　农田水利产权契约与治理的演化历程

自新中国成立以来，为适应经济体制改革、农村生产方式的变革、农村土地制度改革和农业经营方式的转变，作为直接服务于农业生产的农田水利设施，其产权、契约与治理改革始终围绕着农村基本经营制度的变革而推进，并形成不同阶段的鲜明特征。本书在梳理农田水利政策法规文件的基础上，结合贺雪峰等（2010）、余艳欢等（2014）、王蕾（2014）、贾小虎（2016）的研究，将农田水利产权契约与治理的演化历程分为新中国成立初期、"人民公社"时期、"双层经营"时期、"后税费"时期以及"三权分置"时期，并对不同阶段的主要特征进行分析，以期为研究制定农田水利产权契约与治理相关政策提供支撑。

一、新中国成立初期农田水利产权契约与治理

新中国成立初期，洪涝灾害严重，水利设施相关政策以鼓励大型水利修建为主，辅助农业灌溉，明确资金大部分由政府承担，受惠农民进行投工。进入国民经济恢复时期，水患得到一定控制，水利相关政策开始关注农业灌溉，并对农田水利的具体政策中存在的一些问题进行解决。1953年春，中央《关于农田水利工作的报告》指出，"发展水利灌溉等方法采用的一般化和公式化的工作方法及因此而促成强迫命令的严重现象应立予制止"。同时，指出修水利是国家出钱，还要靠农民出力，"农民派工，按照受益户派工、派粮、派款，要动员农民来搞，因此，必须估计人民的负担能力"，明确了根据当地实际需要，贯彻"少花钱，大收益"的俭办水利原则。此时，国家政府对水利建设所投入的资金并不算多，

水利建设是采取农民投工投劳与国家投入相结合的以工代赈政策（农民投工投劳与政府投入比例基本上是1∶1）来完成。

"一五"计划期间，政府提出根据当地实际需要，在人民和政府财政许可的前提下，修建收益大、投入少、技术上有把握的水利工程。在农田水利投入方面，国家政府起领导作用，要求受益人根据自己的受益大小进行投入，农田水利产权仍归国家所有，但给予投入者优惠政策。合作社兴修农田水利归合作社所有，社员享有使用权和收益权，由合作社负责农田水利建设的管理。贯彻"受益田多者多负担，受益田少者少负担，不受益者不负担"的原则，由群众出钱出工自办工程。兴建水利占用群众的土地，一定要给予调剂或补偿，并提出了要改善民工动员偏高、工资待遇低、后勤补贴较重的情况。在灌溉管理方面，必须认真改善现有渠系，实行专人分段负责、具体指导，实行作物和土壤相适应的配水计划，努力做到科学用水。灌溉群众所交的水费，只能用于本灌区的维修养护及管理人员的开支，需根据当地群众经济力量，按最低比例征收。提倡群众建立管理用水的组织，以期合理用水。不论是农田水利建设投入，还是灌溉管理，农民由村集体或合作社监督投工投劳，政府和中间组织受国家政策法规约束，显性契约在建设、管理和维护中都发挥极大作用。

二、"人民公社"时期农田水利产权契约与治理

1958年，基于我国经济建设快速发展和人民群众普遍要求加快建设社会主义的良好愿望，农业生产建设方面"跃进"式发展的要求和速度不断增多和加快。水利建设作为"农业的命脉"，也掀起了一个新的建设高潮。根据中共中央和国务院的指示，农田水利建设要根据当时当地水利条件的特点，贯彻落实小型为主、中型为辅，在必要和可能的条件下兴修大型工程的水利建设方针。明确兴修农田水利，要因地制宜，贯彻小型为主、中型为辅、巩固与发展并重、兴建与管理并重、数量与质量并重和投资少、收效快的原则。工程不论大小，都应该认真贯彻俭办水利的精神，少花钱，多办事。在"人民公社"时期，大部分的农田水利设施由人民公社组织建设，主要依靠合作社的人力、物力、财力，水利工程产权由公社所有，涉及多公社的水利工程，由多公社共同管理，根据每个公社的受益大小进行投入。这些群众性的农田水利，投资来源于人民公社集体和社员的筹资筹劳，国家只能做必要的补助。对涉及一个合作社以上的工程，应该实行

互相支援，实行受益多少、出工多少的原则，在有互助习惯的地区，还可以出一部分义务工，但应该补助伙食。用之于国家的建勤工，也可以用之于兴修水利。各省、自治区还可以制定一些必要的奖励办法或召开水利劳模会议，以激发干部和群众的积极性。为了鼓励合作社社员积极参加基本建设，水利工分的报酬应该相当于同等劳动力农业工分的报酬。由于指导思想上"左"的错误，决策和规划不能从当时的实际出发，一味追求数量，盲目施工，致使这一时期动工兴建的项目，除少数能够按期完成并真正发挥作用以外，大多数项目或在后来的调整中缓建、或勉强续建而又难以发挥效用、或干脆半途而废，造成了大量的浪费，留下了深刻的教训。这一时期，农田水利设施建设大都由人民公社自发组织，农民为获取工分而积极参与，而"劳模"的荣誉称号大大提升了农民的声誉，显性契约和隐性契约都在农田水利治理中发挥了积极作用。

三、"双层经营"时期农田水利产权契约与治理

尽管实施家庭联产承包责任制促进了农业的快速发展，但由于农业基础设施薄弱，生产技术落后，耕地绝大多数为中低产田，传统一家一户精耕细作的方式使农业生产水平难以提高，水利建设的投入没有了组织性，县、乡、村范围内的防洪、灌溉、排水、防洪、水土保持等小型工程的兴建和已建工程的维修、更新改造基本依靠"两工"（水利劳动积累工和义务工）完成。1985年《关于加强农田水利设施管理工作的报告》明确了农田水利设施的管理责任及所需资金、劳动的管理方式。1988年《关于依靠群众合作兴修农村水利意见的通知》提出了兴修农田水利设施的具体建设方式，明确了坚持"谁建设、谁经营、谁受益"的原则，资金、劳动方面由地方自行负责并统筹安排。强调在其所有权不变的前提下，由区乡水利管理站（或水利员）负责组织承包，可以包给农户、水利专业户、联户、小组或联合体经营管理；可以综合承包，也可以单项承包，承包一定要有合同，明确责、权、利，承包期可适当长些，要保护承包者的合法权益；也可以以工程或村为单位，设立灌溉服务中心统一经营管理。对农田水利工程的大修、更新改造、除险保安和新建工程所需资金，主要由受益单位或个人按受益面积合理负担，国家根据工程规模和群众负担的能力，给予适当补助。所需劳力，应按受益面积由受益单位或个人出工。农田水利的管理，主要在于县、区、乡的专管机构和村的群众管水组织。根据各地实际，建立和完善了农田水利专项

建设基金，基金资金主要由县、乡两级机动财力的拨付款，乡镇企业税前列支的部分社会性开支费用、耕地占用税县、乡两级留成部分，按一定比例提取的农村水利建设资金，农村水利工程按动行年限提取的折旧费、大修理费以及农村水利工程受益区（包括间接受益区）内以资代劳部分的资金等多方面组成。并逐步完善了水价制度，做好水费的征收和管理工作，确保工程设施的正常运行。"两工两金"制度为农田水利显性契约的实施提供了保障，而村集体组织功能涣散地区的农田水利依靠农民之间的血缘、亲戚、邻里关系的隐性契约进行约束自身行为。

四、"后税费"时期农田水利产权契约与治理

农业税的废除进一步调动了农民的积极性，农业生产进入新的高增长点。但农田水利设施的管理维护体系存在严重漏洞，长期使用却没有进行维护修理导致农田水利设施的灌溉能力远不如前。2002 年《小型农村水利工程管理体制改革实施意见》提出了农田水利设施的管理改革目标和原则，并具体提出了改革的内容和措施，在一定程度上解决了农田水利设施管理的困境，并提出加快法律建设，严格依法行政来保证农田水利设施管理的顺利进行。2005 年《中央财政小型农田水利工程设施建设"民办公助"专项资金管理试点办法》针对兴修农田水利设施的原则进行了明确，并对兴修农田水利设施的资金比例、投入方式做出了具体要求。同年 10 月的《关于建立农田水利建设新机制的意见》明确了水利建设新机制政府支持、民办公助，民主决策、群众自愿，规划先行、注重实效和深化改革、创新体制的原则，并提出了完善村级"一事一议"筹资筹劳政策。

在农田水利设施的产权上，明晰不同类型农村水利工程所有权归属为核心，通过私有化、股份化和企业化，全面完成现有小型农村水利工程管理体制改革；并建立规范的资金投入、使用、管理与监督机制。同时，完善相关法律制度，保证了相关工作的有法可依、依法行政。在农田水利设施建设方面，提出"民办公助"的管理方法，在因地制宜、农户自愿、整体推进的原则下，坚持政府支持、民办公助。并建立农田水利建设资金稳定增长的机制，完善村级"一事一议"筹资筹劳政策。兴修农田水利设施中央财政补助资金不超过中央试点项目总投资的 15%，水泥、砖、钢材等大宗建材和机电设备，原则上集中采购，实行报账制；有条件的也可进行现金补助。在后税费时期，税费改革为农田水利设施的工

作提供了有利条件，同时实施水利工程管理体制改革，为新环境下的农田水利设施的发展给予了制度帮助，显性契约得以顺利实施。

五、"三权分置"时期农田水利产权契约与治理

随着农村土地"三权分置"格局形成，农田水利产权治理进入新一轮改革中。2015年《农田水利设施建设和水土保持补助资金使用管理办法》进一步明确了补助资金使用管理办法，为农田水利设施的建设管理注入了新的活力。2016年6月2日，国务院公布《农田水利条例》，指出按照不同工程类型和投资主体，确定农田水利工程相应的运行维护主体，明确运行维护职责，加强对履行管护责任的监督，完善工程设施保护要求；同时明确了农田水利工程建设实行政府投入和社会力量投入相结合的方式，引导和支持社会力量参与农田水利工程的建设和经营，引导金融机构推出符合农田水利工程项目特点的金融产品，加大信贷支持力度，建立健全基层水利服务体系，支持专业化服务组织开展农田灌溉、排水和农田水利工程设施维修工作。因此，在"三权分置"时期，对农田水利治理进行了三个方面推进（见表2-2）。

（一）加快推进水源工程建设

一是加大中型灌区续建配套与节水改造、大中型灌溉排水泵站更新改造力度，在水土资源条件具备的地方新建一批灌区，努力扩大有效灌溉面积；二是建设一批关系国计民生的重大水利工程，加强水源工程建设和雨水资源化利用，做好全国抗旱防汛的顶层设计和规划实施，提高农业抗御水旱灾害能力；三是加快落实灌排工程管理维护经费，加大运行管护经费的财政支持，完善大中型水利工程建设征地补偿政策、允许土地出让收益用于农田水利管护。

（二）深化水利工程管理体制改革

一是开展农田水利设施产权制度改革，落实农田水利工程管护主体责任。探索并颁发小型农田水利工程产权证，明晰产权，落实管护主体责任；二是制定农田水利工程管理考核办法和维修养护资金使用办法，推进以市场化运行为主导的多元化、专业化、社会化的管理模式；三是深入推进农业水价综合改革，提高水资源费征收标准、加大征收力度，实行农业用水总量控制和定额管理，促进农业用水效率的提高。

（三）推进小型农田水利设施提档升级

一是加强农村河塘塘堰清淤整治、农村河道综合整治、山丘区"五小水利"、田间渠系配套等建设。通过以奖代补、先建后补等方式加大小型农田水利配套工程的投入力度，以续建配套为重点，完善农田灌溉基础设施；二是开展高效节水灌溉行动，积极推广喷灌、滴灌、微灌等节水灌溉技术，形成蓄、引、提并举的农田水利灌溉体系；三是强化小型农田水利督导检查与考核奖惩。通过第三方评估等平台强化小型农田水利建设管理考核奖惩，并利用"互联网＋"等信息化手段对其进行动态监管。这一时期农田水利产权主体权责明确，契约关系得以确立，管护水平得到提升。

表2－2　农田水利产权契约与治理演化情况

时期	投入主体	管理主体	主要特征
新中国成立初期	国家出资，农民出工	专人分段负责	水利建设是采取农民投工投劳与国家投入相结合的以工代赈政策来完成。管理上实行专人分段负责、具体指导，根据当地群众经济力量，群众上交水费，用于本灌区的维修养护及管理人员的开支，按最低比例征收，并在群众中建立管理用水的组织，以期合理用水发挥潜在能力
"人民公社"时期	合作社出资，社员出工	合作社派人管理	依靠合作社的人力、物力、财力，俭办水利。对涉及一个合作社以上的工程，实行互相支援，实行受益多少、出工多少的原则。用之于国家的建勤工，也可以用之于兴修水利。在"人民公社"时期，水利工程产权由公社所有，公社派人管理；涉及多公社的水利工程，由多公社共同管理，根据每个公社的受益多少，进行投入
"双层经营"时期	投入无组织性	依靠水利劳动积累工和义务工或进行承包	明确坚持"谁建设、谁经营、谁受益"的原则，资金、劳动方面由地方自行负责并统筹安排农田水利建设。在实际生产需要和农民自愿的前提下，农民多出一些劳动积累工投入农田水利基本建设，劳动积累工的分摊，可按劳动力，也可按土地承包面积，或两者结合等群众认可的办法确定
"后税费"时期	民办公助	村集体组织、领导	在因地制宜、农户自愿、整体推进的原则下，坚持政府支持、民办公助的管理办法建设农田水利。兴修农田水利设施中央财政补助资金不超过中央试点项目总投资的15%。资金上，建立农田水利建设资金稳定增长的机制，完善村级"一事一议"筹资筹劳政策

续表

时期	投入主体	管理主体	主要特征
"三权分置"时期	政府与社会力量	受益者或委托方	在政府领导下，协调农民、村集体和社会力量开展农田水利工程建设。按照不同工程类型和投资主体，确定农田水利工程相应的运行维护主体，鼓励通过政府购买等方式引进社会力量参与运行维护，受益者或被委托方承担维护责任

第二部分

第三章　农田水利产权契约与治理的理论与机理

本章基于对农田水利设施的产权契约与治理的基础理论的辨析，构建用于分析农田水利设施的产权契约与治理的研究框架，并融合新古典经济学、新制度经济学和政治经济学的主要观点，从理论上尝试回答"为什么农田水利设施的治理模式与绩效会呈现多样性"，进而为后文的案例分析和实证检验提供思路。农田水利设施的理论分析框架由"农田水利设施产权""契约缔结""治理绩效"三个彼此联系、相互作用的部分构成。本章系统阐释了该框架各组成部分的理论含义和内在联系。简而言之，产权和契约作为关键因素影响着农田水利设施治理模式的选择，而治理模式的特定选择则引致特定的资源配置效果、分配效应和过程效率，也即农田水利设施治理绩效。

第一节　农田水利产权契约与治理的基础理论

一、交易费用与产权理论

（一）科斯的交易费用理论

交易费用概念是由科斯创立的，他在 1937 年发表的《企业的性质》一文标志着交易费用理论的初步形成。科斯在新古典经济学零交易费用假定条件下"市场机制的运转是无成本"的基础上提出，"既然价格机制如此完美，企业内部交易为什么会存在"，科斯在《企业的性质》中指出，"价格机制本身是有成本的，通过价格机制组织生产的一个最明显的成本就是发现相关价格的成本，价格机制的成本还包括在市场上的每一笔交易所进行的谈判和签约的成本"（Coase，1937）。也就是说，企业的出现就是为了减少市场运行成本，企业是能够替代市场机制的，并允许某个权威或企业家进行资源配置的一个组织。科斯进而指出，"企业的规模是企业持续扩张直到发生一笔额外交易的成本等于在公开市场完成同笔交易的成本"，由此看来，影响企业规模的主要因素就是交易费用（汤喆，2006）。在20世纪60年代，交易费用在科斯的第二篇经典论文《社会成本问题》中占据着更加重要的地位。他指出，尽管市场交易的要素有交易对象、交易方式、契约条款以及讨价还价过程等，但这些工作都需要成本，任何一定比率的成本都能使那些无需成本的交易消失（Coase，1960）。显然，在科斯看来，交易费用是与发现交易对象、发现相对价格、讨价还价、交易的谈判与签约、订立交易合同、执行和维护交易合同、订立契约和执行契约有关的费用。科斯交易费用的提出，为经济学提供了新的分析工具，它使经济学从零交易费用的新古典世界走向正交易费用的现实世界，交易费用理论对企业存在、不同公司的形式、合约安排的变化、法律制度规则等产生了制度影响。

（二）威廉姆森的交易费用理论

威廉姆森在科斯的基础上，进一步发展了交易费用理论。威廉姆森认为，"任何问题都可以直接或间接地作为合同问题来看待，这对于了解是否能节约交易成本很有用处"，由此提出交易费用的存在取决于三个因素，即有限理性、机会主义、资产专用性（Williamson，1975）。首先，威廉姆森基于"契约人"的假设，提出了"契约人"存在机会主义行为倾向，因为人不是完全理性的，人的"利我"性是机会主义行为发生的根源，那么交易的双方有可能通过隐瞒、欺骗等方式间接增加交易的成本。其次，他将交易费用比喻为"经济世界中的摩擦力"，并将其分为事前交易费用和事后交易费用。事前交易费用包括信息搜集、订立合同、起草协议、讨价还价和保障协议执行所需要的费用；事后交易费用包括合约签订后，交易者为解决契约自身存在的缺陷和契约执行过程中存在的问题如改变条款、不履行条款、矛盾纠纷、退出契约所支付的成本（Williamson，1985，1979）。最后，威廉姆森认为，资产专用性、不确定性和交易频率是影响交易的三个重要因素，从而得以确立交易的类型，使交易分析方法成为组织现象的一种分析工具（Williamson，1993）。总的来说，威廉姆森将交易作为经济分析的最小单位，认为交易是通过契约进行的，任何经济组织以节约交易费用为目标，从而根据交易费用的高低设计不同的企业治理结构，实现企业利润最大化。

（三）张五常的交易费用理论

张五常认为，"交易成本包括经济社会发展中各行各业职员的收入，例如，律师、警察、企业家、佣人等的收入，换句话说，交易成本不仅包括那些与物质生产和运输过程直接有关的成本，所有可想到的成本都属于交易成本。又如，中国香港差不多所有的工厂都北移到了内地，作为对中国经济活动服务的一种结果，GDP 中至少有 80% 来自交易成本。当然，在制造业和农业占主导的国家中，交易费用所占收益的比重是相当小的，但是，在世界上是找不到一个富有的国家，它的交易费用总额会少于国民收入的一半的"（张五常，1999）。张五常主张交易费用实际上就是"制度成本"，取决于支配着各种各样制度形式的成本的大小和类型，交易费用的变化一般会导致合约结构或组织结构的变化，通过制度的重新安排是有可能减少交易费用的，这些交易费用主要包括寻价费用、识别产品部件的信息费用、考核费用以及贡献测度费用等（刘东，2001；张五常，1999）。张五常交易费用理论最大的特点是交易费用通常发生在人与人之间的社会关系中，不可能发生在没有产权和交易的经济体中（Cheung，1983）。

交易费用理论的主要观点可以概括为市场和企业是两种具有替代性的交易机制，企业产生的前提是真实世界中交易费用的存在，企业之所以取代市场，是因为它可以有效降低交易成本。简言之，交易费用是指交易对象完成一笔交易所要花费的各种费用，也指买卖过程中所花费的货币成本、时间成本和机会成本。交易费用包括动用资源建立、维护、使用、改变制度和组织等方面所涉及的所有费用，可以分为市场型交易费用、管理型交易费用、政治型交易费用（克弗鲁博顿等，2015；威廉姆森等，2010）。

（四）产权界定理论

科斯在谈到交易成本时特别强调产权的界定也需要成本，如果成本太高，产权的界定则无法实现，并指出初始产权的界定对优化资源配置和最终经济绩效具有重要影响；科斯运用可交易产权的概念，揭示了产权界定和资源配置之间的关系，即著名的"科斯定理"。明确人们相互之间的物质利益边界，建立互通有无的市场交易就是产权界定。产权界定包括产权主体界定、产权客体界定和产权规则界定，产权主体即谁对特定"物"或"行为"拥有产权，这一"特定物"和特定"行为"就是所谓的产权客体，并且产权主体要明确对产权客体的使用规则（于学花等，2008）。产权界定应尽可能减少因权利与权利之间冲突造成的交易成本，应把产权界定给能带来更多经济效益的市场主体。但产权界定本身就存在困难，所以存在相对性，原因在于"有些行动的潜在权利具有无限性，要描述潜在所有者的权利的完整意义是不可能的，要讨论它们是由私人所有还是国家所有也是不可能的"（德姆塞茨，1994），正如巴泽尔（1997）所说："在交易成本为正的真实世界中，部分有价值的产权总是处在产权的公共领域中，产权永远得不到完全界定。"在巴泽尔看来，一项经济资产拥有许许多多的属性，而界定这种属性是需要耗费成本的，这些属性能给主体带来的利益也是有限的，因此，完全清晰界定产权是不可能的（屈兴锋，2006）。简而言之，产权界定可以理解为人们使用某一资源的经济社会关系，这种关系明确了产权主体对资源客体的权利与责任。产权清晰界定是交易的前提，通过产权的明确界定，可将外部性内部化，减少经济不确定性和机会主义行为倾向，从而提高经济效益，使资源得到合理配置（克弗鲁博顿等，2015；刘辉，2010）。

（五）产权效率理论

产权效率理论从产权安排和外部性角度衡量产权配置效率，效率最大化的条件是私人收益率等于社会收益率。不同的产权安排会影响资源配置效率，而衡量产权效率的标准一般就是制度安排的交易成本和制度收益（袁庆明，2014）。因此，要使资源配置达到最佳效率，可以通过有效降低交易成本和增加制度的收益和社会福利的产权形式达成。由于产权能够提供远期收益预期与成本约束的激励功能、减少不确定性功能、外部性内部化功能，从而影响产权主体活动的收益和成本，因此，只要清晰界定产权，为产权交易创造良好条件来降低交易成本，就能使资源发挥最大效用；再者，通过划分产权，明确不同产权主体的责任以建立有效的激励约束机制，适时排解产权纠纷，使外部性内部化，从而减少外在成本、交易成本，提高资源配置的效率（黄少安，1995）。然而，一项产权制度的安排在带来高效率的同时也会带来效率损失。例如，以共有产权为例，自哈丁的《公地的悲剧》一文问世以来，现实生活中普遍存在的公地悲剧问题表明，因缺乏进入限制或有效的排他性产权而造成了对稀缺资源的过度使用、资源系统退化（卢现祥，2003）。总的来说，产权运作的效率取决于产权运作本身的交易费用相对于产权运作结束后进行交易所需费用的大小。

（六）产权分配理论

根据《牛津法律大辞典》，"产权也称财产所有权，是指存在于任何客体之中或之上的完全权利，包括占有权、使用权、出借权、转让权、用尽权、消费权和其他与财产有关的权利"（沃克，1988）。在产权界定不完全时，由于存在界定费用，产权就无法完全分配，当一个人的经济状况受其他人消费或生产活动的影响时，外部效应就会产生，而外部性的存在就会导致资源配置偏离帕累托有效配置。科斯对于外部性问题做了解释，无论权利怎么分配，如果交易费用为零，个人将会对权利进行交易直至实现帕累托效率最优的资源配置；而一旦考虑市场交易的成本，合法权利的初始界定就会对经济制度运行的效率产权产生影响，用组织企业或政府管制来替代市场交易再进行产权分配。由此，外部性根本上是产权的问题，但是这种外部性是具有相互性的，"要决定的真正问题必须是：允许甲损害乙还是允许乙损害甲？关键在于避免较严重的损害"（Coase，1960）。由此，在产权分配过程中所产生的外部性问题就有了更进一步的突破。

对于农田水利这一产权客体，农田水利治理过程就是产权主体的交易过程。由于人的有限理性和信息不对称，存在着信息搜寻费用、协调费用、谈判费用等一系列交易成本，而农田水利设施产权的界定能减少治理过程中的不确定性，从而降低治理主体在交易过程中的交易费用。对于不同禀赋下的农田水利设施，其治理的制度规则不同，各产权主体获取或占用的资源单位不同，谈判能力也不同，从而政府、村集体、灌区、用水户协会、新型农业经营主体、小农户等产权主体对农田水利拥有不同的产权。根据农田水利这一权力束，可将所有权、管理权和使用权分配给不同的产权主体，这些产权的分配能影响各产权主体参与农田水利治理的积极性，进而影响产权主体的收益和成本。

二、契约与委托代理理论

（一）契约设计理论

以亚当·斯密为代表的古典经济学家认为，市场是万能的，通过市场自由竞争可以实现市场资源的最优配置。但是，由于日常经济生活中的利益冲突和信息不对称，自由竞争的市场不仅不会带来高效率，可能还让交易主体陷入丧失交易利益的"囚徒困境"，为使市场资源配置达到帕累托最优，有必要对交易双方设计合适的契约。按照科斯的分析框架，有两种方法可能解决机会主义行为：一是纵向一体化或签订契约，纵向一体化可以节约缔约前的讨价还价成本，而交易双方签订长期契约利用市场机制给潜在的欺诈者提供一种未来的溢价，未来溢价的现值必须高于潜在欺诈者在欺骗后被终止契约的情况下所能获得财富的增加值，形成的长期契约关系将会消除系统的机会主义行为（Williamson，1975）。二是在处理委托—代理问题时，隐藏信息下的最优合同只能达到次佳，不能同时达到最优的配置和分配效率。此时，薪酬制度就能发挥分散风险和奖励高效工作的双重职能，一个理想的契约应该是支付独立于可测度之外的固定薪金（Holmstrom 和 Milgrom，1975）。

（二）契约选择理论

现代契约理论从制度特性和经济功能角度出发，可以把契约看作一种约束交易的具有一定经济价值的微观制度。张五常提出，契约安排是为了在交易成本的约束下，使从风险的分散中获得的收益最大，并分别从交易成本和自然风险两个角度分析不同类型契约安排的选择。具体而言，在存在风险规避的条件下，缔约方会通过搜寻有关未来信息、选择风险较小的方案、选择那些能将他的风险负担分摊给其他人的安排；在制度安排不同、制定契约过程中付出的努力和谈判时间不同的情况下，契约选择所发生的交易成本也是不同的（张五常，2015）。因此，契约的选择是由风险分散所带来的收益与不同契约的交易成本加权决定的。威廉姆森在交易成本的基础上，进一步分析了不同类型的交易与不同契约安排和治理结构之间的匹配问题（张静，2009）（见表3-1）。之所以这么匹配，是为了使交易成本最小化。威廉姆森在《资本主义经济制度》一书中指出，根据不同治理结构来选择不同的交易方式，也可以节约交易成本。也就是说，每一种交易类型都需要配以相应的治理结构和契约形式，不管是古典契约、新古典契约还是关系契约，都有与之相对应的治理结构和契约合同。因此，根据不同契约形式的交易合作剩余和最优实施成本的权衡可以作为决定一项交易的最优契约形式。

表3-1 交易特征与契约安排

		投资特征		
		非专用	混合	专用
交易频率	偶然重复	市场治理（古典契约）	三边治理（新古典合约）	双边治理（关系性合约） 一体化治理（企业）

（三）委托代理理论

委托代理问题是19世纪以后伴随"经理革命"产生的，由美国经济学家伯利和米恩斯于20世纪30年代提出。委托代理是指在信息不对称情况下，某个行为主体根据一种明示或隐含的契约，聘请或雇佣另一行为主体代替其行使相关权利，并按照市场经济发展状况、后者提供的服务数量和质量对后者支付相应的报酬，前者就是授权人，也称为委托人，获得劳动报酬的后者是被授权者，即代理人（刘威，2014）。出于信息不对称及委托人与代理人利益目标不一致性等方面的原因，在委托代理关系中，代理人不按照委托人的利益最大化行事甚至损害委托人的利益，就会产生代理问题。代理问题又包括道德风险和逆向选择两种基本类型。道德风险又称败德行为，一般指代理人借事后信息的非对称性而采取的不利于委托人的行为；逆向选择是指代理人利用事前信息的非对称性而采取的不利于委托人的行为选择。

1. 道德风险模型

在信息不对称下，尽管委托人不能观察代理人的行为，但代理人的努力总是可以产生一定的、可量化的利润水平。假设代理人控制着委托人的公司，公司的利润 Q 取决于代理人所付出的努力 e，即 $Q(e)$。在结果确定情况下，代理人的决策问题模型为：

$$\max_{e} A = r + \alpha Q - \frac{k}{2}e^2 \tag{3-1}$$

$$\text{s. t. } Q = e \tag{3-2}$$

委托人的决策问题模型为：

$$\max_{r,a} Q^n = (1-\alpha)e - r \tag{3-3}$$

$$\text{s. t. } e = \frac{\alpha}{k} \tag{3-4}$$

$$r + \alpha e - \frac{k}{2}e^2 \geqslant \overline{A} \tag{3-5}$$

其中，r 表示固定费用，α 表示利润份额，k 是努力的边际成本增长率，$\overline{A}$ 表示委托人的保留效用，式（3-4）和式（3-5）分别表示激励约束和参与约束，模型表示委托人在代理人的激励约束和参与约束下，最大化自己的净利润。根据利润最大化的一阶条件，得出最优的努力程度为 $e^* = \frac{1}{k}$，最大化利润为 $Q^* =$

$\dfrac{1}{k}$，付给代理人的保留价格（也是委托人的期望净利润）为 $\omega^* = \bar{A} + c(e^*) = (2k)^{-1}$。如果代理人没有达到目标，委托人可要求他支付足够多的违约罚款（Varian，1992）。

在结果不确定的情况下，公司的利润 Q 取决于代理人所付出的努力 e 和某些外生冲击 $\tilde{\theta}$，考虑到委托人和代理人对待风险的态度，假定代理人是风险厌恶者而委托人是风险中立者，则对风险厌恶的代理人采用 Von Neumann – Morgenstern 效用函数，则代理人的决策问题变为：

$$\max_{e,\alpha,r} E(\tilde{Q}^n) = (1-\alpha)e - r \tag{3-6}$$

$$\text{s.t. } C(\tilde{A}) = r + \alpha e - \frac{k}{2}e^2 - \alpha^2 \frac{\alpha}{2}\sigma^2 \geqslant \bar{C} \tag{3-7}$$

其中，式（3-7）表示参与约束，委托人在代理人的参与约束下，如果委托人完全知道代理人付出努力水平 e，则可以最大化委托人的净利润。那么，委托人的决策问题为：

$$\max_{e,\alpha} E(\tilde{Q}^n) = e - \frac{k}{2}e^2 - \alpha^2 \frac{a}{2}\sigma^2 \tag{3-8}$$

由此得出结论，在有对称信息和不确定性结果的条件下，委托—代理问题的最优解是 $\omega^* = \dfrac{1}{2k}$ 和 $e^* = \dfrac{1}{k}$，即代理人获得固定的工资报酬，风险中立的委托人承担了所有风险。在信息不对称的情况下，结果不确定的委托人的决策问题变为：

$$\max_{r,\alpha} E(\tilde{\theta}^n) = (1-\alpha)e - r \tag{3-9}$$

$$\text{s.t. } e = \frac{\alpha}{k}$$

$$r + \alpha e - \frac{k}{2}e^2 - \alpha^2 \frac{a}{2}\sigma^2 \geqslant 0$$

根据最大化问题的一阶条件，得到最优利润份额：

$$\alpha^{**} = \frac{1}{1 + ka\sigma^2} < 1 \tag{3-10}$$

其中，$\alpha^{**} < 1$ 意味着风险厌恶的代理者没有承担全部风险，于是得到"分成契约"，相应的最优努力水平 $e^{**} = \dfrac{1}{k(1+ka\sigma^2)} < \dfrac{1}{k}$，与结果确定的情况相

比，代理人将付出较少的努力，那么最优的费用 $r^{**} = \dfrac{ka\sigma^2-1}{2k} \dfrac{1}{(1+ka\sigma^2)^2} > -\dfrac{1}{2k}$，如果 $ka\sigma^2>1$，则 $r^{**}>0$。也就是说，如果代理人的风险厌恶程度 a 或结果的不确定性足够高，即 $a\sigma^2 > \dfrac{1}{k}$，则委托人必须付给代理人一笔固定的费用 r^{**}，否则代理人将拒绝履行契约。

在委托人和代理人共担风险且 k 一定的情况下，最优利润份额 α^{**} 与风险厌恶程度 a 以及方差 σ^2 呈负向相关关系，即风险厌恶程度越低、方差越小，最优利润份额越大。r^{**} 的最优价值先增加然后变为正值最后减为零。最后，委托人期望的最大净利润为 $E(\tilde{Q}^n)^{**} = (2k)^{-1}(1+ak\sigma^2)^{-1}$，显然，小于最优净利润 $E(\tilde{Q}^n)^* = (2k)^{-1}$，两者的差值即是福利损失 WL：

$$WL = E(\tilde{Q}^n)^* - E(\tilde{Q}^n)^{**} = \frac{a\sigma^2}{2(1+ak\sigma^2)} \qquad (3-11)$$

福利损失是由代理人努力的边际成本增长率和代理人的风险厌恶程度造成的（Stiglitz，1974；Spence，1973）。

2. 逆向选择模型

在合约签订之前信息不对称的情况下，委托人不知道代理人属于哪种类型，但签订之后信息是对称的。换句话说，逆向选择模型研究的是自然人先行动并选择了代理人的成本函数，委托人随后行动并为代理人提供一个合约，代理人接受或拒绝该合约。假设委托人是风险中立的，那么委托人的最优化问题是：

$$\max_{e_1,e_2,w_1,w_2} \hat{Q}^n = \pi_1(e_1-w_1) + \pi_2(e_2-w_2)$$

约束条件为：

$$\left. \begin{aligned} &w_1 \geqslant \frac{k_1}{2}e_1^2 + (w_2 - \frac{k_1}{2}e_2^2)(\mathrm{IC_1}) \\ &w_1 \geqslant \frac{k_1}{2}e_1^2(\mathrm{PC_1}) \end{aligned} \right\} \qquad (3-12)$$

$$\left. \begin{aligned} &w_2 \geqslant \frac{k_2}{2}e_2^2 + (w_1 - \frac{k_2}{2}e_1^2)(\mathrm{IC_2}) \\ &w_2 \geqslant \frac{k_2}{2}e_2^2(\mathrm{PC_2}) \end{aligned} \right\} \qquad (3-13)$$

其中，e_1、e_2 为代理人的努力程度，k_1、k_2 是努力的边际成本增长率，w_1、

w_2 是报酬安排。在紧约束条件下，委托人的最优化问题变为：

$$\max_{e_1,e_2}\hat{Q}^n = \pi_1\left(e_1 - \frac{k_1}{2}e_1^2 - \frac{k_2-k_1}{2}e_2^2\right) + \pi_2\left(e_2 - \frac{k_2}{2}e_2^2\right) \tag{3-14}$$

$$e_1^2 > e_2^2 \tag{3-15}$$

根据不严格最优化问题的一阶条件，低成本的代理人 1 除成本之外还获得了"信息租金"，而且不会假装成高成本的代理人 2，因为代理人 2 只收到其成本。

在代理人拥有不同边际成本和边际生产力的情况下，考虑不同保留效用，如果 $k_1 < k_2$，而且 $\bar{A}_1 > \bar{A}_2$，高成本的人会声称自己是低成本并选择作弊。在现实生活中，委托人决定着工人们或接受或拒绝合约，在不知道代理人属于哪种成本类型的情况下，委托人会提供一组分离均衡合约，理性代理人的市场行为就会暴露出真实信息。因此，在逆向选择市场上，市场筛选通常可以根据文凭证书、质量担保、品牌资本等信号进行选择。

在这两种典型的委托—代理模型里，通过使用经济激励，可以对人们直接观察能力上的欠缺做出补偿，不管这些激励体现在委托人提供给代理人的激励方案中还是自选择约束中，这些均衡都是次优的，正是因为交易成本存在才会造成福利损失。

对于农田水利而言，供给主体和需求主体之间存在信息不对称和利益冲突，在建设、管理和维护的治理过程中，会出现"搭便车"等机会主义行为，使农田水利过度使用而缺乏维护，农业用水效率低下。因此，通常在既定的产权结构下通过一系列正式或非正式的规则来约束产权主体的行为，以促进交易的发生，保护产权，这一系列规则可分为正式契约和非正式契约（North，1990）。正式契约能通过权责来约束产权主体行为，非正式契约能通过社会网络促进信息交流和资源获取，起桥梁作用，促成正式契约实施（宋晶、朱玉春，2018）。对不同禀赋特征和不同产权下的农田水利，有的所有权主体选择采用委托代理，委托水管单位或其他产权主体管护农田水利设施；有的所有权主体选择自行管护，与需求主体签订运营维护契约。总的来说，为使农田水利治理效率达到帕累托最优，各产权主体之间根据不同契约的交易成本，缔结最优的正式契约和非正式契约组合关系，以降低交易成本，提高产权配置效率。本书将正式契约视为显性契约，非正式契约当作隐性契约。

三、公共物品与公共选择理论

(一) 公共物品理论

1. 公共物品的内涵

公共物品是具有消费的非排他性和非竞争性的物品。非排他性是指一个人在消费某一物品时，不能排斥其他人也消费这一物品。如果要阻止其他任何人消费这一物品，要么代价非常大，要么技术上不可行。非竞争性是指一个使用者对该物品的消费并不减少它对其他使用者的供应，使用者的增多并不导致该公共物品生产成本的增加，即增加使用者的边际成本为零。根据非排他性和非竞争性程度的不同，公共物品可分为纯公共物品和准公共物品。准公共物品又可分为俱乐部物品和公共池塘资源。农田水利作为一种典型的公共池塘资源，通常是由政府或社会团体用公共开支进行生产所提供的。一般来说，需要注意以下四方面的问题：

(1) "搭便车"。"搭便车"是指市场经济主体无偿使用某公共资源或享用某公共物品所带来的收益，整个过程中参与者都没有支付任何费用。"搭便车"者往往忽视社会的公平性，通常会行使消费或使用公共物品的权利，而不履行对公共物品应尽的义务；而那些社会公德心强的"搭便车"者，有可能在其他时间或地点尽了义务（王广正，1997）。由于现实世界中的信息不对称，加之参与者的规模大小、信任程度、监督惩罚激励制度等因素，使行为人容易产生"搭便车"的想法，参与者可通过传递公共物品或公共资源的供给数量、水平、价格等信息以及参与者的需求来缓解"搭便车"。此外，成立参与者自组织集团，依赖自组织内部治理机制，促进集体行动的发生，从而降低"搭便车"发生的概率（程杰贤等，2018）。

(2) 排他成本。排他成本问题是针对公共物品的拥挤问题而言的，即非排他性的延续。由于经济成本的不可排他、技术成本的不可排他和制度成本的不可排他，使公共物品的排他成本增高。当然，如果消费者能够并且愿意支付一定合理的费用以享用公共物品，那么就可以说他具有一定程度排他性。学者通常将排他成本纳入拥挤模型进行研究，在引入排他成本后，原来模型中的最优规模就会发生改变，但总能找到当下的最优条件。

(3) 公地悲剧。哈丁最早提出"公地悲剧"，他描述了这样一个事实：在某一个公共牧场区，理性的放牧人为最大化其个人利益，在公共牧场上尽可能地增加他自己的牲畜，当每个人都追求自己的最佳利益时，牧场供应的草无法满足草地上牲畜的需求，最后因过度放牧导致所有放牧人的收益下降，这就是一个悲剧（Hardin，1968）。"公地悲剧"实际上可看成一个"囚徒困境"的博弈，个人理性的策略选择往往导致集体非理性。奥斯特罗姆认为，"公地悲剧"是公共事务治理的三大难题之一，较为稳妥的解决办法是促进公共资源自主治理，以追求个人利益和集体利益的相对最优。

（4）融资与分配。不同物品的不同特征决定了不同的公共物品资源配置问题。从资金来源来看，如果某一公共物品被融资供给，那么该公共物品相当于被提供，无论是私人供给还是公共供给，原因是公共物品可以由私人和公共共同生产，而公共税收同样能够用于资助私人物品生产（Roberts，1987）。从公共物品分配来看，公共物品的税收与转移支付可以对私人物品进行再分配，消费者获得公共物品收益的份额与该物品的边际替代率相关（Maital，1973）。萨缪尔森则指出了政府的两大功能：一是公共物品的供给；二是以收入再分配为目的转移支付（Samuelson，1967）。

2. 公共物品理论模型

（1）纯公共物品模型。微观经济学中的私人物品的效用函数为：$U^i = U^i(x_1^i, x_2^i, \cdots, x_n^i)$，其中，$U$ 为私人效用函数，$(x_1^i, x_2^i, \cdots, x_n^i)$ 为第 i 个人的第 n 种私人物品。假设将私人物品换成公共物品，从 $n+1$ 到 $n+m$ 的 m 种纯公共物品，对该函数进行扩展，则函数表达式为 $U^i = U^i(x_1^i, x_2^i, \cdots, x_n^i, x_{n+1}^i, \cdots, x_{n+m}^i)$，如果 A 生产公共物品，B、C 可以共同享受这一公共物品带来的效用，即 $U_x^A = U_x^B = U_x^C$，那么，A 生产的便是纯公共物品。如果 A 生产私人物品，B、C 可以不能享受这一物品带来的效用，即 $U_x^A \neq U_x^B \neq U_x^C$。由此可以看出，私人物品不能带来社会的正效益，而纯公共物品有强烈的正外部性。私人物品的均衡数量和均衡价格通常由市场机制决定，而公共物品则是通过投票或信号传递等机制来决定其社会最优状态。另外，萨缪尔森认为，价值判断也可以影响纯公共物品的社会最优状态（Samuelson，1964）。

（2）俱乐部物品模型。该模型最早由布坎南（Buchuan，1965）提出，俱乐部物品是区别于私人物品和纯公共物品的另一种类，它能体现消费所有权的分配问题。因此，布坎南在纯公共物品效用函数假定的基础上加入了"俱乐部规模"

这一变量，从而得到：

$$U^i = U^i \left[(x_1^i, N_1^i), (x_2^i, N_2^i), \cdots, (x_n^i, N_n^i), (x_{n+1}^i, N_{n+1}^i), \cdots, (x_{n+m}^i, N_{n+m}^i) \right]$$

$$(3-16)$$

同理，俱乐部物品的生产成本函数为：

$$F^i = F^i \left[(x_1^i, N_1^i), (x_2^i, N_2^i), \cdots, (x_n^i, N_n^i), (x_{n+1}^i, N_{n+1}^i), \cdots, (x_{n+m}^i, N_{n+m}^i) \right]$$

$$(3-17)$$

根据"边际替代率等于边际转换率"的原则，在俱乐部物品下的社会最优条件转变为：

$$\begin{cases} \dfrac{U_j^i}{U_r^i} = \dfrac{F_j^i}{F_r^i} \\[3mm] \dfrac{U_{Nj}^i}{U_r^i} = \dfrac{F_{Nj}^i}{F_r^i} \end{cases} \qquad (3-18)$$

最优条件表明，对于第 i 个人而言，第 j 类俱乐部物品与第 r 类俱乐部物品应满足两类物品间"边际替代率等于边际转化率"的要求，并且要求第 j 类俱乐部物品的俱乐部规模 N 相对于第 r 类俱乐部物品的边际替代率等于相应的两类变量的生产或交换比率。俱乐部模型有两个目标，一是实现帕累托最优，二是使每个俱乐部成员支付成本最小化。之后，有学者对布坎南模型进行拓展和修正，明确了俱乐部物品的边际拥挤成本和边际供给成本，并将俱乐部规模从效用函数的变量移至收入约束条件之中，确定了最优变量和规模（McGuire，1974；Berglas，1976）。

（3）公共池塘资源模型。公共池塘资源是具有竞争性和非排他性的公共物品，而俱乐部物品是具有非竞争性和一定排他性的公共物品，都存在"拥挤性"特点。在俱乐部物品效用函数的基础上，将公共池塘资源中的每一个消费者的支付意愿差异作为关键因素，修正原来以俱乐部规模为主的俱乐部模型，则可以表示为：

$$U^i = U^i \left[(x_1^i, p_1^i), (x_2^i, p_2^i), \cdots, (x_n^i, p_n^i), (x_{n+1}^i, p_{n+1}^i), \cdots, (x_{n+m}^i, p_{n+m}^i) \right]$$

$$(3-19)$$

其中，p 表示价格或消费者支付意愿，即不同消费者对于该公共资源的愿意支付的价格是有差异的。一般而言，公共池塘资源问题可以转化为俱乐部问题进行处理。如果公共池塘资源的成员规模小，产权界定成本低，内部运行机制较完善，则该公共池塘资源就可以转化为私人物品进行处理，即可交易的公共池塘资源。如果公共池塘资源的成员规模大且具有一定程度上的排他性，那么该公共池塘资源就可以转化为俱乐部物品进行处理。

（二）公共选择理论

公共选择理论是应用经济学的"经济人"假定和经济学的分析范式、方法论个人主义来研究非市场决策和政府决策，涉及政治、经济等多个领域，尤其是市场经济条件下政府行为、政府决策以及非市场或政府—政治过程（布坎南，1988；Mueller，1989；小林良彰，1989），公共选择理论表明，政府处理并不是市场缺陷的充分条件（商井，1989）。由于个人行为和个人决策是集体决策的基础，故个人行为可以通过政治过程对集体行为及经济活动产生影响。政府作为理性经济人，除了追求公共利益之外，还追求个人利益的最大化，从而出现市场经济条件下政府干预行为的局限性或政府失败问题。

根据公共选择理论，政府干预行为局限性或"政府失败"的表现主要有公共决策失误、政府扩张、官僚机构低效率以及寻租四个方面。一般来说，公共选择的对象是公共物品，决策主体为集体，由于社会实际上并不存在作为政府公共政策追求目标的公共利益，只存在各种特殊利益之间的"缔约"过程，或者本身决策机制的缺陷和决策信息的不对称，以及投票人的"短见效应"，使政府出现公共决策失误。由帕金森定律可知，由于政府进行收入和财富的再分配，利益集团、官僚机构以及财政幻觉的存在，使政府自身扩张。一旦政府进行扩张，政府部门便会谋求内部私利而忽视社会公共利益，造成社会资源配置效率低下、资源浪费、福利减少，最终导致政府失败。公共物品的供给几乎被官僚机构垄断，常常出现过度投资，加上公共物品的成本与收益难以测定，好多地方政府为增加自己的升迁机会和扩大自己的势力范围，提供多于社会需求的公共物品，从而不断增加工作人员，再者，政府官员又缺乏监督，导致机构臃肿，效率低下，造成大量资源浪费。在这种情况下，政府官员能从支付给生产要素所有者的报酬中获取较高的收益或超额利润，有的是"贿赂"，有的是主动寻租，即所谓的"政治创租"和"抽租"，这容易导致不同政府部门官员的争权夺利，导致资源配置扭曲、社会资源浪费。

为克服政府干预行为局限性，避免政府失败，改善政府机构工作效率，公共选择理论强调以宪制改革为主，推动政府内部竞争，监督约束政府税收和转移支付，引入激励机制树立正确的利润动机，从而提高资源配置效率。公共选择理论家认为，宪制改革是避免政府失败最关键的举措，布坎南等从立宪的角度分析政府政策制定的规则和约束经济和政治活动者的规则或限制条件，为政府政策制定提出一系列所需的规则和程序，从而使政策方案更合理，减少或避免决策失误。此外，要打破政府对公共物品生产的垄断，在政府机构内部建立起竞争机制，在不同地区设立相同的机构展开竞争，或将一些公共物品的生产承包给市场经济主体，这样可展开竞争而增进效率。如果对政府的税收和支出加以约束，使政府收支增长直接与国民经济的增长相联系，同时保持收支平衡，就能在一定程度上抑制政府的过度增长或机构膨胀。最后，在政府机构内建立激励机制与监督机制，可通过奖金津贴以及其他各种福利项目激励政府部门节约成本，树立正确的利润观念。

农田水利可分为大中型农田水利设施和小微型农田水利设施，大中型农田水利设施作为国家基础设施的重要组成部分，建成后能长期发挥正外部效应，公益性明显，具有非排他性和非竞争性，本书将大中型农田水利设施作为纯公共物品，只要前期投入大量资金和劳动力，就能提供灌溉排水、防洪抗旱、水土保持等服务（陈辞，2014）。小微型农田水利设施是一种典型的公共池塘资源，同时具有非排他性和一定范围的竞争性，主要由政府投资建设，村集体和用水户协会适时投入资金，农户作为直接受益主体，在使用农田水利过程中，"搭便车"现象普遍，导致农田水利设施损坏严重，甚至造成"公地悲剧"。因此，小微型农田水利设施治理的"最后一公里"必须依托政府调节和干预，政府应该运用公共物品政策如增加财政投入和奖励补贴来激励农户积极性。

四、博弈论与行为经济理论

（一）博弈论

博弈论为分析农田水利产权主体行为选择提供了便利和基础，博弈论的主要思想是参与人在一系列制度规则下如何做出行为选择以及策略均衡问题的。也就是说，在一个博弈中，博弈的每个参与人通过判断其他参与人的策略组合来决定自己的最优策略选择，从而实现个人的效用最大化。而微观经济学中的个人决策取决于自己的选择，即个人的价格和收入，不考虑别人的选择对自己选择产生的影响，博弈论研究的是整个经济中，所有相互联系的个体行为选择，通过每个人的策略选择达到相互合作的均衡局面。但实际上，现实世界中信息不对称和"囚徒困境"现象不可避免，博弈论经过不断发展，出现了非合作博弈、不完全信息博弈和动态博弈（Buchuan，1975）。相应地，博弈均衡就有纳什均衡、子博弈精炼纳什均衡、贝叶斯纳什均衡、精炼贝叶斯纳什均衡。20世纪70年代以后，博弈论形成了一个完整的体系，从80年代开始，博弈论逐渐成为主流经济学的一部分。纳什均衡是博弈参与人个人理性选择达成一致的结果，如果所有参与人的策略组合不是纳什均衡，则至少有一个参与人会改变自己的策略以得到更大的效用或收益。如果一个博弈达到了纳什均衡，那么参与人之间的利益达到了一种相对稳定的状态，但个人理性选择的结果在总体上可能并不是帕累托最优的结果。如果参与人不考虑自己的选择对别人的影响，则会出现不可置信威胁策略，根据行动的先后顺序，对先行动者行动的观察，后行动者能够并且必然对先行动者的策略选择做出合乎理性的反应，先行动者也知道这一点，这就保证了将包含不可置信威胁的不合理均衡策略剔除出去，将合理纳什均衡和不合理纳什均衡分离开来。

（二）行为经济理论

行为经济理论是在经济分析中加入心理学基础和实验经济学的相关手段，使经济分析更贴合实际生活。行为经济学视角下的经济主体都是理性和非理性的结合体，即人是有限理性的。在风险不确定条件下，一方面，当行为人在进行决策时，面临复杂的外部环境约束和自身认知能力有限的约束，如何做出实现自身期望效用最大化的决策是行为经济学研究的重点。其中，外部环境约束包括思想、情绪、兴趣、地域、习俗、文化等对行为人的影响。另外，每个有限理性的消费者内心通常遵循着一种有悖于传统经典经济学假设的心理运算规则和记账方式，这就是行为人内心存在的"心理账户"，由于不同"心理账户"的边际消费倾向不同，当所有的经济事务或交易在一定的环境下发生时，"心理账户"就会对行为选择的结果产生影响（李斌，2009）。另一方面，当行为人在进行决策时，会对不同时间段的成本收益进行权衡，也会预测自己行为对未来产生的效用，从而控制自己现在的行为；在这一过程中，大多数行为人对自己的能力和所能获得的知识的准确性存在过度自信（郑荣卿，2017），由过度自信引发反应过度就不会控制自己，导致出现认知偏差，最终做出不符合期望效用最大化的决策，而那些自控能力强的行为人，做出的选择往往接近帕累托最优的结果。

一般而言，在农田水利治理过程中，各产权主体的行为选择是契约缔结的关键。政府、村集体、灌区、用水协会、新型农业经营主体和小农户的各自利益需求不完全一致，要想达成长期合作关系，各主体在治理过程中会进行多次博弈。在博弈中，至少有一个产权主体不知道其他产权主体的行动策略，各主体掌握的农田水利治理信息存在差异，通过构建不完全信息动态博弈模型，求解农田水利产权主体治理行为选择的纳什均衡解，对激励农田水利治理主体的积极性有重要作用。结合行为经济学理论分析发现，农田水利治理过程中的各产权主体不是完全理性的，而是有限理性的，他们在做出参与治理的决策时受到情感、心理、预期等主观因素的影响。通常情况下，社会网络关系对产权主体的行为选择产生较大影响。一旦社会信任和关系网络在产权主体中形成，关系链中的亲人、朋友和邻居的想法、建议和行为就容易对行为人的决策起作用，他们互相交流、沟通，这在一定程度上影响了产权主体的参与行为。

第二节　农田水利产权契约与治理的机理分析

一、农田水利产权契约与治理的分析范式

（一）IAD 分析框架

借鉴奥斯特罗姆提出的制度分析与发展（Institutional Analysis and Development，IAD）分析框架，构建农田水利设施研究的制度分析与发展框架，重点研究产权、契约等外生变量如何对农田水利设施治理过程中的政策结果产生影响，为农村公共资源的供给者与占有者提供能够增加相互之间信任与合作的制度设计方案和标准。经过专家学者的不懈努力，IAD 分析框架已经广泛应用于公共资源治理问题中，该分析框架可以对农田水利治理过程的各利益主体间的互动规则、互动模式及对产出的影响能力进行探索与研究，揭示天然禀赋、个体禀赋及制度规则如何影响行动者意愿及治理绩效。

一般情况下，制度规则与天然禀赋间的相互作用表现为以下两方面：一方面是利益主体在正式制度与非正式制度的有效组合下做出的政策决定，从而影响操

作者的抉择；另一方面是利益主体根据其面临的天然禀赋，结合自身的个体禀赋和家庭禀赋，针对制度环境产生的效果进行选择与互动。IAD 分析框架的侧重点在行动平台的确定，行动平台在受到天然禀赋、个体禀赋、家庭禀赋以及制度规则影响的同时，决定着行动主体间的沟通模式及产出能力，且行动平台包括行动的环境与行动主体两个方面，可以通过不同类型的变量对其进行描述。

综上所述，农田水利产权契约与治理的 IAD 分析框架是一个多内容、多层次的综合分析系统，主要包括以下三个层次：第一层次是宏观层面，即宪法的决策规划、判断以及修改过程；第二层次是中观层面，主要涉及政策的制定、实施以及评判的全过程，这些集体规则的选择会对操作产生间接影响；第三层次是微观层面，即操作层面，包括资源的占用、开发、使用等过程（见图 3-1）。

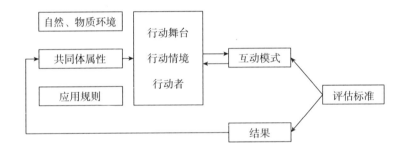

图 3-1　制度分析与发展框架（IAD）

农田水利产权契约与治理的 IAD 分析框架的核心是行动环境，即利益主体间的相互配合、交易物品和服务的外部环境与空间。利益主体在参与治理过程中，各自拥有不同的身份及职能，所采取的决策与行动也符合行动情境，行动情境提供给参与者一些公共信息，让参与者可以预见他们的行为所导致的最终结果。行动情境包括以下主要变量：①行动主体的设定；②参与主体的特殊职位；③允许的行为以及可能的产出设定；④可能由个体行为造成的潜在结果；⑤基于选择的控制程度；⑥可能存在的信息以及行动情境的构成；⑦激励机制和限制行动以及产出的收入和支出。行动情境的内部操作结构见图 3-2。

通过行动情境的框架对行为与结果进行解释，这种分析方法又常被应用到博弈论中用以构建博弈模型，IAD 分析框架具有以下三个基本特征：一是 IAD 分析框架作为一个多内容以及多层次的分析框架，其研究重点是微观的行动主体，侧

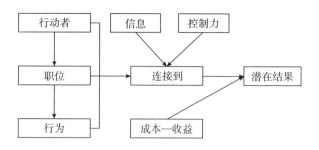

图 3 - 2　行动情境的内部操作结构

重于分析非正式制度之间的关系以及互动过程；二是 IAD 分析框架将影响行动平台，其影响因素包括应用规则、自然环境以及共同体属性三个层次，利用这种层次分析的方法，可以对单一的事例进行更为深入的研究和探讨；三是 IAD 分析框架通过理性选择以及博弈，对行动平台进行深入的挖掘，在行动主体之间互动与产出之间是否具有因果关系方面具有一定的解释能力。

（二）逻辑思路

在前文分析的基础上，地区差异、规模差异、水资源存量差异以及治理主体格局差异使农田水利设施禀赋特征不同，禀赋特征通过制度规则和主体格局影响农田水利设施产权结构，产权结构的差异导致显性契约与隐性契约的不同组合形式，由于有限理性和交易费用的存在，契约缔结以交易费用最小化、产权配置的效益最大化为原则，实现农田水利治理绩效的最大化（见图 3 - 3）。

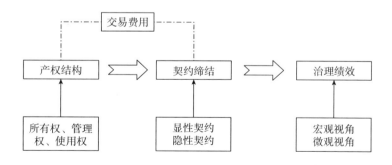

图 3 - 3　农田水利产权契约与治理的逻辑框架

具体而言：

第一，围绕公共物品这一核心概念，由于非竞争性和非排他性程度的不同，农田水利表现出不同的禀赋特征，以农田水利禀赋特征为起点，依据地区差异、规模差异、水资源存量差异以及治理主体格局差异，将农田水利禀赋特征区分为天然禀赋和人格化禀赋。

第二，农田水利禀赋特征决定了治理的制度规则和治理主体，禀赋差异使各治理主体拥有不同的产权，导致农田水利产权结构存在差异，这就为农田水利产权的界定分配和契约缔结创造了条件。

第三，虽然产权得到进一步明晰，但交易费用的存在使治理主体之间的契约是不完全契约，选择何种形式的显性契约和隐性契约组合的前提是交易费用最小化，以达到约束条件下的帕累托最优。

第四，虽然农田水利产权明晰和契约缔结能克服外部性和解决激励问题，但在不确定条件下，不同的契约选择对农田水利设施治理绩效产生影响。

农田水利治理的目的是提高治理绩效，治理绩效的提高体现在农田灌溉水有效利用系数的提高、有效灌溉面积的增大、粮食产量的持续增加和水生态环境的改善。从契约与治理理论中可以知道，农田水利契约是治理主体间的协议，是明确治理主体间权责利关系的制度安排。一方面，这些契约关系可以增加限制性条款监督和约束治理主体的机会主义行为，把"搭便车"的频率和次数降低到合适的范围内，降低主体间的利益冲突，从而避免效率损失；另一方面，契约关系能在一定的条件下有效地激励各主体履行管护责任，降低契约的执行成本，有利于主体间的风险分担，从而提高治理绩效。

二、农田水利产权契约与治理的作用机理

(一) 农田水利产权

1. 农田水利的产权理论

对于农田水利设施这一公共物品而言，其产权的清晰界定能确保农田水利设施平稳运行。由于经济中外部性的存在，使产权和交易费用密不可分。总的来说，交易费用指交易双方在交易过程中产生的各种费用，包括与信息搜寻、交易的谈判与签约、订立交易合同、讨价还价、执行和维护合同有关的费用，也包括交易过程中所花费的货币成本、时间成本和机会成本。关于产权，Demsetz（1967）、袁庆明（2014）把它看作一种人对财产的行为权利，包括一个人或其

他人收益或受损的权利，实际上体现了人们之间在财产的基础上形成的相互认可的关系，这一权利可分为所有权、占有权、收益权和处置权。科斯定理将产权、交易费用和资源配置效率联系起来，认为清晰界定产权能对经济主体进行约束与激励，减少交易的不确定性，从而降低交易费用，使资源配置效率逐渐向帕累托最优状态靠近。

在农田水利设施治理过程中，存在着信息搜寻费用、协调费用、谈判费用等一系列交易费用，而农田水利设施产权的界定能减少治理过程中的不确定性，从而降低治理主体在交易过程中的交易费用。因此，通常把产权界定给能以较低交易费用进行产权交易的一方。对于不同禀赋特征下的农田水利设施，其治理的制度规则不同，各治理主体获取或占用的资源单位和谈判能力也不同，从而政府、村集体、新主体和小农户对其拥有不同的产权（罗斯、莱文等，2007；刘建秋，2009），即所有权、管理权和使用权归属于不同治理主体。从农田水利产权的角度出发，农田水利产权包括两个方面的内容：一是农田水利设施产权，是指中央政府、地方政府、村社、灌区、农户等农田水利产权主体在农田水利设施上的产权界定和产权保护，一般包括所有权、管理权、使用权、经营权、处分权、收益权。二是水权，包括水权的界定，即水权初始分配，水权越明晰，水资源免费占有的可能性就越低，不可控的开发利用问题也可以得到抑制。水权又指享有水资源开发利用和取得利益的权利，并履行相应的义务，例如，引水权、排水权、蓄水权、航运权等。研究中所提及的农田水利产权，是指农田水利设施产权，主要研究农田水利设施的所有权、管理权和使用权。

2. 农田水利的产权结构

借鉴仝志辉（2020）、贺雪峰（2002）、王亚华（2018）等关于乡村治理的研究，研究将农田水利的利益主体分类为政府部门、中间组织和农户（见图3-4），进一步探索农田水利的所有权、管理权和使用权，产权的不同归属会形成不同的产权结构，即集体产权、单一产权和混合产权，进而影响利益主体间的契约缔结行为（见表3-2）。其中，政府部门包括中央政府与地方政府，中间组织包括村集体、二级水管单位、委托单位等社会团体，农户包括新型农业经营主体及小农户。主要存在下列三种形式。

（1）当农田水利体现强"公共资源"特征时，农田水利以集体产权形式出现，关键在于选择合适的代理人。因此，政府部门主要负责出资建设农田水利设施，是农田水利设施治理的委托人；村集体通过申请获得农田水利设施建设专项资金，负责农田水利设施的建设、管理及维护，拥有农田水利设施的所有权和管理权；由于农田水利设施治理与农户生产、生活息息相关，因此，农户通过"一事一议"制度参与其中，主动承担前期的投工和后期的维护，拥有农田水利设施的使用权。

（2）当农田水利体现弱"公共资源"特征时，农田水利以私有产权形式出现，强调组织与个人的"自我价值"实现。因此，政府部门和中间组织不参与农田水利设施治理的全过程，由于产权结构的私有化，农户拥有农田水利设施的所有权、管理权及使用权，有能力、有意识地参与农田水利设施建设、管理及维护，实现完全"自治"，主动参与到农村公共治理事务当中。

（3）当农田水利体现一般"公共资源"特征时，农田水利以混合产权形式出现，强调组织间的监督与合作。因此，政府部门主要负责农田水利设施的财政支持；村集体是农田水利设施治理的委托人，拥有农田水利设施的所有权；社会团体和农户在农田水利设施治理过程中有着同等重要的作用，社会团体为了保障粮食增产、重要农产品有效供给和农民持续增收，从而获取政策性奖励以及良好声誉，主动承担农田水利设施的建设及管理，拥有农田水利设施的使用权和管理权；由于拥有农田水利设施的使用权，因此，农户主动承担后期的维护工作（见表 3 - 2）。

表 3 - 2   农田水利的产权结构比较

公共资源属性	产权结构	所有权	管理权	使用权
强	集体产权	村集体	村集体	农户
一般	单一产权	农户	农户	农户
弱	混合产权	村集体	社会团体	社会团体、农户

（二）农田水利产权契约

1. 农田水利的契约理论

实际上，产权反映了治理主体之间的契约关系，从某种程度上来说，产权是一种特殊的契约，这种契约规定了不同权利在不同主体之间的界定和分配（谭智心，2017；王洪，2000）。由于有限理性，契约当事人不可能预测所有可能的结果、收益、成本和解决方案，且预见、缔结和执行契约都会产生交易费用，因而只能缔结不能包括所有情况的不完全契约，即使能预料到，这些关键变量也不可证实。总的来说，有限理性和交易成本是契约不完全的主要原因，一旦交易主体的机会主义行为被激发，就会产生"敲竹杠"问题，自我实施机制、第三方实施机制和一体化机制可以用来应对不完全契约而导致的"敲竹杠"问题。对于农田水利设施而言，供给主体和需求主体由于信息不对称，在建设、管理和维护的治理过程中，通常在既定的产权结构下通过一系列正式或非正式的规则来约束治理主体的行为，以促进交易的发生，从而保护产权，这一系列规则可分为正式契约和非正式契约（North，1990）。正式契约能通过权责来约束治理主体行为，非正式契约能通过社会网络促进信息交流和资源获取，起桥梁作用，促成正式契约实施（宋晶、朱玉春，2018）。因此，农田水利设施治理的最佳契约形式是正式契约和非正式契约的有效结合，可以降低交易费用，提高产权配置效率。如果无特殊说明，研究将正式契约视为显性契约，非正式契约当作隐性契约。

农田水利的契约是指农田水利的各产权主体（政府及其二级单位、村集体、用水户协会、新型农业经营主体、小农户）在交易过程中就产权的界定、调整、分配和转让等所达成的显性或隐性契约关系。通过契约对产权主体之间的权利、义务和法律责任等事项进行规范，以实现农田旱涝保收、自然资源保护、提高农民生活水平。农田水利显性契约是利用法律法规或明确的合同条款等正式控制机制来处理各产权主体利益关系。农田水利隐性契约是治理主体依托情感、信任、声誉、文化、习俗、惯例和道德规范等被缔约主体无意识接受的非正式自我履约机制来处理利益关系。此外，农田水利的显性契约和隐性契约都有其存在的价值和成本，根据两者交易成本的高低，将显性和隐性契约关系分为强、中、弱三个强度等级，其缔结形式表现为弱显强隐契约缔结方式、中显中隐契约缔结方式、强显弱隐契约缔结方式。其中，弱显性强隐性契约是指各产权主体在缔结契约时，各个显性契约的交易成本总和大于各个隐性契约的交易成本总和；中显性中隐性契约是指各产权主体在缔结契约时，各个显性契约的交易成本总和等于各个隐性契约的交易成本总和；强显性弱隐性契约是指各产权主体在缔结契约时，各个显性契约的交易成本总和小于各个隐性契约的交易成本总和。

2. 农田水利的契约缔结

小型农田水利是夯实农业生产能力的基础和农业农村优先发展的重要环节。

随着农业发展，农业水资源短缺矛盾日益凸显，农田水利供给不足与管理缺位并存，小型农田水利设施有人用、没人管、缺维护，"最后一公里"和"最后一米"问题仍然存在，尤其是小型农田水利治理过程中的主体责任规避及"搭便车"现象成为现代农业发展的突出短板，需要探索在不同产权结构下，农田水利相关利益主体间契约缔结情况。农田水利各产权主体之间在建设、管理和维护过程中缔结契约，在建设阶段，政府一般通过财政资金和优惠政策，激励村集体、用水户协会、农民等产权主体投资农田水利；在管理和维护阶段，可采取拍卖、承包、租赁等契约形式，对农田水利设施的所有权、经营权或使用权进行转移，并按契约条款进行管理或经营。具体而言，地方政府通过向上与中央政府缔结政治契约，承担农田水利设施供给职能；向下与中间组织缔结经济契约，与农户缔结关系契约，始终处于博弈主导地位。中间组织通过与政府部门缔结经济契约，获取政策性奖励；与农户缔结关系契约，获取政策性补贴，提高个人良好声誉。农户存在个人利益和集体利益的矛盾，出现"搭便车"行为及"囚徒困境"，通过优化农户间的关系契约，实现集体行动。其中，政治契约、经济契约与关系契约分别包括显性契约和隐性契约两种。

"三权分置"改革出现的新主体改变了"两权分离"时期小型农田水利治理主体格局，新主体成为主要的占用者和提供者，重新调整了所有权、管理权和使用权的产权结构，从而构建诱致小型农田水利显性契约和隐性契约关系组合的存在。研究采用契约治理分析范式，以显性契约与隐性契约为着力点，构建"三权分置"下小型农田水利治理"禀赋特征—产权结构—契约选择"的分析框架，指出农田水利禀赋特征影响产权结构安排，导致小型农田水利治理显性契约和隐性契约组合关系选择不同。因此，需要通过契合禀赋特征，明晰小型农田水利产权结构，把握契约强度，推动小型农田水利契约显性化，从而提升小型农田水利整体治理水平（见图3-4）。

在集体产权结构下，受到农田水利的要素禀赋限制，带来较低的农业生产价值，不能替代其他资产用途。政府部门的剩余控制权相对较大，形成委托—代理关系，中间组织和农户的行为能力较弱，占用者组合方式以新主体为主导。此时，农业基础设施资产专用性、风险性较强，规模性和主体行为能力较弱，交易费用较高，小型农田水利治理表现为强显性弱隐性契约关系。

在混合产权结构下，农田水利带来的农业生产价值一般，可以用于其他资产

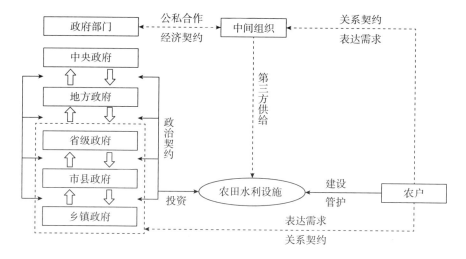

图 3 - 4　农田水利的契约缔结关系

用途。尽管政府部门、中间组织和农户的剩余控制权相当，但产权分配不够明晰，参与治理的意愿较高，积极性不够，占用者组合方式是小农户和新主体共存。此时，农业基础设施资产专用性、风险性和规模性均一般，主体行为能力较高，交易费用介于前两者之间，小型农田水利治理表现为中显性中隐性契约关系。

在私有产权结构下，农田水利拥有丰富的要素禀赋，带来较高的农业生产价值，可以实现多种资产用途。中间组织和农户的剩余控制权相对较大，参与管护的积极性强，占用者组合方式以小农户为主导。此时，农业基础设施资产专用性、风险性都比较弱，规模性和主体行为能力比较强，交易费用不高，小型农田水利治理表现为弱显性强隐性契约关系。

（三）农田水利产权治理

1. 农田水利的治理理论

治理理论强调的是行为主体为实现共同目标所进行的一系列活动，这个目标就是各行为主体通过互相博弈、竞争机制、价格机制和契约关系来达到共同参与合作，以实现资源配置的最优化。奥斯特罗姆认为，基于共有产权与契约的社区自治能够克服市场失灵和政府管制的缺陷，提倡多个主体参与自主治理，从而提高公共事物治理绩效。因此，对不同主体间契约关系的理解与把握，直接制约着公共事物治理的绩效，学者对农田水利设施绩效有所涉及，根据"3E"标准、"4E"标准、"IOO"模型等相关评价标准，构建治理绩效评价指标体系，利用DEA模型、网络分析法等方法测定其直接绩效、间接绩效和整体绩效（Boyne，2002；曾福生，2013）。为了克服非期望产出、环境因素、随机因素的缺陷，衍生出 DEA - Tobit 两步法、S - SBM 模型、Malmquist - Luenberger 指数、三阶段DEA模型、UHSBM模型等方法，分别从静态和动态角度实证分析了农田水利设施投资绩效（何平均，2014）。且农田水利设施对农业经济增长的作用最大，治理绩效最终体现为农业产出的提高，却出现统计数据不可获得现象（周应恒，2016）。因此，为了深入分析农户参与治理状况、设施维护状况、灌溉供水状况、用水者规模、制度规则、产权改革等因素如何影响基础设施管护绩效（Haiyan Helen Yu 等，2016；刘辉，2014；朱玉春，2017），利用微观调研数据，结合平衡计分卡、OLS回归、分位数回归、结构方程等计量模型（朱玉春，2016），展开进一步研究并进行影响因素分析。

在绩效评价过程中，现有研究较少关注治理绩效。对农田水利设施这一公共物品而言，治理绩效不仅体现在农户等私人部门的个人利益最大化，而且要体现政府等公共部门的公共利益最大化。换句话说，农田水利设施治理绩效是聚焦整个农田水利系统，而不是单个主体。基于宏观、微观层面的治理绩效分析，供给侧需要从调整投入力度、优化产出结构等方面提出相应的政策建议；需求侧需要从正式制度、非正式制度，即显性、隐性契约的视角，探索农田水利设施治理的路径，在利用法律制度保护各类治理主体所拥有的产权的同时，鼓励农村能人、富人带头治村治水，并提供政治激励机制、经济补偿机制和信贷安排机制等（王亚华，2019）。为了提高农田水利治理绩效，应尽最大努力使各治理主体建立信任和合作的契约关系，降低治理过程中主体承担的风险。同时，农田水利治理体现了各治理主体和其他利益相关者之间权、责、利关系的制度安排，在不同制度框架下，各治理主体间的契约关系不同，从而农田水利治理绩效各异。实际上，农田水利治理绩效的最大化，就是契约效用最大化，即产权配置的效益最大化。研究将围绕治理环节选取指标，用农田水利治理效率来衡量农田水利治理绩效。

根据上述分析，研究认为，农田水利治理是政府等公共部门和农户等私人部门通过一定的规则约束对农田水利设施进行建设、管理和运营的全过程。农田水利治理是指农田水利产权主体通过产权结构和契约关系对农田水利设施进行建设、管理和维护，进而衍生出不同治理模式。其中，涉及的产权主体主要是政府及其二级单位、村集体、灌区、用水户协会、新型农业经营主体和小农户等。研究农田水利设施治理包含以下三层含义：

第一，能够清晰界定产权，明确各产权主体责任，政府作为大中型农田水利设施的所有者和保障国家粮食安全的主导者，需要承担所有农田水利设施建设的投入，并对管护主体进行补贴与奖励。村集体作为小微型农田水利设施的所有者和管理监督者，充分发挥监督协调职能，调解农户用水矛盾与纠纷。用水户协会作为另一中间组织，主要协调农田水利供需主体之间的平衡，计收水费，维持用水秩序，保障农户灌溉用水的及时性和公平性。新型农业经营主体和小农户是农田水利设施的使用者和受益者，按照"谁受益、谁投资"原则，两者之间要互相合作，积极投工投劳，及时提供农田水利的维修与养护。

第二，通过产权联结能充分调动产权主体参与农田水利治理的积极性。产权赋予了产权主体相应权能，既能有效激励主体发挥主观能动性，并带动社会各界的投资，又能约束产权主体的机会主义行为，缓解农田水利设施的管护问题，有利于提高治理效率。

第三，产权反映了产权主体之间的契约关系，这种契约规定了不同权利在不同主体之间的界定和分配，使得不同契约组合形式蕴含着不同交易成本，产权主体根据契约最小化选择最优契约形式，从而提高产权配置效率，以提升农田水利治理效率。

2. 农田水利的治理绩效

农田水利存在治理困境，需要重点解决各主体间的权责利分配问题，重视农田水利"建管护"的有机衔接，有效解决国家粮食安全及重要农产品有效供给问题。农户作为农田水利的重要产权主体，其意愿度和满意度可作为农田水利设施利用效率高低的判断依据，随着农户需求的多元化，农村农田水利治理出现"市场失灵"和"政府缺位"并存的问题，加上自然灾害逐年加剧等问题，使得提升农田水利契约治理有效性的研究有了更加现实而迫切的要求，分析制度规则等影响因素显得尤为重要。有鉴于此，本书针对集体产权、私有产权和混合产权结构性下的农田水利，匹配不同的契约形式及治理模式，并与经济效率、生态效率及社会效率联系起来，从农户意愿度、农户满意度、制度与规则三个方面进一步探讨农田水利治理绩效的影响因素，对现阶段影响农田水利治理绩效的因素进行微观补充和有效分析（见图3-5）。

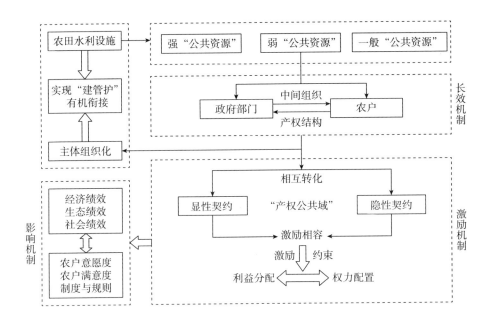

图3-5 农田水利的治理机制

第三节 本章小结

第一，在农田水利治理契约缔结前，依据农田水利设施运营盈利能力，通过实现产权公有化、私有化、多元化和市场化，利用集体产权、单一产权和混合产权的产权结构差异，依据各自的功能特性，廓清政府部门、中间组织和农户三类利益主体间的相互关系及调节功能，合理、清晰划分主体间的利益关系。合理构建农田水利设施治理的激励机制，回答"如何配置权、责、利"，产生激励与约束效应，鼓励地方政府、中间组织和农户参与管护，调动所有主体的积极性，有利于实现长期合作，从而保障契约关系的稳定性。

第二，基于农田水利设施治理的不同阶段，利益主体的行为意愿与契约关系存在差异，厘清不同产权结构下的内在逻辑，通过缔结政治契约、经济契约和关系契约，实现显性契约和隐性契约的有效结合，充分发挥政府部门的强制作用、中间组织的市场调节效果以及农户的"第三层次"资源配置功能。建立健全治理长效机制，回答"如何实现建管护有机衔接"，契约双方通过再次协商第二次分配治理主体间的权力，实现主体间利益的关系平衡和分配均衡，实现农田水利设施的双边治理、自主治理、多边治理和多中心治理。

第三，农田水利对我国粮食安全、农业增产、农民增收起到重要作用，由于禀赋结构异质性的存在，因此，农田水利的产权与契约直接影响着治理绩效，即农田水利资源的最优配置，在得到既定产出的条件下，农田水利投入是否最少，力求以最少的投入获得最大的产出。通过完善农田水利治理的影响机制，可以有效解决国家粮食安全、重要农产品供给、农民持续增收等基本保障问题，利用农户意愿度和满意度进一步验证农田水利治理产生的绩效，且制度与规则也同时影响着农田水利的治理绩效。

第四章　农田水利产权主体的行为分析

　　加强农田水利治理，提高农业抗旱防洪能力，是夯实农业生产能力的基础，是实现农业现代化的重要条件，因而，农业现代化的实现与高效的农田水利保障系统密切相关。但现实的问题是我国的农田水利供给不足和管理缺位并存，"最后一公里"和"最后一米"问题没有得到妥善解决，尤其是治理过程中治理主体的机会主义行为，这与我国农田水利产权主体的行为是分不开的。虽然国家加大了对农田水利治理的支持力度，但如果仅依靠中央政府的投资，显然无法满足我国农业现代化对农田水利的巨大需求。本章将主要根据博弈论，厘清我国农田水利产权主体的责任，分析各产权主体的行为选择，为农田水利契约缔结提供基础。

第一节　农田水利产权主体行为特征

　　2011年中央一号文件《中共中央　国务院关于加快水利改革发展的决定》以水利改革发展为主题，向全国发出了大兴水利的明确信号。随着农田水利治理工作的进一步深入，2012～2018年中央一号文件相继提出我国农田水利建设亟须建立健全农田水利建设管护机制及水权制度，推动农田水利设施提档升级，并建立节水奖励和精准补贴机制，鼓励社会资本参与农田水利工程治理。为破解农田水利治理面临的政府失败和市场失灵的"双重困境"，需要找出与农田水利治理有关的各个主体（何情情等，2015），并对各个主体的行为选择进行分析。现阶段我国农田水利涉及的治理主体主要包括中央政府、地方政府、灌区、村集体、小农户和新型农业经营主体①。

一、中央政府

基于公共选择理论，政府也是理性"经济人"，不仅会追求自身的利益最大化，也会对投资农田水利的这一行为进行成本收益分析。中央政府投资农田水利治理获得的社会收益是农业生产条件改善、农民农业收入增加和国家粮食安全得到保障。具体来看，农业是国民经济的基础和保障，农田水利作为农业的命脉，关系到国家粮食安全。农田水利治理对我国粮食生产的影响至关重要，如果农田水利治理不到位，水旱灾害使粮食生产产量受到影响，情况严重则使粮食供应满足不了人们需求，由于粮食需求弹性极小，供不应求则出现粮食价格上涨，这不利于国家稳定和发展。如果农田水利得到良好治理，则能够抵御水旱灾害，可以减少自然灾害风险，为农民提供低成本、高效益的农业生产条件，促进粮食增产、农业增效、农民增收（王春来，2013）。此外，中央政府还必须考虑各种可能出现的水利风险，定期检查维修病险水库、防洪堤坝等，做到及时防范，保证人民群众生命财产安全（周洪文等，2012）。一旦由于水利风险而出现危及人们生命安全的情况，就会影响中央政府在农民心中的权威和良好声誉，甚至会让老百姓质疑其执政合法性，同时也带来一定的成本投入。基于人民福祉的长远考虑，中央政府成为农田水利治理的最积极参与者。因此，中央政府的责任就是建立可以旱涝保收的农田水利体系，以改善农业生产条件、促进农民增收和保障国家粮食安全。

二、地方政府

地方政府包括我国各省、市、县、乡镇等各级政府。同样地，地方政府作为理性"经济人"，以自身利益最大化为目标，时刻关注自己的投入与收益。从财政收入角度来看，地方政府的财政收入大多来源于工业生产、城市建设和土地征收，他们为提高自身收益，大量招商引资投入工业建设。税费改革后，农民不再向当地政府缴纳农业税，这在一定程度上减少了当地政府的农业收入，地方政府对农业生产的关注越来越少，从而使政府利益与农户利益分离开来。从财政支出

---

① 如果没有特殊说明，本书提到的"治理主体"和"产权主体"是同一概念。

角度来看，地方政府会围绕经济建设调整预算支出，由于农业的比较收益低，政府在农业生产、农田水利的支出较少，因此，应将更多的支出安排在有利于经济增长的非农业产业（李一花，2013），以提高官员自身利益。要么调整农业产业结构，把经济重点转向农业收益相对较高的项目而忽略农田水利建设（石洪斌，2009）。然而，地方政府作为国家宏观管理的中间层次，受上级政府的监督与约束，有不可推卸的责任保障国家粮食安全。在长期以来的"遇事找政府"的思维模式下，遇到旱涝灾害粮食减产绝收，农户便会上访，要求政府解决水利问题（张林秀等，2005）。为了维护地方稳定，同时也迫于舆论压力，地方政府通常不得不调动甚至是挪用手中资源来解决农户的排水灌溉问题，以暂时缓解上访压力（陈潭等，2009），但没有形成一套完整的农田水利治理体系，只能解决暂时困境。

三、灌区

灌区原本是为农业生产服务的国家事业单位，经过企业化改革，现如今的灌区已成为"以库养库""以水养水"，自收自支、自我经营、自主发展的市场经济实体（涂圣伟，2009）。只有当灌溉面积达到大中型水利设施时，才成立灌区，例如，大中型水库、泵站、堤坝等，一般情况下，某一地区的灌区是相互衔接互补的。灌区作为市场经济主体，根据市场需求自主定价经营，收入来源于灌区农户缴纳的水费，日常开支只要支付工作人员工资和对水利设施日常维护，并不会过多地考虑农田水利的社会公益性（陈潭等，2004；贺雪峰，2006）。当遭遇干旱时，从市场需求角度来看，农户对农业用水的需求越大，灌区管水单位的收益越大，因为购买水的农户越来越多。从成本投入角度来看，税费改革带来的村社集体解体，灌区与农户的中间纽带断裂，在缺乏衔接交易双方中间者周旋的情况下，灌区与单家独户的农户进行水费收缴变得困难重重，拖缴、欠缴水费的农户越来越多，农业水费征收出现了"社会失灵"，地方政府为了避免农民绝收而上访，通常会强制灌区放水（刘能，2007），从而导致灌区的成本无法得到弥补，因而基层政府不得不通过挪用其他经费，如防汛费来支付灌区的费用。

四、村集体

村集体主要是指村民组和村委会，既不同于企业法人，又不同于社会团体，也不属于行政机关,是一个社区自治性组织,在农田水利治理中扮演着十分重要的角色(张明林等,2005)。"人民公社"时期,农村以村民组作为一个相对独立的灌溉单元进行灌溉(贺雪峰等,2006),实行家庭联产承包责任制后,农户获得土地承包经营权,这时村集体仍然可以在灌溉上发挥"统"的作用,有序组织农户进行农田灌溉。税费改革后,国家实施的取消农业税,村民组解体,村集体收取"三提五统"的权利也因此取消,村集体在农田水利治理中积极性大大降低,发挥的作用大大削弱。一方面,村集体不再收取农民因耕种集体土地,而对其承担义务的"三项提留"和作为共同生产费用支出的"共同生产费",村集体隐性财政收入急剧减少,村级财政只能依靠上级政府拨款,其可用资金的有限性必然制约其行为,村集体即使愿意为农田水利治理进行投入也会因资金短缺而难以组织农户灌溉。另一方面,取消农业税后,中央和地方政府对"三农"的强农惠农政策不断加大,直接将补贴等发放到农户卡上,不再经由村集体转交,并且,随着农村改革的深入,国家对农村集体经济的改革进一步限制乡村组织调整农民的土地利益(陈靖,2012;罗兴佐等,2005)。此外,国家实施的取消村民组、合村并组、撤乡并镇、减少村干部等措施,大大削弱了村集体的组织领导能力,无法在农田水利治理方面有所建树。

五、小农户

小农户作为相对独立的经营主体,是农田水利治理的直接收益主体。作为理性"经济人",如果有运行有序、旱涝保收的农田水利系统,农户就可以以最低的成本获得高效益的农田水利,提高粮食产量,从而增加自身农业经营收入。税费改革后,地方政府的重点在工业产业,忽视农业生产尤其是农田水利建设与治理,以追求更高的国民生产总值为目标,而村集体组织已然解体,大中型灌区又无法解决农户的水利难题时,农村的基本灌溉单元就变成了单家独户的农户(罗兴佐等,2003)。在这样的情况下,农户不得不借助水井、堰塘等小微型农田水利设施进行灌溉。在干旱或水患年间,农户依赖的小微型农田水利如果无法解决农田水利灌溉问题,他们就会上访,请求政府出面解决。由于农田水利的公共池塘资源特性,非排他性使得农户之间的"拥挤效应"和"搭便车"现象尤其突出,如果没有政府、村集体等中间组织调配,农户将继续"搭便车",最后可能导致农田水利系统瘫痪。

六、新型农业经营主体

党的十八大提出培育新型农业经营主体，构建集约化、专业化、组织化、社会化相结合的新型农业经营体系。从此，专业大户、家庭农场、农民专业合作社、农业产业化龙头企业纷纷投入到农业生产中，他们对农田水利的需求较为强烈，因为农田水利系统直接关系着他们农业经营收入，故而愿意主动参与到农田水利治理中。与小农户不同的是，小农户的收入大多以非农收入为主，新型农业经营主体的收入以农业规模收入为主，他们新建农田水利设施，并及时维修管护。一方面，良好的农田水利系统有利于农业适度规模经营，在增加自身收入的同时还能促进我国农业现代化的发展；另一方面，政府会对新型农业经营主体为农田水利治理做出的贡献进行奖励或补贴。十八大之后，由于新型农业经营主体加入到农田水利治理主体队伍，农田水利治理逐渐走上正道。

第二节 农田水利产权主体行为的静态博弈

一、中央政府与地方政府

在农田水利治理中，中央政府和地方政府存在不同的利益追求，中央政府代表的是国家权威，是农田水利治理的委托人，其目标是保障国家粮食安全和实现社会福利最大化，约束条件是有限的财政；而地方及基层政府是农田水利治理的代理人，既代理中央政府对农田水利进行管理，又代表本地区的非政府主体争取中央政府的农田水利项目和资金支持，其目标是自身政绩达到最优以及从中央政府争取尽可能多的资金支持。因此，中央政府和地方政府两者的目标不一致，必然存在博弈行为。特别是针对大中型农田水利工程，中央政府收益要大于地方政府收益，其修建和投资过程就成为中央政府和地方政府的博弈核心。中央政府和地方政府作为博弈的参与者，都有两种策略选择：投资和不投资。具体而言：投资大型农田水利工程支出为 I 个单位，收益为 O 个单位。在 O 个单位的收益中，中央政府获得 P 个单位的收益，地方政府获得 Q 个单位的收益（$P + Q =$

O），且 $P > I > Q$，即 $P - I > 0$，$Q - I < 0$，如果中央政府和地方政府都选择投资，那么两者将平均分摊工程投资所需的 I 个单位支出。中央政府与地方政府关于农田水利投资的静态博弈如表 4-1 所示。

表 4-1 中央政府与地方政府关于农田水利投资的静态博弈

		地方政府	
		投资	不投资
中央政府	投资	$(P - I/2,\ Q - I/2)$	$(P - I,\ Q)$
	不投资	$(P,\ Q - I)$	$(0,\ 0)$

根据博弈矩阵分析，该博弈的纳什均衡是 ｛投资，不投资｝，即中央政府选择投资大中型农田水利工程，而地方政府的选择是不投资大中型农田水利工程。在这个博弈中，中央政府是否投资对地方政府的策略选择不产生影响，因为地方政府的占优策略总是不投资。如果地方政府先行动，选择其占优策略不投资，那么中央政府的占优策略就是投资。根据纳什均衡博弈结果，中央政府收益大于成本，地方政府收益小于成本，体现了中央政府和地方政府在大中型农田水利治理中的"智猪博弈"，中央政府充当"大猪"的角色，地方政府充当"小猪"的角色，使中央政府成为大中型农田水利建设的投资主导。

二、地方政府与灌区

基于灌区对农户的水费征收存在"社会失灵"，尽管地方政府通常会强行命令灌区放水，但放水之后农户仍然不缴水费，灌区无法弥补水费成本，地方政府就得挪用其他经费来支付灌区的水费。面对此现象，灌区有合作和不合作两种策略选择，如果灌区合作放水，能获得地方政府的水价补贴 S，同时付出合作成本 C；地方政府有对灌区进行监管和不监管两种策略选择，政府监管成本为 D（包括时间成本、机会成本和灌区补贴，$D > S > 0$），有效监督能保证灌区水资源发挥农业用途，为农田建立一个高度保险的水利体系，从而促进农民增收，保障国家粮食安全，因此，地方政府会得到社会收益 L。地方政府与灌区的静态博弈见表 4-2。

表4-2　地方政府与灌区的静态博弈

		灌区	
		合作	不合作
地方政府	监管	$(L-D, S-C)$	$(L-D, 0)$
	不监管	$(L-S, S-C)$	$(0, 0)$

分析以上博弈矩阵可知，当 $L>D$、$C>S$ 时，博弈的纳什均衡是 |监管，不合作|；当 $L<D$ 时，无论 C 与 S 大小关系如何，博弈的纳什均衡为 |不监管，不合作|。所以，地方政府的策略选择受其社会收益 L 与监管成本 D 大小关系的影响，而灌区的占优策略是不合作，也即不管地方政府做何种选择，灌区都倾向于不合作。如果政府对灌区放水不监管，灌区在农户不按时缴纳水费之后，根据利益最大化原则不再向农户提供水资源，此时不利于农田旱涝保收，从而不能保障粮食增产、农业增效和农民增收。

三、地方政府与农户

地方政府承担着提供农村公共产品和服务的职能，由于其代理行使中央政府各项职能，在与农户进行博弈中始终处于主导地位。在这个博弈中，地方政府有投资农田水利治理和不投资农田水利治理两种策略选择，农户不仅可以选择与地方政府合作。也可以选择不合作。值得注意的是，地方政府在税费改革之后的财政有所减弱，出于自身利益的考虑，地方政府的首要选择是只有保证各部门顺利运转，才会将多余的资金用于农田水利治理。同样，农户的"搭便车"心理使农户也不愿意主动投资。也就是说，这一阶段农田水利治理缺乏稳定的资金投入。

假设 R 表示地方政府投资农田水利治理的收益，r 表示单个农户参与农田水利治理获得的收益，C 表示农田水利治理的总成本。如果地方政府与农户采取合作的策略，双方按照收益承担农田水利治理的成本，则地方政府得到的收益为 $R-Ck_R$，其中，$k_R=R/(R+r)$；农户的收益为 $r-Ck_r$，其中，$k_r=r/(R+r)$；如果农田水利治理只由地方政府单方面投资，其收益为 $R-C$，要小于双方合作状态下的效用水平，农户由于不投资使得治理成本为 0，但依然能获得收益 r，要高于与政府合作时的得益。如果由农户承担全部治理成本，则农户的收益为

$r-C$，地方政府的收益为 R。假如地方政府和农户都不进行投资，则双方得益均为0。地方政府与农户的静态博弈如表4-3所示。

表4-3　地方政府与农户的静态博弈

		农户	
		合作	不合作
地方政府	投资	$(R-Ck_R, r-Ck_r)$	$(R-C, r)$
	不投资	$(R, r-C)$	$(0, 0)$

　　显然，农户如果选择"合作"，地方政府将会选择"不投资"来获得更多收益。农户在做决策时也会思考地方政府的这种选择倾向，因此，农户最终选择"不合作"。同理，地方政府也有同样的策略选择过程，最终双方的选择结果为｛不投资，不合作｝，是一个帕累托效率最差的纳什均衡结果。

四、村集体与农户

　　村集体有对农田水利设施进行管理和不管理两种策略选择。当村集体管理时，能组织村内农户对年久失修的山塘、水渠进行维护，村集体组织管理，农户"出工出劳"，相互合作，能恢复农村高效有序的农田水利排灌系统，两者都能从中获益。

　　假设村集体与农户的策略集为｛管理，管理｝，两者都管理时设农户收益为 a，付出的管理成本为 c；村集体因为组织管理付出监督成本、时间成本和经济成本，总成本为 d，维护好农田水利而提高的社会影响力为 b。假设村集体与农户的策略集都为｛管理，不管理｝，尽管村集体积极组织开展农田水利设施维护活动，如果农户不配合管理，农田水利治理无效，得益为0，村集体得益为 $b-d$。假设村集体与农户的策略集都为｛不管理，管理｝，村集体不管理，而农户选择管理，则前者得益为0，后者得益为 $a-c$。假设村集体与农户的策略集都为｛不管理，不管理｝，两者都不管理，村集体得益为0，农户得益为0。村集体与农户的静态博弈见表4-4。

表4-4　村集体与农户的静态博弈

		农户	
		管理	不管理
村集体	管理	$(b-d,\ a-c)$	$(b-d,\ 0)$
	不管理	$(0,\ a-c)$	$(0,\ 0)$

结合表4-4可知，农户是农田水利的直接受益者，直接关系到农业的生产和农民生活，因此，不管村集体采取何种战略，农户都有意愿管理农田水利设施，选择进行农田水利的管理，即$a>c$。然而，村集体会秉承自身利益最大化原则来选择最优战略，当$b>d$时，此博弈的纳什均衡是｛管理，管理｝；当$b<d$时，此博弈的纳什均衡是｛不管理，管理｝。

五、农户与农户

博弈论和集体行动理论认为，个人理性往往造成集体非理性，即多个理性人之间是难以达成合作的。因此，在农田水利治理中，如果只考虑农户与农户的博弈，由于无法避免农户的"搭便车"行为，就会出现农户的"个人理性"和"集体非理性"的局面，从而造成农田水利治理农户之间的"囚徒困境"。假设只有两个理性的农户参与农田水利治理博弈，每个农户都非常清楚博弈中各种情况的收益与成本，且两个农户的策略选择为投入或者不投入。假设y表示单个农户的收益，C表示农田水利治理的总成本。考虑到农田水利治理成本对于单个农户来说很高，所以$y<C$。如果农户甲与农户乙都积极投入农田水利治理，则平均分摊农田水利治理成本，双方收益都为$y-C/2$；当只有其中某一个农户单独投入时，则选择投入的农户收益为$y-C$，要小于共同投入时的收益，选择不投入的农户收益为y；如果双方都采取不投入农田水利治理这一策略，则双方收益均为0。农户之间的静态博弈见表4-5。

表4-5　农户与农户的静态博弈

		农户乙	
		投入	不投入
农户甲	投入	$(y-C/2,\ y-C/2)$	$(y-C,\ y)$
	不投入	$(y,\ y-C)$	$(0,\ 0)$

显然，无论对方投入还是不投入，作为博弈另一方的占优策略总是不投入，因为可以获得"搭便车"收益，这样该博弈的纳什均衡为｛不投入，不投入｝，没有实现农田水利治理的帕累托最优。如果农户中有一方选择"投入"，另一方也选择"投入"，即实现社会福利的帕累托改进。因此，必须从农户激励机制入手进行制度设计来改善农田水利治理效率。

第三节　政府、村集体与农户的动态博弈

农田水利三大利益主体主要是政府、村集体和农户。上述两两主体之间的静态博弈是基于信息完全这一条件而设立的，而政府、村集体、农户三者之间作出决策的时间不一定相同，此外，由于信息不对称，三个主体不能完全知道相互之间的策略，有必要对其进行动态博弈分析。

一、基本条件和前提假设

农田水利治理博弈的局中人为政府、村集体和农户，且各方均为理性经济人，在给定条件下追求自身利益最大化。其行动的先后顺序为：政府—村集体—农户。政府先行动，村集体与农户观察到政府的选择后获得有关政府的信息，从而证实或修正自己的行动。政府与村集体之间存在委托—代理关系，政府不能直接观察到村集体的行为，只能根据当年粮食高产与低产的情况给予村集体奖励性转移支付（以下简称转移支付）。粮食高产和低产（本书定义"高产"为本年粮食产量高于上一年的情况，相反，"低产"则为本年粮食产量低于上一年的情况）的出现，除了受到农田水利设施完善程度与运行效率的影响外，还受到天气等其他因素的影响，具有不确定性。在政府投入、村集体管理监督的条件下，当农户积极维护时，粮食高产的概率为 P_1，粮食低产的概率为 $1 - P_1$；当农户消极维护时，粮食高产的概率为 P_2，粮食低产的概率为 $1 - P_2$。因此，农田水利治理主体行为逻辑属于不完全信息动态博弈。

政府有资金投入与不投入两种策略选择。政府在对农田水利设施投入资金 F 时，有利于建立一个高度保险的水利体系，有利于杜绝水库垮坝等严重事态，并

且有利于农民增收，保障国家粮食安全，因此，政府有社会收益 R_1。

村集体有监管与不监管两种策略选择。如果村集体监管，则成本为 C（包括时间成本、协调用水矛盾费用等），政府给予村集体农田水利管理与维护的转移支付为 T。如果村集体不监管，需要承担绩效损失 Q（包括声誉损失、选举失败等）。

农户有积极维护与消极维护两种策略。积极维护即农户放弃其他农业生产活动积极参与村集体组织的农田水利设施建设与管理，假设农户积极维护农田水利设施努力的成本为 E（时间成本、机会成本等），但积极维护使农田水利设施运行良好而旱涝保收，粮食产量增加，因此，农户获得纯利润 R_2（粮食高产与低产时的收入差）。农户是否积极维护的信息对村集体而言是透明的，村集体为积极维护农田水利设施的农户向政府申请补贴，所以农户积极维护，政府给予农户补贴 S。消极维护的农户在村内农田水利设施有效运行并且粮食高产时可获得"搭便车"收益 R_2。

二、三方动态博弈模型构建

（一）第一阶段：投入与不投入的博弈

如果政府对农田水利设施不投入，村集体则无资金来源组织农户对村内农田水利设施进行维护或重建，动态博弈结束，此时政府、村集体、农户三者的得益均为0，即 $R_{11} = R_{21} = R_{31} = 0$；如果政府投入，则博弈进入第二阶段。

（二）第二阶段：监管与不监管的博弈

在政府投资农田水利建设的情况下，如果村集体不监管，则无人组织修建、维护农田水利设施，部分农户即使愿意投资投劳，但由于没有村集体的有效组织，博弈结束，三方的得益同第三阶段农户消极维护农田水利设施时的期望得益。通过第三阶段可知，此时政府得益为 $R_{12} = P_2(R_1 - F - T) + (1 - P_2) \times (-F)$，即 $R_{12} = P_2(R_1 - T) - F$；村集体得益为 $R_{22} = P_2(T - C) + (1 - P_2) \times (-C) - Q$，即 $R_{22} = P_2T - Q$；农户得益为 $R_{32} = P_2R_2 + (1 - P_2) \times 0$，即 $R_{32} = P_2R_2$。如果村集体监管则博弈进入第三阶段。

（三）第三阶段：积极维护与消极维护的博弈

当政府投入且村集体监管时，农户是否积极为完全信息，如果农户积极维护且粮食高产，政府视村集体积极监管农田水利设施而给村集体奖励性转移支付

T，给农户补贴 S，政府得益为 $R_{13} = R_1 - F - T - S$，从而村集体得益为 $R_{23} = T - C$，农户得益为 $R_{33} = R_2 + S - E$；当农户积极维护但粮食低产时，政府视村集体没有自主监管农田水利设施而不给予其转移支付，并且没有达成保障粮食安全的目标，得益为 $R_{14} = -F - S$，村集体的得益为 $R_{24} = -C$，农户得益为 $R_{34} = S - E$。农户消极维护但粮食高产时，农户获得"搭便车"收益 $R_{35} = R_2$，村集体得益为 $R_{25} = T - C$，政府得益为 $R_{15} = R_1 - F - T$；由于自税费改革以来，基层组织弱化，农田水利治理的强制动员模式解体，如果农户"搭便车"，村集体对其实施惩罚有心无力，农户消极维护且粮食低产时，农户得益为 $R_{36} = 0$，此时政府得益为 $R_{16} = -F$，村集体得益为 $R_{26} = -C$，动态博弈在此阶段结束。根据以上分析，得出政府、村集体、农户不完全信息动态博弈，如图 4-1 所示。

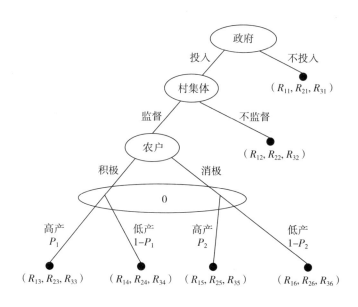

图 4-1　政府、村集体、农户不完全信息动态博弈

三、博弈均衡分析

农田水利治理主体的预期效用是博弈分析的关键。在博弈的第一阶段，当农民参与维护时，政府投入的预期效用为 $U_1 = P_1 R_{13} + (1 - P_1) R_{14}$，即 $U_1 = P_1(R_1 - T) - F - S$；当农民不参与维护时，政府投入的预期效用为 $U''_1 = P_2 R_{15}$

$+(1-P_2)R_{16}$，即 $U'_1 = P_2(R_1 - T) - F$；政府不投入的预期效用为 $U''_1 - 0$。在博弈的第二阶段，当农民参与维护时，中间组织监管的预期效用为 $U_2 = P_1R_{23} + (1-P_1)R_{24}$，即 $U_2 = P_1T - C$；当农民不参与维护时，中间组织监管的预期效用为 $U'_2 = P_2R_{25} + (1-P_2)R_{26}$，即 $U'_2 = P_2T - C$，中间组织不监管的预期效用为 $U''_2 = P_2T - Q$。在博弈的第三阶段，农民参与维护的预期效用为 $U_3 = P_1R_{33} + (1-P_1)R_{34}$，即 $U_3 = P_1R_2 + S - E$；农民不参与维护的预期效用为 $U_3' = P_2R_{35} + (1-P_2)R_{36}$，即 $U_3' = P_2R_2$。

通过博弈树可以求解出政府、村集体、农户三方动态博弈均衡解，以下分别对均衡解进行分析：

（1）在博弈的第三阶段，农民是否积极参与农田水利设施维护这个两节点信息集上，当 $U_3 > U_3'$ 时，可得：

$$S + (P_1 - P_2)R_2 > E \qquad (4-1)$$

从式（4-1）可以看出，粮食增产的净利润 R_2 与农民是否积极参与时高产的概率差 $(P_1 - P_2)$ 之积，加上农民的政府奖励性补贴 S，其和大于农民努力成本 E 时，农民的理性选择是积极参与维护。由此可以得到：

命题一：增加农民积极参与农田水利维护的政府奖励性补贴，提高单位面积粮食生产效率，维护好农田水利设施的有效运行，实现旱涝保收，科学安排农民投工投劳，降低农民努力成本，将极大提高农民参与农田水利设施维护的积极性。

（2）在博弈的第二阶段，当 $U_2 > U_2''$ 且 $U'_2 > U_2''$ 时，可得：

$$Q > 0 \qquad (4-2)$$

由式（4-2）并结合模型假设可知村集体不监管时的社会损失 Q 总是大于0，所以不论政府与农户采取何种策略，村集体的理性选择均是积极监管。由此可以得到：

命题二：明晰村集体的权、责、利关系，实现内部管理扁平化，增强信息透明度，倡导村规民俗约束，加大对村集体不监管所需要承担社会损失，将极大强化村集体参与并监管农田水利治理的能动性并提高农田水利设施治理效率。

（3）在博弈的第一阶段，当 $U_1 > U_1'$ 且 $U_1' > U''_1$ 时，可得：

$$P_1R_1 > F + S + P_1T \qquad (4-3)$$
$$P_2R_1 > F + P_2T \qquad (4-4)$$

从式（4-3）可以得出 $(P_1 + P_2)R_1 > 2F + S + (P_1 + P_2)T$，政府进行农田水利设施投入且粮食高产时的社会收益总期望值 $(P_1 + P_2)R_1$ 大于倍增的政府投入资金 F、农民的政府奖励性补贴 S 以及中间组织奖励性转移支付总期望值之和时，政府的理性选择是投入。由此可以得到：

命题三：政府要把握农田水利设施的公共产品特性，充分认知农民奖励性补贴和中间组织奖励性转移支付刚性是农田水利设施治理得以良好运行的先决条件和基础，要坚持把保障国家粮食安全作为首要任务，确保谷物基本自给、口粮绝对安全，赢得社会认可，将进一步激励政府对农田水利的工程投入与设施供给。

基于构建的政府、村集体和农民不完全信息三方博弈分析，在政府选择投入农田水利设施建设的背景下，增加政府对农民的奖励性补贴和中间组织的奖励性转移支付，有效降低监督和努力成本，加大对社会声誉的尊重，将同时满足式（4-1）、式（4-2）和式（4-4），则可获得 ｛投入，监管，参与｝ 的纳什均衡解；否则式（4-1）和式（4-2）条件将难以满足，博弈的最终纳什均衡解是 ｛投入，监管，不参与｝。

四、丘陵山区小型农田水利设施产权主体博弈的案例分析

本小节针对丘陵山区特殊性及产权主体的信息不对称，以小型农田水利为例，通过动态博弈探究小型农田水利产权主体的行为选择。基于此，以政府、中间组织和农民作为小型农田水利（以下简称"小农水"）治理的参与人，充分考量各主体的信息优势与缺失，构建不完全信息动态博弈模型，求解纳什均衡解，并结合丘陵山区三家馆乡、溪口镇九渡溪流域的典型案例，深入剖析如何激励"小农水"产权主体的积极性及行为选择，以期基于农业供给侧结构性改革，补好农业基础设施的"短板"，充分提升农业用水效率，确保粮食增产、农业增效和农民增收。

（一）永定区三家馆乡"小农水"产权主体博弈

三家馆乡位于永定区西部，山丘连绵，属于典型的喀斯特地貌，境内漩水水库承担着三家馆乡的主要农业灌溉任务。作为湖南省第三批小型农田水利重点建设县，三家馆乡围绕漩水水库灌区，于2011年成立了三家馆乡农民用水户协会，包括张家峪、棕桥湾、三家馆、杜家岗、漩水等11个村，受益农户达1262户，灌溉面积4628亩。在协会成立后，明确政府、村组、用水户协会和农民的责权

利。政府主要承担支渠以上设施建管和"小农水"供给投入，截至 2016 年底，政府共投入 800 万元进行漩水水库整修、电灌站及沟渠重建和对管护主体的资金奖励。用水户协会主要负责"小农水"骨干工程、供水渠道的日常监督和内部事务管理；村集体协助用水户协会做好"小农水"配套设施建设，通过"一事一议"形式筹集维护资金等。基于农民自愿，加入协会的用水户负责支渠与"小农水"田间工程的整治与维护，并积极缴纳水费。

2011 年 4 月 10 日召开了第一届用水户协会代表大会，选举了在当地享有很高威望的"农村精英"担任协会理事长，制定"小农水"检查和维护细则，组建"巡水员""管水员""灌水员"等水利队伍，定期深入村组田间、地头检修"小农水"运行，将各设施的损坏情况登记在册并及时制定维修计划和措施，由协会提供维修技术指导服务，通过宣传提高用水户参与维护意识，以此动员用水户投工投劳并申请政府奖励性补贴。协会理事会、用水户代表、会计组、水管员职责分工明确，大大减少了协会的监管成本，获得政府、村组集体和农民的一致好评。截至 2016 年底，协会通过申请平均 3 元/米的补贴资金，先后组织了 475 个农民投工投劳参与维护，修复 3 条倒虹吸管，疏通干渠 13280 米、末级支渠 37000 米，建成了较完整的"小农水"治理体系，实现了旱涝保收，并获得了政府奖励性转移支付 50 万元。用水户作为"小农水"治理的参与人与"占用者"，有权参与用水计划制定、工程维护管理、监督协会等各项工作的决策，并在协会的统筹与监管下，沟通了信息渠道，淡化了"等、要、靠"思想，减少了"搭便车"行为，提高了用水户投工投劳效率。2016 年漩水水库灌区粮食亩产达 1100 斤，比永定区同类地区高出 11.2%，有效增加了用水户收入。

这个案例表明：在政府投入"小农水"建设的情况下，明晰治理主体的责权利，做到农民用水户协会和村组集体有效衔接，合理设计激励机制和实施方案，使监管和维护主体获得奖励性补贴，一旦增加对"农村精英"治理能力的认可和声誉尊重，就能实现"小农水"治理的 政府投入，中间组织监管，农民参与维护 纳什均衡。

（二）慈利县溪口镇九渡溪流域"小农水"治理主体博弈

慈利县溪口镇九渡溪流域主要涵盖长潭村、和岩村、立功村、岗头村、双峪村、同盟村六个村，种植水稻和玉米，"小农水"设施以小水库、沿溪渠道、山塘为主，灌溉面积 5100 多亩。"小农水"治理沿袭了政府、村组集体和农民的三级传统治理模式。在"小农水"的建设、管理和维护以及"提供者"和"占用者"的责权利方面，没有明确的规范文件和制度。普遍存在临时统建、后期管护、监管缺失问题。针对沿流域出现的水库、渠道、山塘等水利设施老化、损毁较为严重现象，自 2011 年以来，政府加大了对九渡溪流域"小农水"骨干工程和干支渠道的更新改造力度，累计投入 420 万元。

九渡溪流域进行了"小农水"重建的地区，村组集体负责协调和监管农民投工投劳和用水。但六个村之间缺乏衔接，治理时各自为政，加之各村上、下游所处位置和水利条件的差异，导致农民用水纠纷不断，机会主义行为时有发生。上游农民想窃取下游农民已购买而正流经渠道的水，他们甚至希望水渠毁损越严重越好，以省却偷水，让水自然地渗到自家田地。如果要阻止上游农民"搭便车"或故意损坏"小农水"设施行为，在用水期间，需要村组集体管水员日夜留守在大堤上，其时间成本、劳动成本、协调用水矛盾费用都较高。加之溪口镇政府统筹建设资金，如果村组集体选择不监管，便无法获得来自政府的转移支付，难以维持其基本日常运营；基于理性选择，村组集体选择监管，但现实情况是因其监管行为而获取的奖励性转移支付较少，无法弥补其高昂的监管成本，监管不力者多，结果是"小农水"设施在建设中荒废，导致流域内"尾巴工程"时有出现，投资效益低，"最后一公里"和"最后一米"仍没有有效解决。在"小农水"建设和投入缺失的沿溪渠道和山塘退化地区，农户普遍采用小水泵抽取溪水和山塘水的办法来解决农田灌溉用水问题，或抱着"就算今天不下雨，明天也会下"的侥幸心理"望天收"，由于农民治理"小农水"成本太高而拒绝投工投劳，也没有获得政府奖励性补贴。整个流域多年平均粮食亩产仅 850 斤左右，农民参与"小农水"的积极性不高。

这个案例表明：在政府充分认知"小农水"公共产品属性并选择投入时，治理主体的责权利边界不清晰，随意处置奖励性补贴，乡规民俗约束缺失，就会导致村组集体监管不力，农民参与激励不足，"小农水"治理结果将是｛政府投入，中间组织监管，农民不参与维护｝的纳什均衡。

第四节　本章小结

本章运用完全信息静态与不完全信息动态博弈原理，分析了农田水利产权主体的行为特征，建立博弈模型进行纳什均衡分析，通过湖南省丘陵山区三家馆乡农民用水户协会和溪口镇九渡溪流域的案例分析，演绎和检验了"小农水"产权主体博弈纳什均衡的经济逻辑，分析结果表明：

第一，中央政府有持续投资大中型农田水利设施建设的意愿，而地方政府因缺乏激励而没有主动投资建设大中型农田水利的动机。

第二，地方政府在其社会收益大于监管成本的前提下，会对灌区放水行为进行监管。不论地方政府选择的策略如何，灌区都倾向于采取不合作战略。

第三，在地方政府部门供给不足的情况下，农田水利的私人供给会陷入"囚徒困境"。因此，只有通过重复博弈才能将地方政府与农户的博弈结果由帕累托效率最差的均衡转向帕累托效率最优的均衡。

第四，在农田水利供给体制下，农户是直接受益主体，无论村集体是否管理农田水利，农户都有意愿管理农田水利设施。

第五，由于占优策略的存在，农户之间进行博弈实现的纳什均衡为双方都不提供，没有实现帕累托最优。因此，必须利用农户激励机制，入手进行制度设计来改善农田水利供给效率。

第六，政府因承担了特殊的经济社会职能，总有动机对农田水利治理进行投入，且政府对农田水利治理的重视程度与政府得益正相关。

第七，村集体监管成本减少，绩效损失和奖励性转移支付增加能激励村集体对农田水利设施治理的监管，农户是否选择积极维护策略依赖于政府的农田水利补贴。

第五章　农田水利产权契约与治理的现状分析

粮食是农业的基础，农田水利则是基础中的基础。我国是发展中的农业大国，用占世界 9% 的耕地、6% 的淡水资源，养活了约占世界 22% 的人口，农田水利设施为我国农业稳产高产、保障国家粮食安全、促进农民增收发挥了不可替代的基础性作用。自新中国成立以来，政府不断加大对农田水利设施的投入，"十二五"期间全国水利投资规模创历史新高，建设投资达到 2 万亿元。2018 年，全国水利建设投资 6872.7 亿元，其中，中央投资 1554.6 亿元，年度中央水利投资计划完成率达 94.9%；继续保持较高水平；水利工程供水能力达 8500 多亿立方米，全年新增农业综合水价改革实施面积 8000 万亩，新增耕地灌溉面积 456 千公顷，新增节水灌溉面积 1815.9 千公顷。但农田水利功能退化、设施老化、淤泥堆积、用水纠纷等现象依然存在。因此，本章利用《中国农村统计年鉴》《中国水利统计年鉴》等宏观统计数据和课题组 2016～2018 年对湖南省的微观调研数据，深入分析我国农田水利产权契约与治理的现实与困境，保障农田水利建、管、护环节不脱节，对于完善农田水利治理具有重要意义。

第一节　农田水利产权契约与治理的现状

根据前文的分析，农田水利治理是政府等公共部门和农户等私人部门通过一定的规则约束对农田水利进行建设、管理、运营和维护的全过程，本章的农田水利治理就是围绕建、管、护环节展开的。在党和国家的高度重视下，经过多年的建设，我国农田水利投资额度、设施数量得到较快增长，农业灌溉条件得到明显改善。为全面了解我国农田水利产权契约与治理的情况，接下来从农田水利建设投资、管理维护、产权改革和契约缔结四方面展开分析。

一、农田水利建设投资情况

（一）农田水利投资全额不断增加

2008～2018年，国家财政用于水利支出的投资规模呈持续增长的态势。2018年国家水利建设财政支出为4523.0亿元，比2008年的投资增加了3400.3亿元。其中，2015年投资额最高，达到4807.9亿元，同比2014年增长38.21%；2011年中央一号文件把水利作为国家基础设施建设的优先领域，把农田水利作为农业农村发展的重点任务，2011年财政投资2602.8亿元，增长率为历年最高，高达40.2%（见图5-1）。

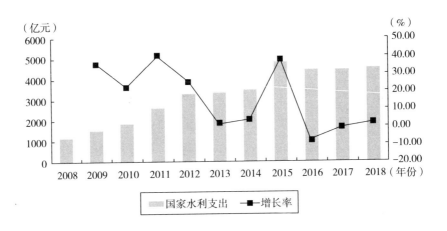

图5-1　2008～2018年国家水利建设财政支出情况

资料来源：根据2009～2019年《中国农村统计年鉴》数据整理。

水利投资除了国家财政以外，中央政府和地方政府也会增加投资。水利建设投资额中央投资和地方投资齐头并进。2009～2013年，中央政府水利建设投资额大于地方政府投资额。从2014年开始，水利建设投资额地方投资超过中央投资，中央投资额和地方投资额分别为1648.5亿元和1862.5亿元，地方投资比中央投资多214亿元。显而易见，自农业供给侧结构性改革以来，国家弱化了中央对水利建设的投资力度，地方的投资力度有所加强（见图 5 - 2）。

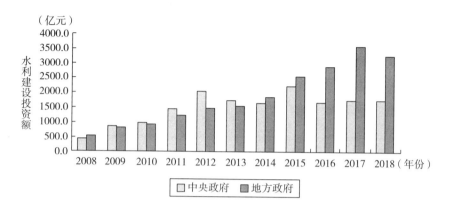

图 5 - 2　2008 ~ 2018 年中央政府与地方政府投资额

资料来源：根据 2009 ~ 2019 年《中国水利统计年鉴》数据整理。

政府、灌区或村社、用水户协会、农户是农田水利的治理主体，也是农田水利建设资金来源的重要保障。调查数据显示，农田水利设施建设资金仍然是以政府财政投入为主，占 66%，而灌区或村社（6.9%）、农户（16.1%）、用水户协会（2.5%）及企业（8.5%）的投资相对较少（见表 5 - 1）。这表明农田水利设施建设投资仍以政府为主导，在吸收社会资金和调动其他利益主体参与积极性方面有待加强。

表 5 - 1　农田水利建设资金投入情况

农田水利建设资金来源	频数	比例（%）
政府	428	66.0
灌区或村社	45	6.9
农户	104	16.1
用水户协会	16	2.5
企业等社会资本	55	8.5

资料来源：根据课题组对湖南省的调查数据整理。

（二）农户参与农田水利建设的意愿增强

农户参与是实现农田水利治理集体行动的基础，因而实现农田水利农户参与治理是促进集体行动的发生重要途径之一。除中央政府投资增加外，各级地方狠抓各项强农、惠农政策落实，不断调动农民群众参与建设的积极性。调查发现，70.1%的农户愿意对农田水利设施进行投资，其中，采取投工方式的占80.2%，投钱方式的占19.8%（见表5-2）。调查数据显示，农田水利建设进程不断加快，农户参与农田水利建设的积极性提高，且更倾向于采取投工的方式。

表5-2　农户参与农田水利建设情况

类别	选项	频数	比例（%）
是否愿意投资农田水利基础设施	否	194	29.9
	是	454	70.1
投资的方式	投工	520	80.2
	投钱	128	19.8

资料来源：根据课题组对湖南省的调查数据整理。

（三）农田水利的建设规模不断扩大

本书从农田水利设施类型、规模和数量等方面研究农田水利建设规模。从我国地形地貌来看，北方多平原、高原，河流少；南方多丘陵、山地，河流多。从东中西部来看，我国地势西高东低，我国东部地区水资源丰富，农田水利设施建设比较完备；中部地区地势平坦，以平原为主，降雨量适中，为农田水利设施建设提供了良好条件；西部地区以高原为主，且水资源匮乏，河流湖泊较少，农田水利设施建设要落后于东部和中部地区。为方便宏观统计，这里主要分析水库、水闸与堤防建设情况。

由图5-3和表5-3可知，水库数量呈稳步增长的态势。2018年我国各省份所拥有的水库数比2008年增加12469座，增长比率达14.4%，平均每年增长1.44%。截至2018年，水库数量达98822座，其中，大型水库736座，中型水库3954座，小型水库94132座。且水库数量在2011~2012年增长较快，从88605座增加至97543座，从2012年开始，水库数量保持较为平缓的增长，增长比率波动不大。

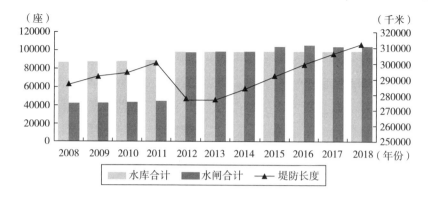

图 5 - 3　2008~2018 年水库、水闸和堤防规模情况

资料来源：根据 2009~2019 年《中国水利统计年鉴》数据整理。

表 5 - 3　2008~2018 年大型、中型和小型水库数量

年份	2008	2009	2010	2011	2012	2013	2014	2015	2016	2017	2018
合计（座）	86353	87151	87873	88605	97543	97721	97735	97988	98460	98795	98822
大型水库（座）	529	544	552	567	683	687	697	707	720	732	736
中型水库（座）	3181	3259	3269	3346	3758	3774	3799	3844	3890	3934	3954
小型水库（座）	82643	83348	84052	84692	93102	93260	93239	93437	93850	94129	94132

资料来源：根据 2009~2019 年《中国水利统计年鉴》数据整理。

　　由图 5 - 3 和表 5 - 4 可知，水闸数量持续增加，尤其是 2012 年，出现了跳跃式增长，比 2011 年增加了 52950 座，增长率达 119.5%，2012 年之后，水闸数量趋于稳定增长。截止到 2018 年，全国已建成各类水闸 104403 座，其中，大型水闸 897 座，中型水闸 6534 座，小型水闸 96792 座。在全部已建成水闸中，分洪闸 8373 座，节制闸 57972 座，排水闸 18355 座，引水闸 14570 座，挡潮闸 5133 座。

表5-4　2009~2018年按作用和过流量水闸情况

年份	2009	2010	2011	2012	2013	2014	2015	2016	2017	2018
大型水闸（座）	565	567	599	862	870	875	888	892	892	897
中型水闸（座）	4661	4692	4767	6308	6336	6360	6401	6473	6504	6534
小型水闸（座）	37297	38041	38942	90086	90986	91451	96675	97918	96482	96972
分洪闸（座）	2672	2797	2878	7962	7985	7993	10817	10557	8363	8373
节制闸（座）	12824	12951	13313	55297	55758	56157	54687	57013	57670	57972
排水闸（座）	14488	14676	14937	17229	17509	17581	18800	18210	18280	18355
引水闸（座）	7895	8182	8427	10955	11106	11124	14296	14350	14435	14570
挡潮闸（座）	4644	4694	4751	5813	5834	5831	5364	5153	5130	5133

资料来源：根据2010~2019年《中国水利统计年鉴》数据整理。

　　堤防建设长度与质量在很大程度上有助于提高地区防洪减灾的能力。根据图5-3可知，我国总堤防长度从2008年的286896千米增长到2018年的312000千米，增加了25104千米，增长了8.75%。与水闸增长情况不同的是，堤防长度在2012年出现了下跌，从299972千米下降到277293千米，但从2013年开始，堤防总长度又不断向上增长，这说明堤防长度呈现先下降后上升的增长趋势，下降的原因可能是先前修建的堤防在防洪过程中出现了大量损毁，需要重新修建。

　　（四）农业灌溉条件得到明显改善

　　2004年中央一号文件聚焦"三农"，之后不断加大对"三农"的投入力度，在农业基础设施方面，加强薄弱环节建设，加快发展节水工作，加强水利基础设施保障粮食安全的能力，扩大有效灌溉面积，实现水资源可持续利用。经过多年努力，我国农田水利设施建设成效显著，农业灌溉条件得到了较大改善，有效灌溉面积、水土流失治理面积、节水灌溉面积和除涝面积呈上升趋势，抗灾能力明显提升，初步形成具有蓄、引、提、灌、排、防等功能的现代化农田水利体系。

由图5-4可知，有效灌溉面积和水土流失治理面积不断增加。有效灌溉面积可以反映农田水利建设效果好坏，2008～2018年全国有效灌溉面积呈缓慢增长趋势，截至2018年，有效灌溉面积达68271.6千公顷，比2008年增加9799.9千公顷，增长率达16.76%。水土流失治理的工程措施包括修建水库、打坝淤地、修建水平梯田等。2008～2018年全国水土流失治理面积除2012年出现小幅度的下降外，其余年份都呈增加态势，2018年的水土流失治理面积达131531.6千公顷。此外，节水灌溉面积呈快速增长趋势，除涝面积呈缓慢增长趋势。2008年，我国节水灌溉面积和除涝面积分别为24435.5千公顷和21436.7千公顷，经过九年的建设和管理，到2018年，分别增长到36134.7千公顷和24261.7千公顷，分别增加了11699.2千公顷和2825千公顷。

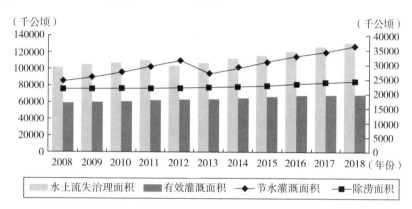

图5-4　2008～2018年有效灌溉面积、水土流失治理面积、
节水灌溉面积和除涝面积情况

资料来源：根据2009～2019年《中国农村统计年鉴》数据整理。

二、农田水利管理维护情况

（一）农田水利管护主体多元化

新中国成立初期，农田水利的管护主体为政府、水管部门以及农民。发展到现在，农田水利治理主体已经演变为中央政府、地方政府、水管部门、村社集体、用水协会等组织、农民以及新型农业经营主体。自《中共中央办公厅、国务院办公厅关于完善农村土地所有权承包权经营权分置办法的意见》颁布以来，新型农业经营主体不断发展壮大，他们对农田水利需求较高，根据自身生产经营情况主动参与农田水利管护。根据全国第三次农业普查公报结果显示：2016 年末，全国规模农业经营户 398 万户；农业经营单位 204 万个，其中，以农业生产经营或服务为主的农民专业合作社达 91 万家。表现在新型农业经营主体参与方面在资金、技术、信息、人才和管理等方面具有先天优势和辐射带动作用，对农田水利的维修养护具有重要作用。此外，截至 2016 年底，我国发展农民用水合作组织 8.34 万个，管理灌溉面积 3 亿亩，占全国灌溉面积的 29.8%，农民用水合作组织对农田水利设施进行维护管理、对农业灌溉用水量进行调配、对水事纠纷进行调解，有利于增强农田水利的管护效果。

（二）农田水利管护意识逐渐增强

在实施家庭联产承包责任制后，农田水利的日常治理主要由地方政府出资、村委会管理、农民出力的形式来完成，管护的效果较好。随着税费改革与"两工"制度的取消，农田水利设施管理权与经营权实施了市场化改革，允许个人和私人企业直接参与到农田水利的经营和管理，管护意识增强，农户、私人企业、用水协会等管理主体的比例大幅度上升。从调查数据结果来看（见表 5-5），政府对于农田水利的管护占 54.8%，灌区或村社管理农田水利设施占 29.9%，农户和用水户协会对于水利设施管护分别占 13.6% 与 1.7%。从"农田水利的维护频率"来看，近年来农户对农田水利设施的维护频率很低，基本没维修的占45.1%，1 年之内维修的仅占 8.3%，1~2 年维修的占 14.2%，2 年以上维修的占 32.4%，以上数据显示 50% 以上的农田水利设施在 2 年内会进行一次维修，表明治理主体的管护意识不断加强。

表 5-5　农田水利设施管护情况

类别	选项	频数	比例（%）
农田水利管护负责对象	政府	355	54.8
	灌区或村社	194	29.9
	农户	88	13.6
	用水户协会	11	1.7
农田水利的维护频率	基本没有	292	45.1
	1 年以内	54	8.3
	1~2 年	92	14.2
	2 年以上	210	32.4

资料来源：根据课题组对湖南省的调查数据整理。

（三）农田水利管护机制不断完善

我国农田水利管护体制改革逐步推进，各地通过采取政府购买服务、财政奖补、"以奖代补、先建后补"等方式，积极培育和引导新型农业经营主体等市场主体参与农田水利管护，稳步推进农田水利建管一体化，促进农田水利系统良性运行，农田水利建设管理水平明显提升，其主要做法表现在以下两个方面：

第一，我国农田水利设施管理和保护允许私人管理，也可采取租赁、承包、委托等方式转移给他人管理。大中型灌排骨干工程原则上由政府设立水管单位，实行管养分离。小农水项目可以由农民、农业集体经济组织、农民合作经营组织、新型农业经营主体等管理，也可以采用专业化物业式管理办法如"以大带小、小小联合"，全面推行小型农田水利工程建设"竞争立项、群众参与、绩效考核、奖优罚劣"等新机制。

第二，通过政府购买服务，委托值得信赖的组织和个人或者专业化的社会服务团队等承担农田水利治理责任。对大中型灌区、排灌泵站等的管理体制和监督考核机制不断创新升级，农田水利设施管护主体的责任也得到了全面贯彻落实。2018年开始推行小型农田水利工程所有权证、使用权证、管护责任书"两证一书"制度，其中，采取委托等方式管理的，所有权人应与管护主体签订工程运行管护责任协议书，明确管护内容、标准和责任，约定奖惩措施和违约责任，强化合同执行的监督和考评，督促管护主体按规范要求和管护标准健全管护制度、配备人员力量，开展工程维修养护服务。

三、农田水利产权改革情况

（一）农田水利产权制度改革不断推进

自1978年农村改革以来，以产权明晰化为特征的产权制度改革普遍展开。2002年我国推动实施了新一轮小型农田水利工程管理体制改革，按照"谁投资、谁受益、谁所有"的原则，各地通过拍卖、租赁、承包、股份合作等方式，明晰小型农田水利工程产权。2011年，中央首次以一号文件《中共中央　国务院关于加快水利改革发展的决定》部署水利工作，要求落实管护主体和责任，对公益性小型水利工程管护经费给予补助，充分发挥市场机制在产权改革中的作用。2014年8月，水利部、财政部、国家发展改革委联合印发通知，在全国范围内开展农田水利设施产权制度改革和创新运行管护机制试点工作，以实现农田水利设施"产权到位、权责明确、保障经费、管用得当、持续发展"为总目标，探索建立市场在资源配置中起决定性作用和更好发挥政府作用的农田水利建设管护新机制，推进创新组织发动机制、创新资金投入机制、创新项目管理机制、创新运行管护机制，并在全国范围内开展100个县（市、区）试点。2016年颁布的《农田水利条例》明确规定农田水利所有权人应当落实农田水利工程运行维护经费，保障运行维护工作正常进行。2018年《水利部关于印发加快推进新时代水利现代化的指导意见的通知》强调加快培育和发展水市场，健全水权交易制度，开展形式多样的水权交易，发挥水权交易平台作用，积极探索水流产权确权方式，着力构建归属清晰、权责明确、监管有效的水流产权制度。

（二）农田水利产权制度改革成效明显

自开展农田水利产权制度改革以来，各地按照先行试点、典型引路、分类实施、全面推进的总体要求，在改革中取得了较好的成效。浙江省德清县通过登记造册、分类定性、逐一确权三个环节，建立农田水利设施产权入市交易机制、农田水利设施流转经营权证制度、农田水利设施经营监管机制、"两权"抵押借贷融资机制四种机制，落实产权主体，明确管理责任，通过产权移交和设施资产重置估价形成水利固定资产，纳入村集体资产统一管理。湖南省双峰县紧紧围绕"明晰管护主体，确保工程有权管，创新管护机制，确保工程有人管，盘活管护经费，确保工程有钱管"的改革思路，在农田水利工程产权明晰、管护机制创新、管护经费筹措等方面进行了有益的探索，不断完善资产估价体系，建立农田水利设施产权交易、转让、抵押和退出机制，允许并支持将农田水利设施所有权、使用权、水费收入等作抵押，吸收用于农田水利设施治理的金融资本。有效破解了农田水利设施权责不清、重建轻管、效益低下的难题，使资产在交易中增值，充分挖掘了农田水利设施的多种功能和综合效益。甘肃省凉州区、民勤县、高台县协调推进农业水权分配与农田水利工程产权改革，水权与工程产权相互匹配，实现了农业水权与工程产权"两权互动"，实现省水、省工、省时、省心，保障农民顺顺当当用水。

四、农田水利契约缔结情况

（一）农田水利契约缔结与农村权力结构演变密切相关

20世纪80年代后，农业多种经营的出现以及乡村个体私营经济的相继兴起，冲破了集体行政权力的垄断，尤其是自村民自治制度实施以来，实现了农村基层社会的组织重构，农村社会的整合方式逐渐由"行政型"向"契约型"转变（曹海林，2008；任贵州、杨晓霞，2017）。农田水利权力结构随之由集体垄断转向多元参与，逐渐从高度集中的集权化单向治理中走出，开始倡导"民主管理、协作管理"等现代管理方式。在此种背景下，农田水利治理就与农村权力结构演变发展的中心相吻合，无论是农田水利设施的建设还是管理和维护，都应服从于新时期农田水利治理的"契约性整合"，农田水利治理主体行为的组织动员、监督协调和执行落实，都会对合作规则给予肯定或尊重。因而，在农村权力结构的演变过程中，农田水利契约缔结是契约精神在设施治理中的嵌入与实践需要，以更好地为农业农村发展提供坚实的农田水利基础，实现新时代农田水利现代化新征程。

（二）农田水利契约缔结的法治观念不断增强

自党的十八大以来，以习近平同志为核心的党中央高度重视生态文明建设，连同水利部大力推进农田水利改革和水生态文明建设，农田水利治理契约缔结的法治观念不断增强。

第一，实施最严格的水资源管理制度，严控用水总量、严管用水制度、严格节水标准，实行水资源消耗总量和强度双控行动，强化水资源管理"三条红线"刚性约束，并推行合同节水管理，培育一批专业化节水管理服务企业，推动企业与用户以契约形式约定节水、用水、治污等目标，并向用户提供技术改造、运营管理维护等专业化服务，实现利益共享。

第二，坚持把推进依法管水、科学治水作为重要抓手，强化法治保障和科技引领作用，加快推进农田水利治理体系和治理能力现代化。

第三，大力推进依法治水管水，强化重点领域立法工作，全面推进水利综合执法，严厉打击涉水违法行为，维护良好水事秩序。

第四，扎实做好全面推行河长制与湖长制工作，建立覆盖省、市、县、乡四级的河长体系，推行村级水管员制度，充分发挥村级河长和民间河长作用，推动村民共治，实现网格化管理。

第二节 农田水利产权契约与治理的困境

一、农田水利建设投资困境

（一）农田水利资金渠道来源单一

农田水利建设、管理、维护任一环节都离不开资金的支撑。虽然国家不断加大对农田水利的投资，但农民和其他各类社会资金的投入非常有限，农户自筹资金投入比例更低。调查显示，政府财政在农田水利基础设施投资中占绝大部分比例，我国农田水利设施建设基本上是来自政府的水利项目工程，占到投资的66%，农户和民营企业等私人部门的投资比例仅仅为34%。税费改革后，中央与地方形成了"财权上移，事权下放"的格局，中央政府对地方政府的转移支付下降，地方政府财政紧张，地方政府会重视非农领域的公共基础设施投资，常常忽略对农业领域的农田水利建设和管护的资金投入，而乡镇政府和村集体组织根本无力承担水利设施资金投入的重任。这难以从根本上解决水利设施资金不足问题，导致农田水利设施的建设跟不上农业生产的实际需要。

（二）农田水利投资结构不合理

农田水利资金投入结构不合理，以2017年为例，在全年水利固定资产投资中，防洪工程建设投资2438.8亿元，水资源工程建设完成投资2704.9亿元，究其原因，存在以下三个方面问题：

第一，水利设施建设的投资渠道分散。农田水利项目资金来源于水利部、农业综合开发、国土综合整治以及农村扶贫开发办等多个部门，不同部门的水利资金在使用方向、建设内容、项目安排等方面都有不同的管理方式和优先使用领域。

第二，部门之间缺乏协作。这些部门没有进行资金统筹，缺乏沟通协调，项目建设标准也很不一致，工程规划及布局上缺乏整体考虑。

第三，资金分配不均匀。国家水利部门的专项资金大多投入到大中型水利工程、骨干工程，而田间渠系工程则缺乏资金投入，这就形成了农田水利设施"九十九公里"与"最后一公里"的问题,使小型农田水利工程和大、中型水利设施缺乏有效对接,导致农田水利建设规划内容难以形成合力,从而降低其功效,农业用水问题没有从根本上得到解决。

二、农田水利管理维护困境

(一)管理主体责任不明确

现阶段的农户普遍认为,首先,村内农田水利设施管护责任在于村级,管护主体是村集体,农户缺乏管护的主人翁意识和责任感。另外,农村劳动力外流使农民收入结构发生变化,农户对土地和村庄的依赖程度逐渐降低,对农田水利的管护事物也是不关心的态度。其次,分税制改革带来的中央政府和地方政府之间关系的转变。财权的上收和事权的下放导致地方政府出现财政危机,为了解决这一问题,中央政府不得不通过转移支付方式把财政返还给地方,这对于地方政府而言,"要回来的钱"能多拿一分是一分,大大降低了财政的使用效率。同时,这种方式必然导致相关部门的权力过大,进而产生寻租和腐败。再次,随着税费改革和"两工"的取消,农村集体经济组织逐渐退出农田水利设施建设和管理主体队伍,导致农田水利设施管理体制不顺,管理责任不明确,农民个人利益与集体利益的直接联系被切断。最后,考核机制不完善。地方政府决策者在政治目标最大化的驱动下,好大喜功,建设形象工程、政绩工程、面子工程,从而忽视了与老百姓切身利益相关的基础设施建设。

(二)基层组织和农民参与度不高

首先,对农田水利设施存在"重建轻管"问题,各级政府将资金大都用于建设,管护环节资金分配较少甚至没有,导致农田水利设施缺乏有效的管理和养护,基本上处于无人管理的状态,就算有专门管理者,其管理水平、手段也相当落后。加上现阶段考核体制重政绩,使基层领导在观念上出现了以农业基础设施建设为重点而常常忽略农田水利等基础设施的管理维护。其次,农田水利项目资金大都用于设施建设,导致管理经费缺乏,尤其是水利设施产权不明晰,管护主体不明确,造成管理职能不到位,农田水利出现无人管理、无人维护,致使农村水利设施毁损严重,荒废闲置现象大量存在。农田水利设施的管护需要强有力的组织和协调者,村集体和村干部作为国家和执政党的代表,天生具有政治网络关系,与农户联系紧密,具有较强的组织动员和号召能力,这个环节的缺失将直接

农田水利产权：契约缔结与治理绩效

关系到水利设施的后期管护。从调查结果来看（见表5-6），认为村社凝聚力"较弱"和"无"的分别占16%和3.7%，而农户认为村社凝聚力"中等"水平的占调查总数的1/3。这表明了村社凝聚力在逐渐减弱，村民之间的信任程度也降低，越发不利于农田水利设施的有效管理；村社凝聚力减弱以及村民之间信任度降低，导致双方合作难度加大，交易成本提高。对于农户来说，实施家庭联产承包责任制带来的土地分配到户、农户自主经营，税费改革后，集体意识淡化。从调查结果来看，农户参与农田水利治理决策程度"低度"的占31.6%，"中度"参与农田水利建设决策的占41.4%，"高度"参与农田水利基础设施建设决策的占13.1%。农户积极参与农田水利建设建立在能够获取较多利益的基础上，由于农业的比较效益偏低，农户对于务农的预期收益远远低于务工收益，导致务农收入在家庭总收入的比重越来越低。因此，理性的农户会选择外出务工来赚取更多的收入，那么其对于农田水利基础设施维护的参与积极性就会降低。

表5-6　村社凝聚力和农户决策参与情况

类别	选项	频数	比例（%）
村社凝聚力	无	24	3.7
	较弱	104	16
	中等	222	34.4
	较强	221	34
	非常强	77	11.9
农田水利治理的决策参与度	无参与	90	13.9
	低度	205	31.6
	中度	268	41.4
	高度	85	13.1

资料来源：根据课题组对湖南省的调查数据整理。

（三）农民思想观念落后

1. 重工轻农思想的延续

新中国成立后，基于特殊的历史时期，我国实行"以农促工"的基本方针，对农业采取"多取少予"的政策，通过采取"工农产品剪刀差"措施，实现我国工业化发展的资金原始积累。这虽然是当时历史条件下做出的必然选择，但是这种牺牲农民利益的政策促进工业发展的同时却导致农业发展的滞后，使农业成为我国经济发展的"短板""短腿"，并且在长期社会发展中形成了对农业不利的政策倾向。

2. 根深蒂固的小农思想

这是我国农村普遍存在的思想，其实质上是一种意识形态的问题，具体表现为小富即安、缺乏自律、宗派亲族等特征，这种思想必然会导致农民对政府新政策实施采取抗拒的态度。

3. 思维模式僵化

由于受计划经济的影响，政府部门对于公共资源的提供没有遵循市场经济的特点，供需缺乏有效衔接，进而导致资源的浪费。从农业用水来讲，在农民与水利工程管理部门的观念中没有把水当作"商品"，水成本远远高于收取的费用，加之一些水利部门的管理体制没有得到及时有效的调整，产权不清、机制不活、经费不足、经营不善、思想僵化等问题依然存在（张琰等，2011）。这不仅影响水利管理部门干部职工的工作积极性、主动性和创造性，也使农田水利后期维护工作得不到保障。

三、农田水利产权改革困境

（一）产权界定不清晰

1. 产权不明晰

基于农田水利准公共物品的特性，所有权、管理权和使用权等权利尚未清晰界定，国家、村集体、农户之间权利和义务不明确，大部分农田水利设施都处于"有人用、无人管"的局面，农业用水效率不高。

2. 监督机制缺失

政府财政公开制度不明确，财务没有专人管理，村集体等中间组织退出管护主体队伍，监督缺乏应有的约束力和公信力（刘石成，2011）。

3. 运行机制不畅

尽管有的地方设有管水机构，但管水机构属于事业单位还是行政部门尚未明确，经营性工程没办法良性发展，而公益性部分没有财政支持，这都导致了工程管护资金缺位，管水机构作用无法发挥（朱冬亮，2013）。

虽然有的地方明确了管护要求、管护责任人，但几乎无人按照管护要求进行口常维护，设施老化严重。只有出现损坏，才会找专人进行维修，甚至将有些损坏严重的设施直接更换，这对资源造成极大浪费，严重损害了设施的使用寿命。加上各地存在重枢纽轻配套、重建轻管等思想，致使小型农田水利工程形成了"国家管不到、集体管不好、农民管不了"的不良局面。

（二）产权改革深度不够

对于农田水利产权改革，虽然国家各相关部门出台了政策法规和意见，各地区也进行了试点，但由于每个地区的现实条件不一致，部分地区的改革配套政策和措施还不够完善，导致改革任务难以全面落实。另外，农田水利产权改革还涉及财政部、国土部和扶贫办等相关部门的项目，使投资主体与管护主体、所有权与使用权对应关系更加复杂，尤其是部分农田水利设施跨村组、跨流域，产权及维修责任都存在纠纷。在农田水利产权改革后，存在产权证发放不到位的情况，即使已获得当地政府发放的产权证，但用产权证进行融资贷款时，产权抵押评估复杂，贷款融资阻力较大。此外，部分经营者太偏重于经营性，不注重对农田水利设施的管理和维护，更没有形成良性循环机制，与农户间的矛盾逐渐显现。

四、农田水利契约缔结困境

（一）农民契约意识薄弱

从调查结果来看（见表 5 - 7），当被问到"是否签订用水协议"时，有83.6%的主体没有签订，这说明大部分产权主体之间没有建立基本的契约关系，这可能与农户自身的参与习惯和参与环境有较大关联。当传统乡俗与现行规范相冲突时，农户往往会将制度规范放到次要位置，取而代之的是"人情关系"而非契约关系主导了设施管护行动的一切，从而产生设施管护过程中"熟人失信""契约失灵"的现象（任贵州、杨晓霞，2017）。在实践中，即使用水农户在缴纳农田水利设施使用费和水费时就建立起了管理维护的基本契约，但在私利引导下的农户个体偏向追求自身用水效益的最大化，往往对契约规则采取漠视的态度。

表 5 - 7　农田水利治理的契约情况

类别	选项	频数	比例（%）
是否签订用水协议	否	542	83.6
	是	106	16.4

资料来源：根据课题组对湖南省的调查数据整理。

（二）政府和中间组织监管不到位

一方面，村集体、用水户协会等中间组织的管理者对基层水务规则认同较低，对违反使用规范和脱离管护的行为不能全面监督和制止，不合作行为不断复制和蔓延，先前订立的契约得不到有效执行。另一方面，政府没有通过合同明确对项目实施主体的具体要求，换句话说，合同要求不是设施竣工验收、兑现奖补资金的必然要求。实践中，政府没有对项目立项、项目实施、竣工验收、建后管护全过程控制性环节进行公示，没有建立监督举报反馈责任制或没有设立监督举报电话、农户等其他治理主体，即使发现有人违反规则，也无法充分发挥群众的监督作用。政府和中间组织监管不到位，导致监督和考核机制的不健全，契约的执行力度大大降低。

第三节　本章小结

本章在查阅统计数据和调研数据的基础上，对农田水利产权契约与治理的现状进行深入分析，结果表明：

第一，虽然农田水利投资金额每年持续增加，但以政府投入为主，调动社会资本投资的能力有待加强，这也从侧面反映农田水利投资渠道来源单一。另外，农田水利资金投入结构不甚合理，农田水利工程和设施建设资金投入多，而管理维护经费相对缺乏。

第二，农田水利建设规模不断扩大，水库、水闸数量呈稳定增长态势，堤防长度呈现先下降后上升的增长趋势，有效灌溉面积、水土流失治理面积、节水灌溉面积和除涝面积呈上升趋势，抗灾能力明显提升，农业灌溉条件得到明显改善。

第三，农户参与农田水利意愿增强，70.1%的农户愿意对农田水利设施进行投资，其中，采用投工方式的占80.2%，但是农户决策参与度不高，村集体等基层组织功能缺失，需要凸显村集体在农田水利建设、管理、维护过程中的主体地位，在村集体的统一管理条件下，形成与当地相适应的水利设施占用规则与秩序。

第四，除了政府和水管部门以外，用水组织和新型农业经营主体也逐渐成为农田水利管护主体，他们的加入提高了主体的管护意识。但农田水利仍然存在主体之间难以协调、管理责任不明确等问题。

第五，农田水利产权改革成效明显，但有些地方仍然有产权不明、契约意识薄弱等问题，明晰水利产权是促进农民（新型农业经营主体与小农户）积极参与水利设施建设的重要保障，在农田水利建设、产权制度设计上要充分考虑农民的需求，建立不同地区、不同利益主体的沟通协调机制，以减少或消除其外部性。

第六，农田水利契约缔结法治观念不断增强，但存在农民契约意识薄弱、政府和中间组织监管不到位的情况，导致契约执行效率不高，应从完善监督考核机制等方面提升契约的稳定性。

第三部分

第六章　不同产权结构下农田水利的契约缔结与治理逻辑

　　农田水利产权结构与制度安排在某种程度上决定着农田水利的契约缔结形式和治理模式。通过对农田水利产权主体的行为分析，农田水利产权治理实质上是政府、中间组织（村集体或用水户协会）、新型农业经营主体和小农户之间的一种契约形式。只要市场是竞争性的，理性的政府、中介组织和农户总会选择最有效的契约形式。本章按照"产权结构—契约缔结—治理模式"的经济逻辑，分析不同产权结构下农田水利的契约缔结与治理模式，创新农田水利治理的运行机制，提高农业用水的综合效益，保障国家粮食安全。农田水利作为农村最重要的公共物品之一，从产权理论的角度分析，它的产权结构随着公共物品性质的改变而变化。在萨缪尔森的研究的基础上，根据物品是否具有非排他性和非竞争性来确定是否为公共物品，但实际生活中的纯公共物品不多见，常见的是准公共物品，准公共物品又可以分为公共资源和俱乐部物品（Samuelson，1955）。换句话说，农田水利设施的自身特性不同，其产权结构也有所区别，缔结的契约和治理模式也有差异。因此，本章所要研究的是不同产权结构下农田水利的契约缔结与治理逻辑，回答产权主体如何选择契约以及治理模式的形成问题。

第一节　不同产权结构下农田水利契约缔结与治理的经济逻辑

　　对于农田水利这一公共物品而言，其产权的清晰界定能确保农田水利平稳运行。由于经济中外部性的存在，使产权和交易费用密不可分，科斯定理将产权、交易费用和资源配置效率联系起来，认为清晰界定产权能对经济主体进行约束与激励，减少交易的不确定性，从而降低交易费用，使资源配置效率逐渐向帕累托最优状态靠近。在农田水利治理过程中，存在着信息搜寻费用、协调费用、谈判费用等一系列交易费用，但农田水利产权的界定能减少治理过程中的不确定性，从而降低治理主体在交易过程中的交易费用。因此，通常把产权界定给能以较低交易费用进行产权交易的一方。

对于农田水利而言，由于供给主体和需求主体信息不对称，在建设、管理和维护的治理过程中，通常在既定的产权结构下通过一系列正式或非正式的规则来约束治理主体的行为，以促进交易的发生，保护产权，这一系列规则可分为显性契约和隐性契约。显性契约能通过权责来约束治理主体行为，隐性契约能通过社会网络促进信息交流和资源获取，起桥梁作用，促成显性契约实施（宋晶、朱玉春，2018）。总的来说，农田水利禀赋特征决定了治理的制度规则和治理主体，禀赋差异使各治理主体拥有不同的产权，导致农田水利产权结构存在差异，这就为农田水利产权的界定分配和契约缔结创造了条件。虽然产权得到进一步明晰，但交易费用的存在使治理主体之间的契约是不完全契约，选择何种形式的显性契约和隐性契约组合的前提是交易费用最小化，以达到约束条件下的帕累托最优。虽然显性契约和隐性契约可以按照方格理论逻辑进行不同程度的结合，但仍不能很好地描述并选择契约强弱关系。受企业契约治理、交易费用和禀赋效应研究脉络的启发，本书将交易成本引入到农田水利设施治理的契约缔结分析中，提出契约强度概念——隐性契约交易成本和显性契约交易成本的比值，并从成本视角对其进行分析和解释。当契约强度等于 1 时，表现为中显性中隐性契约关系；当契约强度小于 1 时，表现为弱显性强隐性契约关系；当契约强度大于 1 时，表现为强显性弱隐性契约关系。奥斯特罗姆认为，基于共有产权与契约的社区自治能够克服市场失灵和政府管制的缺陷，提倡多个主体参与自主治理模式，遵循这一思路，在契约关系得以确立之后，各治理主体和其他利益相关者之间权、责、利关系的制度安排变得明晰，从而形成不同的治理模式。

综上所述，不同产权结构下农田水利契约缔结与治理的逻辑如图 6-1 所示，农田水利禀赋通过制度规则和主体格局影响农田水利产权结构，产权结构的差异导致不同的契约缔结。由于有限理性和交易费用的存在，治理主体按照交易成本最小化的原则,缔结弱显强隐、中显中隐、强显弱隐的不同契约组合关系,从而形成不同的治理模式,以实现管护水平不断提高、治理绩效持续提升。本章主要研究集体产权、私有产权、混合产权和产权转移下的农田水利契约与治理。

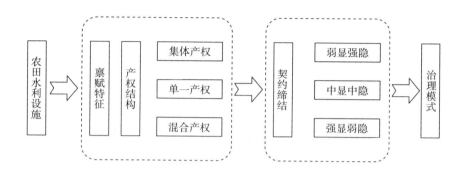

图 6-1 不同产权结构下农田水利契约缔结与治理的经济逻辑

一、集体产权下的农田水利契约与治理

(一)集体产权下的大中型农田水利契约与治理

从农田水利按规模大小分类的角度,一方面,大中型农田水利设施有较高排他性,因为农户只有通过付费才能获得大中型农田水利设施提供的农业用水;另一方面,大中型农田水利设施又具有一定程度的非竞争性和非排他性,因为作为纯公共物品的大中型农田水利设施,只要保证正常维修、养护和更新改造,就会在防洪抗旱、水资源保护、水土保持等方面产生社会正效益(陈辞,2011)。纯公共物品一般具有稳定性、可靠性和可信赖性,由国家提供,归国家所有,形成国家这一"特殊集体"的单一产权。国家是公民契约选择的结果,作为每一个契约的第三方,又是强制力的最终来源,正如诺思(1994)所说:"国家可视为在暴力方面具有比较优势的组织……在暴力方面具有比较优势的组织处于界定和行使产权的地位。"由此看来,政府能够确定和实行所有权,国家在提供制度时可以解决"搭便车"问题和带来规模经济效应(诺思、托马斯,1999)。大中型农田水利设施由政府投资建设,建设完成后再由政府对其进行验收登记造册。一般情况下,大中型灌区和大中型灌排骨干设施由政府设立水管单位,由水管单位代行所有权,拥有所有权的水管单位可亲自对设施进行管护,也可以通过租赁、

承包、委托等方式转移管理权，寻找新的管护主体，实行"管养分离"。换句话说，水管单位以及委托的管护主体拥有大中型农田水利设施管理权，而大中型农田水利设施辖区范围内的农户享有其使用权。为实现"管养分离"的目标，政府和水管单位要激活内部管理机制，形成上下统一、各负其责的管理框架，因而更重视正式控制机制的建立而忽视非正式控制机制。政府会对大中型农田水利设施的管理维护统筹规划、下达文件，要求水管单位根据文件精神编制管护方案，方案对管理维护总体要求、基本标准、管护资金使用等内容进行统一规定，甚至对设施零部件的检查周期、更换频率都有明确规定（郭丽萍，2018）。因此，政府、水管单位及其委托单位会缔结正式契约来落实管护主体责任，这些契约明确规定了水管单位负责大中型农田水利设施维修养护工作的管理和技术指导，委托单位负责所辖区内维修养护工作的组织实施和具体落实，政府负责维修养护工作的监督，农户参与大中型农田水利设施的维修养护可获得工资，但获取农用水资源则需要缴纳水费。不可避免，委托单位在雇用劳动力进行施工时，往往优先雇用与自身关系亲近的农户，即有血缘、亲缘和地缘关系的"熟人"，委托单位与农户之间也存在非正式契约。这么看来，大中型农田水利设施的治理要缔结正式契约，如果以非正式契约为主，那么成本就非常高，因而显性契约成本低于隐性契约成本，由此缔结强显性弱隐性的单边治理模式（见图6-2）。

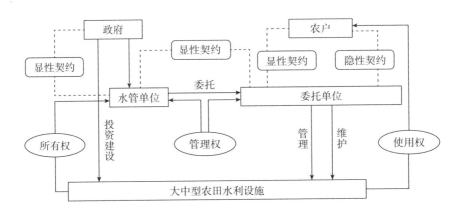

图6-2 大中型农田水利单边治理模式

注：实线表示产权结构，虚线表示契约选择。

（二）集体产权下的小型农田水利契约与治理

从农田水利按规模大小分类的角度来看，小型农田水利设施规模较小，在空间分布上形态各异，遍布在全国各地的山区、丘陵、平原，充当着引水、输水、蓄水、取水等灌溉功能，为农业生产提供基本保障。从小型农田水利设施所提供的社会性服务来看，其具有一定程度的非排他性和竞争性，根据"经济人"假设，农户为了获取更多的农业用水，就会抢先占用小型农田水利设施，致使占用具有竞争性，即增加一个占用者减少其他占用者的资源获取量，也就是说，当农户人数达到一定规模后，农户在使用农田水利设施时具有拥挤性，这类设施通常情况下指一些排他性成本较高且可以分别使用的农田水利工程，称之为"强公共资源"。这类农田水利设施通常由政府和集体出资共建，政府管辖下的二级水管单位或村集体行使管理和监督权利，占用者大都以小农户为主导，小农户是最直接的受益者，享有使用权。设施管理和维护经费由国家财政、农田水利项目资金、村集体（税费改革前通过"两金两工"的形式，税费改革后，用水农户通过"一事一议"进行投工投劳筹措）承担，这时农田水利以集体产权形式出现。如果这类农田水利设施得不到有效治理，就会发生用水农户之间严重的"搭便车"行为，从而过度消耗水资源，造成人与人、人与自然、人与社会之间的不和谐。治理这样的水利设施则需要突出集体产权优势，设计合理的契约形式，构建相应的治理模式，利用用水农户利益的一致性来尽量消除"搭便车"行为。集体产权的出现，使小型农田水利水权交易得以顺利进行，同时必然会产生一系列的契约关系。在集体产权治理体制中，最终的代理人究竟为谁显得十分模糊，由于委托人和代理人之间的信息不对称，作为农田水利委托人的政府，必须采取激励措施来平衡这一问题。在集体产权下，委托人选择的最终代理人主要是二级水管单位和农田水利设施所在村的村集体。

当代理人为二级水管单位时，政府将农田水利设施的管理权委托给二级水管单位，同时将管理和维护责任一并转移，委托代理双方规章制度非常完善，形成了长期正式的显性契约关系。二级水管单位负责管辖区域内的防汛抗旱、工程管理以及维修养护，工作人员入职是合同聘用制，其工资与农田水利治理绩效挂钩，如果有用水农户上访则受到惩罚。此外，政府和二级水管单位维持着长期博弈关系，声誉资产对契约的履行发挥着重要作用，且声誉带来的不仅是未来长期的经济收益，也带来了广泛的社会收益和心理收益（洪名勇等，2015）。代理人无利他行为，如果没有给予明确的物质或精神激励，代理人则缺乏高昂的积极性，对参与农田水利建设、管理和维护意愿不强。用水农户是否愿意投工维护取决于农户心理契约，如果二级水管单位的组织支持让用水农户感受到赞同和归属感，用水农户就会投工来回馈组织，从而增强农户心理契约的强度。但由于机会主义行为的产生，政府与二级水管单位之间、二级水管单位与用水农户之间的隐性契约是低效率的，如果要维持则交易成本高，而政府和二级水管单位的显性契约相对较低，契约强度大于1，缔结强显性弱隐性契约关系，形成政府主导型治理模式（见图 6-3）。在强显性弱隐性契约关系的政府主导型治理模式下，制度规则约束有力，但仍然存在"搭便车"和"最后一公里"问题。

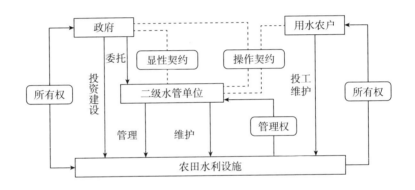

图 6-3　政府主导型治理模式运行

注：实线表示产权结构，虚线表示契约选择。

当代理人为村集体时，农田水利设施的所有权和管理权归属于村集体，政府将管理和维护责任委托于村集体，委托人支付代理人工资，形成固定租金契约关系，即显性契约。村集体作为一个相对独立的灌溉单元，向农民收取"三项提留"和"共同生产费"，可以发挥农田灌溉"统"的作用，承担管理维护的义务。税费改革后，集体经济组织的经济功能弱化，导致供给能力下降，国家采用"一事一议"的办法解决农田水利排涝灌溉问题，但因缺少强制性也难以持续，村集体与农户之间的显性契约中断。遇上水利问题，村集体没有物质激励，不但不会采取集体行动反而鼓励农户上访上级政府，导致设施老化失修，政府的农田水利补贴政策和农户因个人理性过度使用设施而不顾集体的延期成本，造成集体与农户关系僵化，两者关系契约作用微弱。用水农户之间只能在乡村精英的带领下有秩序地用水，依靠声誉、威望等形成信任，对用水农户存在潜在的监督与约束作用，以非正式制度形成隐性契约。由于农户之间彼此信任，隐性契约可以自动执行（陈冬华等，2011）。因村集体的退出使显性契约成本升高，从而契约强度小于1，缔结弱显性强隐性契约关系，形成了农田水利集体主导型治理模式（见图6-4）。在弱显性强隐性契约关系的集体主导型治理模式下，监督缺位，用水纠纷时常发生。

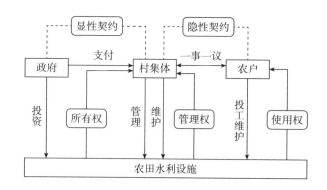

图6-4　集体主导型治理模式运行

注：实线表示产权结构，虚线表示契约选择。

二、私有产权下的农田水利契约与治理

由于大中型农田水利设施是国家公共基础设施的一个重要组成部分，具有非常强的公共资源特性，不可能以私有产权形式出现，故主要讨论以私有产权形式存在的"弱公共资源"属性的小微型农田水利设施。自1978年实施家庭联产承包责任制以来，农户基本上实行了包干到户，农民开始小家小户的农业生产经营，小农户通过打井挖堰、用水泵等机械设备引水抽水进行农田灌溉，这些由小农户自筹自建的小微型水利设施的所有权、管理权与使用权"三权合一"，归农户私人所有，建设管理和维护决策由农户自主做出。从经济学的研究视角来看，私有产权被清晰界定，产权所有者对农田水利设施拥有控制、使用、收入、转让等诸方面的权利，并能够为农户提供相对稳定的激励机制，从而提高资源的使用效率。尽管设施给所有者带来的直接收益接近设施所创造的总收益，但水资源有限和田间工程配套不齐，小农户之间依靠彼此的信任和认同引水蓄水，有规矩地

使用水资源，即凭着相互之间的关系契约维持灌溉用水关系。由于农户彼此的信任和默契，双方都认为关系契约这一隐性契约可信，并且愿意执行，为农户治理合作农田水利提供了便利。小微型农田水利设施服务范围小，往往不能满足所有小农户的农业用水需求，加之缺乏显性契约的约束，小农户偷水等纠纷时常发生。如果要强行建立显性契约，则成本相当大，小农户之间维持隐性契约的成本相对较低，可认为契约强度小于1，故表现为弱显性强隐性契约关系，形成了农田水利私人治理模式（见图6-5）。在弱显性强隐性契约关系的私人治理模式下，可使局部外在效益在小流域内实现内在化，但农户私人投资的小微型农田水利高成本、低收益，且建成后的设施面临质量不过关等高风险。

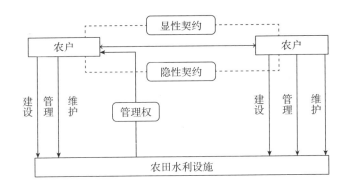

图6-5 私人治理模式运行

注：实线表示产权结构，虚线表示契约选择。

三、混合产权下的农田水利契约与治理

对于政府和市场，应该由谁来生产公共物品与私人物品尚不能清楚地界定，重要的是对介于纯公共产品和纯私人产品之间的准公共产品进行区分（迈克尔·麦金尼斯，2000）。作为准公共产品的农田水利，具有很强的正外部性，其产生的社会效益是确保粮食增产、农业增效、农民增收的重要前提和必要条件，是确保国家粮食安全的关键环节。根据产权理论，准公共产品外部性的程度和产权安排不是固定的，而是复杂的、变动的，产权的界定具有相对性，并非完全的私有产权或公有产权。因此，当农田水利体现一般"公共资源"特征时，农田水利以混合产权形式出现。

在混合产权下，如果仅仅依靠政府权威强制进行农田水利治理，那么会出现"政府失灵"；如果完全借助市场治理，又会出现"市场失灵"问题。通过缔结各种契约关系，对农田水利参与治理的各方进行合理分工和监督激励。政府作为主要供给者，通过农田水利项目资金等方式经由各级地方政府拨款建设具有公益性的农田水利设施，因而所有权归政府所有。在农田水利市场化改革后，市场和社会力量参与公共事务的治理，政府不再是单一供给主体，在市场机制的作用下，农户从自身利益最大化角度出发，通过自筹资金组建用水户协会等社会团体，自主订立合约进行管理，使农田水利供求关系基本达到平衡。市场和社会力量的加入，农田水利产权结构发生分离，管理权由参与农田水利治理的社会团体管辖，农户在享有使用权的前提下，有责任和义务参与农田水利的维护。一方面，政府在治理过程中更多地扮演中介者的角色，制定用水户协会等社会团体和农户的行为规则，运用经济、法律、政策等多种手段为农田水利治理提供便利（李平原，2014），所以政府和社会团体以及农户之间形成显性契约。农民用水户协会是在民政部门注册登记的具有法人地位的社会团体，他们依照法律法规及协会章程来制定显性契约，对未来可能发生的各种情况预设解决方案。另一方面，用水协会是农户自发组织成立的，处在一定的社会网络关系中，对政府和协会产生强烈的组织认同感，团体成员彼此交流、协商，其内部信任与内部规范等隐性契约能达成一致行动。由于协会组织制度完善，显性契约交易成本均降低；各成员相互熟悉、信任，隐性契约成本下降，显性契约和隐性契约相互监督、协调促进，交易成本相当，契约强度等于 1，表现为中显性中隐性契约关系，形成多中心治理模式（见图 6-6）。在中显性中隐性契约关系的多中心治理模式下，通过相互依存的主体之间的协调，克服了回避责任、"搭便车"等机会主义行为，促进了共同利益的实现和农田水利治理效率的提高（杜威漩，2012）。

四、产权转移下的农田水利契约与治理

　　农村土地"三权分置"改革实现了土地要素的有效流动，农地产权再配置催生的新型农业经营主体改变了农田水利治理主体格局。作为农业生产要素互补品的农田水利产权结构也发生转移，农田水利契约关系也随之改变。在产权转移下，政府和村集体作为供给主体，新型农业经营主体则是农田水利设施的直接需求者，政府拥有大中型农田水利设施所有权，村集体拥有小微型农田水利设施所

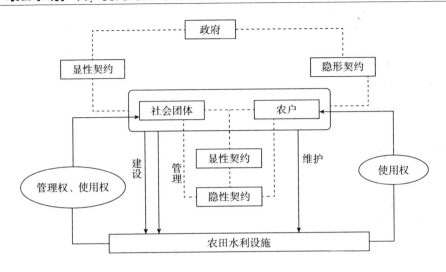

图 6 - 6　多中心治理模式运行

注：实线表示产权结构，虚线表示契约选择。

有权，共同投资农田水利治理。村集体还拥有农田水利设施的管理权，通常与用水户协会等中间组织共同行使管理与监督权。为确保农田水利系统良好运行，政府和中间组织缔结行政契约，将农田水利管理与运行的职能让渡于中间组织，以祛除行政权调整的负外部性（杜乐其等，2011），中间组织在履行契约的同时，能够获得国家资金补贴。新型农业经营主体和小农户拥有农田水利设施使用权，他们齐心协力，共同合作，力求做好农田水利设施的维修、养护工作。新型农业经营主体作为管理权的实施主体，倾向于各项规章制度缔结显性契约，定期巡视并组织小农户开展农田水利设施维护工作。此外，在政府引导、组织和支持以及中间组织协调、监督下，由于对制度的默认、彼此的信任和责任心缔结了隐性契约，共同维修养护。供给主体和需求主体之间的关系是建立在多边契约关系基础之上的，既包括显性契约，又包括隐性契约，政府必须出台相应法律法规制度来维系与中间组织、新型农业经营主体、小农户的契约关系，同时也有出资的任务；中间组织在拥有独立运营权和监督权的前提下，也会接受农户和其他组织机构的监督，进而履行契约义务。为有效解决传统农田水利设施主体间信息不对称带来的"最后一公里"和"九十九公里"问题，将"互联网＋"引入到农田水利治理。由于新型农业经营主体在需求主体间占主导地位、依靠显性契约的号召力较强，隐性契约相对而言成本较高，因此，契约强度大于 1，缔结强显性弱隐性契约关系，构建强显性弱隐性契约的"四位一体"治理模式（见图6-7）。在强显性弱隐性契约关系的"四位一体"治理模式下，显性契约能很好地发挥作用，大大提高农田水利治理绩效。

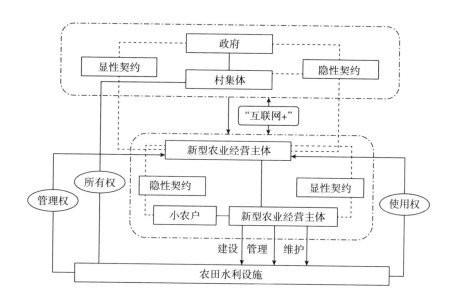

图6-7　"四位一体"治理模式运行

第二节　农田水利产权契约与治理的案例实践

在对不同产权结构下的农田水利契约缔结与治理模式进行分析的基础上，通过理论分析得出弱显强隐、中显中隐和强显弱隐的契约组合方式以及政府主导型治理模式、集体主导型治理模式、私人治理模式、多中心治理模式及"四位一体"治理模式。但理论分析是否能得到实践的检验有待验证，本节选择小型农田水利作为研究对象，通过实地调研，分别对不同产权下的小型农田水利契约缔结关系和小型农田水利治理模式进行案例检验，以期为我国农田水利治理提供有益参考。

一、小型农田水利治理契约缔结的案例分析

（一）案例选择

本小节基于"三权分置"背景，选取三个小型农田水利设施治理的案例分别来自湖南省慈利县溪口镇、汉寿县龙阳镇和娄星区石井镇。溪口镇地处山地区，位于张家界市慈利县西南部，具有耕地 13500 亩，水田 9400 亩，岗头村土地流转程度较低，小型农田水利设施的占用者以小农户为主导，属于集体产权；龙阳镇地处平原湖区，位于常德市汉寿县境中部，辖 12 个社区、28 个行政村，华诚蔬菜专业合作社的土地流转进程高于岗头村，小型农田水利设施的占用者以小农户和新主体共存的形式存在，是产权转移下的混合产权结构；石井镇地处丘陵区，位于娄底市娄星区西郊，耕地面积共 15800 亩，其中，水田面积 10250亩，下辖 16 个行政村，208 个村民小组，涟水河自西向东蜿蜒流淌，水资源较丰富，康尔生态农业科技有限公司土地流转程度较高，小型农田水利设施的占用者以新主体为主导，是产权转移下的混合产权结构。选择的三个地区天然禀赋和人格化禀赋差异明显，有利于研究不同禀赋和产权结构下的小型农田水利设施治理契约缔结。三个案例的内容与资料来源于 2016 年 6～12 月、2018 年 8～10 月的实地调研、访谈。

（二）案例分析

1. 溪口岗头村小型农田水利治理——弱显性强隐性契约

溪口镇岗头村位于九渡溪流域中下游，全村 9 个村民小组，总人口 1098 人，有效耕地面积 1560 亩，农作物以种植水稻、玉米为主，主要依靠溪水、山塘水和天降雨水来灌溉。岗头村的小型农田水利资源系统形成于大集体经济时期，包括小水渠 2 条，山塘 14 口，田间配套小沟渠若干。岗头村地处山区，承包地块分散，协调整合难度大，"三权分置"改革在岗头村影响甚微，农地经营权流转较少，新型农业经营主体缺乏，小型农田水利资源系统的占用者由各村民小组的小农户组成，政府和村集体为提供者，该村小型农田水利所有权和管理权由村集体拥有，小农户拥有使用权。这种产权结构明确了政府、村集体和小农户获取小型农田水利资源价值的行为准则和契约关系联结。小型农田水利的公共池塘资源属性决定了政治契约存在于政府与村集体、政府与小农户之间，虽然政治契约没有明文规定，但赋予各自对小型农田水利的权利和责任①。由于政府不可能获取村集体和小农户可能行为的完全而准确信息，政府与村集体签订了操作契约，政府委托村集体采取相关行动监督小农户，并提供"小农水"项目资金，村集体的工资根据当年年终粮食产量来确定。村集体作为所有权和管理权的产权主体，内含行政权力，具备管理小型农田水利的行为能力，与农户之间缔结配额契约，明确为农户积极申请项目资金和奖励性补贴并提供组织灌溉服务，小农户执行日常维护、清淤及修缮任务。另外，岗头村种田能手 Z 拥有较高的农业生产技能②，具备较强的组织协调能力，基于小型农田水利使用权的激励性，依靠在村民小组中的威望带领其他村民在固定时间段使用水、按照固定顺序取水、约定时间维修清淤，这种借由熟人和人情关系产生的信任，对小农户个体存在潜在的监督与约束作用，以非正式制度形成关系契约（见图 6-8）。

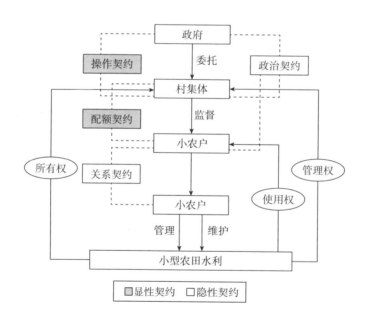

图 6-8 岗头村小型农田水利治理——弱显性强隐性契约

注：实线表示产权结构，虚线表示契约选择。

---

① 政治契约存在于每一种契约关系中，且其产生的交易成本可忽略不计。

② 文中所涉及的具体人名均作化名处理。

随着国家取消农业税，岗头村村集体失去了向小农户收取"三提五统""共同生产费"等费用的权利，缺乏管护小型农田水利的积极性，逐渐退出管护主体行列，增大了小农户偷懒的可能性，政府的监督成本和村集体组织成本增加，使操作契约和配额契约交易成本增加。另外，由于熟悉和认识，所以关系契约是"准自愿遵守"的，小农户因能够"互惠"而可以自动执行①。因此，岗头村小型农田水利关系契约交易成本明显低于操作契约和配额契约交易成本，契约强度小于1，表现为弱显性强隐性契约关系（见表6-1）。岗头村在弱显性强隐性契约关系组合下，关系契约不存在违约金的制裁，小农户在面对短期利益与声誉之间的权衡取舍时倾向于选择前者，导致用水纠纷时常发生，农户灌溉效益低。

表6-1　小型农田水利治理：禀赋特征、产权结构与契约选择情况

占用者 组合方式	以小农户为主导	小农户与新型农业 经营主体共存	以新型农业经营主体为主导
禀赋特征	提供者：政府 占用者：小农户	提供者：政府、合作社 占用者：合作社、小农户	提供者：政府、康尔公司 占用者：康尔公司
产权结构	所有权、管理权归村集体，小农户拥有使用权	所有权归政府，管理权归合作社，使用权共享	所有权归村集体，管理权归康尔公司，使用权共享
契约类型	显性：操作契约、配额契约；隐性：政治契约、关系契约	显性：操作契约、市场契约；隐性：政治契约、关系契约	显性：操作契约、组织契约；隐性：政治契约、关系契约
契约强度	小于1	等于1	大于1
契约选择	弱显性强隐性	中显性中隐性	强显性弱隐性

2. 龙阳华诚小型农田水利治理——中显性中隐性契约

龙阳镇华诚蔬菜专业合作社（以下简称"合作社"）成立于2008年4月，主要种植辣椒、茄子、冬瓜、白菜等10多个品种，核心成员由理事长、副理事长、监事长和若干理事等组成。2014年底，合作社在"三权分置"政策响应下，以租赁的方式向周边小农户流转土地300亩用于扩大蔬菜基地，同时与周边小农户签订蔬菜产销合同，小农户按合同规定的标准提供蔬菜数量和质量，合作社统

---

① 因为第二个占用者的存在阻止了第一个占用者延长时间的企图，第一个占用者的存在阻止了第二个占用者提早开始的企图，因而占用者之间诸如此类的长期重复博弈过程的监督成本低。

一生产计划、农资供应、品种搭配、技术指导、品牌营运和产品销售。

2015 年，合作社在政府财政资金支持下新建了 140 亩喷灌、360 亩滴灌以及120 条水沟等设施，灌溉面积可达 700 亩，形成一套兼具准公共物品和私人物品特征的小型农田水利资源系统，占用者由合作社和小农户组成的团队构成，政府和合作社是提供者。村集体退出小型农田水利治理主体格局，产权结构因此发生改变，所有权归政府所有，管理权由合作社拥有，合作社与小农户共同享有使用权，为政府、合作社和小农户缔结不同契约奠定了基础。所有权产权主体与合作社、小农户分别签订操作契约，规定合作社与小农户提供后续管护服务，管护效果良好即获得政府管护资金。拥有管理权的合作社为了争取更多的政府政策优惠，依据市场工资水平与小农户达成市场契约①。合作社履行提供技术指导，定期公开水存储量、水沟疏浚流通情况等信息，小农户不定期投工投劳参与维护，获得合作社按市场价格支付的 80 元/天的工资。此外，合作社是以村民小组为单位成立的农民组织，小农户处在一定的社会关系网络之中，容易取得合作社核心成员的信任，获取信息便利，有利于减少机会主义行为，双方缔结的关系契约能更好地促进小型农田水利治理集体行动的发生（见图 6-9）。

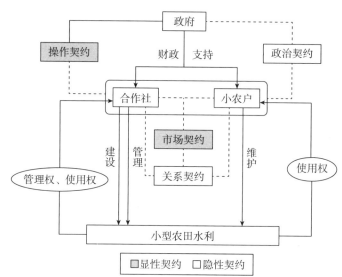

图 6-9 华诚合作社小型农田水利治理——中显性中隐性契约

注：实线表示产权结构，虚线表示契约选择。

---

① 市场契约是新主体与小农户在市场交易中签订的具有法律约束力的合同。

由于合作社规模较大、成员相对稳定、组织架构等内部运行机制完善，操作契约和市场契约的交易成本均降低。操作契约、市场契约、政治契约和关系契约在华诚蔬菜专业合作社的小型农田水利治理中产生了很好的协同性，显性契约与隐性契约相对平衡，各自的交易成本相当，可认为契约强度等于1，故表现为中显性中隐性契约关系（见表6-1）。合作社在中显性中隐性契约关系组合下，双方有序使用小型农田水利设施、合理分配用水量，小农户获得了合作收益，合作社蔬菜种植经济效益明显，现拥有"目平湖""龙阳华诚"两大品牌，产品销往全国及缅甸、泰国、马来西亚等地。

3. 石井康尔公司小型农田水利治理——强显性弱隐性契约

石井镇康尔生态农业科技有限公司（以下简称"康尔公司"）是2016年6月2日在娄底工商局登记注册的农业企业，注册资本1598万元，经营生态水稻、生态蔬菜、生态鱼和生态鸭，设有散养水产区和休闲垂钓区，是生态种养殖基地、科研成果孵化基地和三产交叉融合的现代农业公司。

2013年康尔公司以800元/亩的价格流转土地400亩，在"三权分置"改革推动下，经村集体协调，2016年以相同价格流转土地800亩，公司基地面积达1200亩。在签订土地流转合同时，将土地范围内的2条水渠、3口山塘、5口水井和26条水沟的使用权一并流转，成为此小型农田水利系统的占用者，并和政府一起成为提供者。小型农田水利设施所有权仍归原村集体，管理权由康尔公司承接，进行基地小型农田水利治理，康尔公司负责人N是石井镇本地人，与基地以外的小农户（以下简称"外围小农"）关系契约依然存在，外围小农可无偿使用康尔公司管理的小型农田水利。政府与康尔公司签订操作契约，明确政府通过"以奖代补""先建后补"方式提供建管护项目资金，并以生态农产品质量监测结果作为康尔公司违约的制裁方式[1]，如果检测结果不合格，那么就无法获得政府项目资金补助；康尔公司承担新修排水沟、加固水井、加深山塘和疏浚渠道等管护责任，并接受村集体监督。康尔公司作为管理权的实施主体，根据公司章程、运营管理、财务管理等企业规章制度产生组织契约[2]，成立劳动小组，聘任技术员C担任小组长，定期巡视并组织组员开展小型农田水利设施维护工作，并

---

[1] 生态农产品对水质要求非常高，而确保水质良好的途径之一就是管理好生产区的农田水利资源系统，故可作为违约的制裁方式。

[2] 组织契约是新主体根据组织结构等形成的正式制度安排。

按康尔公司财务部门标准支付组长和组员工资。同时每季度开表彰大会表扬积极维护小型农田水利的组员，对消极维护的组员予以批评并处罚金（见图6-10）。

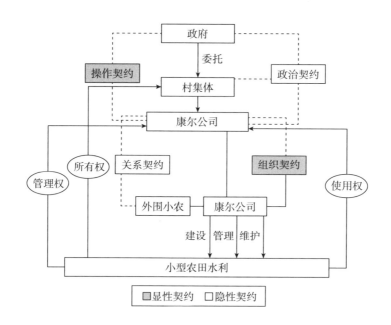

图6-10　康尔公司小型农田水利治理——强显性弱隐性契约

注：实线表示产权结构，虚线表示契约选择。

　　康尔公司建立了完善的正式控制机制，职业化管理程度更高，容易实施对缔约双方有利的合同条款，操作契约和组织契约的交易成本大大降低。在一体化管理制度下，康尔公司与外围小农之间关系契约的约束能力不够，外围小农"得寸进尺"心理增强，从而增加矛盾，使关系契约交易成本上升，因此，关系契约交易成本大于操作契约和组织契约交易成本，契约强度大于1，表现为强显性弱隐性契约关系（见表6-1）。康尔公司在强显性弱隐性契约关系组合下，操作契约和组织契约稳定性强、履约效果好，农田水利治理绩效提高，生态产品质量达标，经济效益、生态效益和社会效益明显。

　　（三）小结

　　本小节基于三个不同禀赋特征和产权结构下小型农田水利治理契约缔结的典型案例分析，验证了前文提出的治理逻辑，即不同产权结构导致不同的契约缔结。

1. 案例分析发现的两个问题

第一，"三权分置"改革出现的新主体改变了"两权分离"时期小型农田水利治理主体格局，新主体成为主要的占用者和提供者，重新调整了所有权、管理权和使用权的产权结构。

第二，土地流转程度越高的地区，新主体在占用者组合中主导能力越强，小型农田水利显性契约对隐性契约的替代程度越高，契约选择按照弱显强隐、中显中隐、强显弱隐契约组合关系演变，小型农田水利治理绩效越好。

2. 根据研究结论得到的三点建议

第一，契合禀赋特征，厘清小型农田水利治理逻辑。对于占用者以小农户为主导的主体格局，主要是增强小农户间的信任程度；对于占用者是新主体与小农户共存的主体格局，需要平衡协调好政府、新主体和小农户的利益关系；对于占用者以新主体为主导的主体格局，关键是发挥好新主体管护的示范带动作用。

第二，着力"三权分置"问题，明晰小型农田水利产权结构。加快农地产权改革进程，界定和保护好不同禀赋特征下小型农田水利设施所有权、管理权和使用权，规范产权交易与流动，明确各产权主体权利与责任，加大财政支持以提高产权主体参与小型农田水利治理积极性。

第三，把握契约强度，推动小型农田水利契约显性化。完善新主体内部制度建设，提高组织化程度，以降低显性契约交易成本，增大契约强度，促进契约显性化的动态演进，提升小型农田水利整体治理水平。

二、山地丘陵区农田水利产权治理模式的案例分析

山地丘陵区作为我国粮食生产的重要产地，其农田水利设施表现为较强的地域性公共性，剖析山地丘陵区农田水利产权结构及治理模式运行，有利于保障我国粮食安全、农业增效和农民增收。本书基于上述分析框架并借鉴已有的研究成果，对湖南省张家界市进行实地调查，分析山地丘陵区农田水利产权治理模式的运行，试图有效解决山地丘陵区农田水利产权治理中建设、管理与维护脱节，农民用水的"最后一公里"问题。

（一）资料来源

张家界市地处云贵高原隆起与洞庭湖沉降区接合部，是典型的山地丘陵区，

境内农田水利设施主要以灌渠、水库、山塘为主。2015~2016年笔者深入湖南省张家界市南山坪乡、宜冲桥乡、溪口镇、金岩土家族自治乡、三家馆乡以及茅溪水库进行实地调研,并与地方政府、农田水利管理单位、村集体和农民就山地丘陵区农田水利产权治理及运行模式进行交流,依据调查地农田水利的不同产权结构,进而衍生的治理模式差异,笔者认为,张家界市农田水利产权治理主要有政府主导型、集体主导型、用水户参与式、农户私人治理四种典型模式。

(二)政府主导型治理模式

茅溪水库位于永定区尹家溪镇,属于山地丘陵区的中型水库,汇水面积308平方公里,正常库容5050万立方米。茅溪水库建设始于20世纪70年代中期,建成后归大庸县(现永定区)政府拥有所有权,并由1980年成立的二级单位茅溪水库管理处行使管理和监督权利,农户拥有茅溪水库的使用权,库水主要用于尹家溪镇柏家村、犀牛村等水库周边村庄的农田灌溉,有效灌溉面积4.6万亩。茅溪水库的日常维护由茅溪水库管理处和农户共同进行,水库管理与维护经费由国家财政承担,农户通过"一事一议"进行投工投劳,形成了国家所有并投资建管的政府主导型治理模式(见图6-11)。

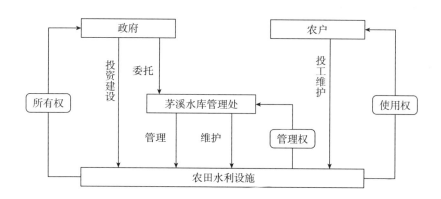

图6-11 政府主导型治理模式运行

(三)集体主导型治理模式

九渡溪流域中段拦河水坝——金岩土家族自治乡南坪渠、南山坪乡胜天水库南北干渠和骨干塘均兴建于20世纪60年代,在实施家庭联产承包责任制时期,慈利县政府将其所有权和管理权全权委托给农田水利设施所在的村集体,农户拥有灌渠、水库和骨干塘的使用权。在税费改革前，农田水利设施管理、监督和维护的经费由乡政府和村集体以"两金"（公积金和公益金）和"两工"（义务工和积累工）形式筹措，在后税费时期，其费用主要由政府"小农水"项目资金、村集体筹措和"一事一议"形式的农户投工投劳构成。形成了集体所有与管理、村组和农户共同维护的集体主导型治理模式（见图6-12）。

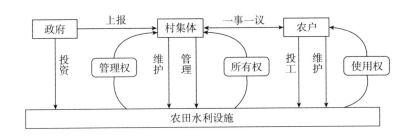

图6-12　集体主导型治理模式运行

（四）用水户参与式治理模式

三家馆乡位于永定区西部，境内农田水利设施主要以水库、干渠、支渠和山塘为主。2014年三家馆乡政府对漩水水库灌溉区内的云盘塔村、漩水村等11个村庄组织并成立三家馆乡用水户协会，由主管农业的副乡长担任理事长，水利管理站站长担任副理事长，村支书担任理事，自愿加入协会的用水户为会员。在用水户协会成立后，漩水水库仍归政府所有，将管理权移交给用水户协会，由协会负责灌区的日常管理和用水监督，水库的使用权由农户拥有，有效灌溉面积达1.45万亩。漩水水库灌区的管理、监督和维护经费主要由政府"小农水"项目资金、政府补贴、协会会员会费和农户的投工投劳构成。形成了政府所有、用水户协会管理、协会和农户共同维护的用水户参与式治理模式（见图6-13）。

（五）农户私人治理模式

溪口镇同盟村、岗头村、和爱村、立功村、里仁村等村庄位于九渡溪中下游，兴建于大集体经济时期的农田水利设施曾经以小微型拦河坝和山塘为主，2002年税费改革后，随着"两金"和"两工"的取消，加之政府"小农水"项目的缺乏，农田水利设施逐步荒废，造成灌溉系统"线断、网破"，该地区农业灌溉主要依靠农户自筹资金，通过打井、挖堰、小水泵抽水等小微型水利设施维

持。形成了小微型农田水利设施所有权、管理权与使用权"合一"的农户私人
治理模式（见图6－14）。

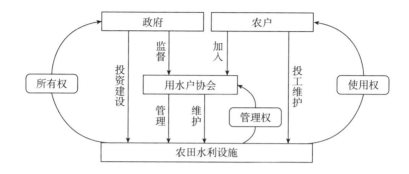

图6－13 用水户参与式治理模式运行

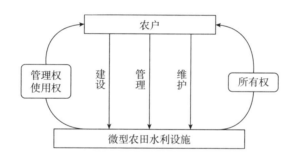

图6－14 农户私人治理模式运行

（六）张家界市农田水利产权治理模式比较

张家界农田水利产权治理模式具有山地丘陵区的典型特征，尽管政府和集体
主导型治理模式共同体现了政府与集体的所有权与管理权，但缺乏对成员的有效
激励，监督"缺位"，加之农田水利设施主体间的信息不对称，使拥有使用权的
农户在农田水利设施维护过程中，缺少投工投劳的积极性，"搭便车"行为普
遍，造成"管护瓶颈"，没有有效解决农业用水的"最后一公里"问题。虽然用
水户参与式治理模式将管理权向用水户协会下移，但水费征收交易成本高，农户
私人治理模式解决了"最后一公里"问题，却又造成了农田水利产权治理的
"九十九公里"问题（见表6－2）。此外，随着农村土地"三权分置"改革和新

型农业经营主体的培育，山地丘陵区传统治理模式都缺乏考虑"小农"与新型农业经营主体长期共存的事实，更没有利用"互联网＋"把适度规模经营下的新型农业经营主体融入农田水利的"建、管、护"环节中。

表6-2　张家界市农田水利产权治理模式比较

		政府主导型治理模式	集体主导型治理模式	用水户参与式治理模式	农户私人治理模式
形成时期		20世纪70年代	20世纪60年代	党的十八大时期	后税费时期
产权结构	所有权	永定区政府	村集体	三家馆乡政府	农户
	管理权	茅溪水库管理处	村集体	用水户协会	农户
	使用权	农户	农户	农户	农户
经费与用工		国家财政农户投工投劳	"小农水"项目资金村集体筹措农户投工投劳	"小农水"项目资金政府补贴协会会费用水户投工投劳	农户自有资金
困境		监督"缺位"，"搭便车"普遍，"最后一公里"问题		水费征收交易成本高	"九十九公里"问题

第三节　本章小结

本章基于相关理论，构建了农田水利产权契约与治理的逻辑框架，并通过小型农田水利的案例进行检验，结论有以下七点：

第一，对于不同禀赋特征下的农田水利，其治理的制度规则不同，各治理主体获取或占用的资源单位不同，农田水利的产权结构有所区别，即所有权、管理权和使用权归属于不同产权主体。

第二，产权是一种特殊的契约，现实中交易费用的存在使治理主体之间的契约是不完全契约，选择何种形式的显性契约和隐性契约组合的前提是交易费用最小化，以达到约束条件下的帕累托最优。

第三，当农田水利体现"强公共资源"特征时，农田水利以集体产权形式出现，关键在于选择合适的代理人；如果代理人为二级水管单位，构建强显性弱隐性契约的政府主导型治理模式；如果代理人为村集体，构建弱显性强隐性契约的集体主导型治理模式。

第四，当农田水利体现弱"公共资源"特征时，农田水利以私有产权形式出现，应强调组织与个人的"自我价值"实现，构建弱显性强隐性契约的私人治理模式。

第五，当农田水利体现一般"公共资源"特征时，农田水利以混合产权形式出现，强调治理主体间的监督与合作，理应构建中显性中隐性契约的多中心治理模式。

第六，在产权转移下，构建一个以政府主导、中间组织（村集体或协会）监督协调、新型农业经营主体与小农户为中心、"互联网＋"为信息循环网的强显性弱隐性契约的"四位一体"治理模式。

第七，小型农田水利治理案例分析表明，"三权分置"改革出现的新主体改变了小型农田水利治理主体格局，重新调整了所有权、管理权和使用权的产权结构。此外，土地流转程度越高的地区，新主体在占用者组合中主导能力越强，小型农田水利显性契约对隐性契约的替代程度越高，契约选择按照弱显强隐、中显中隐、强显弱隐契约组合关系演变，小型农田水利治理绩效越好。

第七章　农田水利产权契约与治理的绩效评价及影响因素分析

农田水利对我国粮食安全、农业增效、农民增收起到重要作用。自 2004 年以来，中央一号文件聚焦于"三农"，特别是 2008 年中央一号文件以突出抓好农业基础设施为重点，2011 年中央一号文件明确提出把农田水利作为农村基础设施建设的重点任务，2016 年通过的《农田水利条例》进一步强调加强农田水利管护、明确主体职责、节约用水、科学灌溉，2017 年中央一号文件将农田水利列为补短板的重要领域，2018 年中央一号文件又将农田水利作为夯实农业生产能力基础的重要内容，推进农田水利设施提标达质。中央一系列聚焦"三农"的文件加大了农田水利的投资，"十二五"期间全国水利投资创历史新高，建设投资达到 2 万亿元，使农田水利设施增量和存量不断增长，但这是否表明农田水利治理绩效就高呢？治理绩效是否存在区域性差异呢？中央政府如何评价和有效激励农田水利产权主体？这些问题都涉及农田水利产权的契约与治理绩效问题。研究绩效评价问题主要采用层次分析法、模糊综合评价法、人工神经网络评价法、灰色综合评价法、数据包络分析法及它们的合成等等。有鉴于此，本章在前人的研究基础上，利用数据包络分析方法（Date Envelopment Analysis，DEA）从静态和动态角度对农田水利治理绩效进行分析，分析供给侧结构性改革背景下湖南省农田水利治理绩效及其建议等。

第一节　农田水利产权契约与治理的绩效评价

农田水利治理效率是农田水利资源的最优配置，在得到既定产出的条件下，农田水利投入是否最少，力求以最少的投入获得最大的产出。农田水利治理是一个与经济、生态和社会息息相关的系统，其产出也应该从经济、生态和社会三方面来衡量，本节将治理效率分为经济效率、生态效率和社会效率，其中，农田水利治理的经济效率是指治理主体在创造自身效益的同时，也能促进农业收入和粮食产量的提高；生态效率是指水生态空间得到有效保护，水生态系统功能和服务价值显著提升；社会效率是强化农田水利的基础性和公益性，解决好乡村水问题，确保农村饮水安全。事实上，农田水利治理效率的实现最终取决于农田水利治理中诸种投入要素的经济效率（速水佑次郎，2002）。测量效率的方法有很多，数据包络分析方法（DEA）是基于"相对效率"概念评价相同类型决策单位的相对有效性或效益，在多个领域得到了广泛应用，陈洪转（2009）、吴平（2012）等利用数据包络分析方法（DEA）模型分析了广东省21个市、24个粮食主产区的农村水利投入产出效率，并建议各地区可以考虑建立专门针对农田水利的科研基金，发明、引进和推广各种节水、排涝技术，提高农田水利设施的利用效率。华坚等（2013）、叶文辉等（2014）分别采用超效率DEA模型和DEA - TOBIT两阶段法分析了我国农业大省地区的农村水利基础建设投入产出效率。俞雅乖（2013）使用数据包络分析方法（DEA）实证分析表明，我国农田水利财政支出效率区域性差距明显，东部地区财政支出效率和管理水平最高，中部地区次之，西部地区最低。现有研究不仅通过DEA分析农田水利投资效率、运营效率和财政支出效率，同时也进一步分析了农田水利效率的区域差异及其影响因素，为本节提供了可供借鉴的研究思路和分析方法。但是对于农田水利治理效率及其区域差异，尤其是契约对治理效率的影响研究还比较少见。因此，本节基于全国31个省份2008～2017年农田水利治理建、管、护环节的相关数据，运用数据包络分析法（DEA）分析各省农田水利治理效率及差异，运用Tobit模型实证分析契约对农田水利治理效率的影响，并据此对全国农田水利治理效率提高提出相应的政策建议。

一、模型选择

数据包络分析（DEA）是一种评价多种投入和产出综合效率问题的有效方法，最典型的是基于规模报酬可变的 BCC 模型，假设 DEA 模型中有 n 个决策单元（DMU），每个决策单元都有 m 种投入和 s 种产出，其中，投入表示所消耗的资源，产出则表示投入的资源所产生的成效，投入导向下的 BCC 模型为：

$$\min |\theta - \xi(e^T s^- + e^T s^T)|$$

$$\text{s. t.} \begin{cases} \sum_i^n \lambda_i x_i + s^+ = \theta_{x_0} \\ \sum_i^n \lambda_i y_i - s^- = y_0 \\ \sum_i^n \lambda_i = 1 \\ s^- \geqslant 0, s^+ \geqslant 0, \lambda_i \geqslant 0, 0 \leqslant \theta \leqslant 1 \end{cases} \qquad (7-1)$$

在式（7-1）中，x_0 和 y_0 分别表示决策单元（DMU）的 m 项投入和 s 项产出，λ_i 为投入和产出的权向量，表示决策单元的组合系数，θ、s^+、s^- 是评价效率的主要指标，θ 表示效率评价指数，s^+ 与 s^- 表示松弛变量。当 $\theta < 1$ 且 s^-、s^+ 不全为 0 时，则决策单位无效率；当 $\theta = 1$，且 s^-、s^+ 有一个不为 0 时，则决策单元为弱有效；当 $\theta = 1$，且 $s^- = 0$、$s^+ = 0$ 时，则决策单元有效率，说明农田水利设施产出处在生产前沿面上，即在现有产出情况下不需要再增加或减少投入。

曼奎斯特生产率指数是由 Malmquist 于 1953 年通过距离函数来定义的，根据 Fare 等（1994）的研究成果，距离函数是技术效率的倒数（Farrell，1957），可以测量某个决策单元不同时期的全要素生产率的变化。用 t 时期和 $t+1$ 时期的 Malmquist 生产率指数的几何平均值来衡量 TFP 的变化，即：

$$M_0(X_{t+1}, Y_{t+1}; X_t, Y_t) = \left[\frac{D_0^t(X_{t+1}, Y_{t+1}/C)}{D_0^t(X_t, Y_t/C)} \times \frac{D_0^{t+1}(X_{t+1}, Y_{t+1}/C)}{D_0^{t+1}(X_t, Y_t/C)} \right]^{1/2}$$

$$(7-2)$$

其中，式（7-2）表示生产点 (X_{t+1}, Y_{t+1}) 对应于生产点 (X_t, Y_t) 的生产率，在规模报酬 C 不变的情况下，Malmquist 生产率指数可以被分解为技术效率（Technical Efficiency Change，TEC）的变化与技术进步（Technology Progress，TP）的变化两个部分；在规模报酬 C 可变的情况下，技术效率变化指数可以分解为纯技术效率变化指数（Pure Technical Efficiency Change，PTEC）与规模效率变化指数（Scale Efficiency Change，SEC）。如果 $M_0 > 1$，说明 TFP 生产率处于增长态势；如果 $M_0 < 1$，说明 TFP 生产率处于降低态势；如果 $M_0 = 1$，说明 TFP 生产率不变。类似地，当 TP = 1 时，表明不存在技术进步；当 TP > 1 或 <1 时，表明存在技术进步或技术退步。当 TEC = 1 时，说明技术效率无变化；当 TEC > 1 或 <1 时，说明技术效率提高或下降。

由于 DEA 模型得到的效率值只考虑到了投入产出变量值的影响，未能将其他因素考虑在内。另外，DEA 模型测算出的治理效率服从下限为 0 的截断型分布，采用最小二乘法进行回归会导致有偏性和不一致性，因此，本书采用可以处理截断数据的 Tobit 模型进行回归。Tobit 模型最早由 Tobin 在 1958 年提出，是因变量介于 0 ~ 1 的截尾数据时的回归。为进一步探寻农田水利治理效率的影响因素，利用 BCC 模型测算出的综合技术效率值为因变量，选取农田水利设施禀赋特征为自变量，用 Tobit 模型进行第二阶段的影响因素分析。Tobit 模型的标准形式为：

$$Y_i = \begin{cases} \beta_0 + \sum_{t=1}^{n} \beta_t x_t + \mu_t, \beta_0 + \sum_{t=1}^{n} \beta_t x_t + \mu_t > 0 \\ 0, \beta_0 + \sum_{t=1}^{n} \beta_t x_t + \mu_t \leqslant 0 \end{cases} \qquad (7-3)$$

其中，Y_i 表示实际因变量，即第 i 个 DMU 的效率值；x_t 表示自变量；β_0 表示常数项；β_t 表示自变量的回归系数；μ_t 表示独立的误差干扰项，且服从 N（0，σ^2）的正态分布。针对 DEA 效率值数据两边删截的特点，可将 Tobit 模型修正为更一般的形式，即：

$$Y_i = \begin{cases} 0, Y_i \leqslant 0 \\ \beta_0 + \sum_{t=1}^{n} \beta_t x_t + \mu_t, 0 < Y_i < 1 \\ 1, Y_i \geqslant 1 \end{cases} \qquad (7-4)$$

二、指标设计

本章的目的在于揭示我国农田水利治理绩效、区域差异及其农田水利治理绩效的影响因素。农田水利治理是一个与经济、生态和社会息息相关的系统，评价指标的确定应同时兼顾这三个方面的综合考虑。根据农田水利治理内容和指标构建的科学性、可比性、可行性等原则，结合投入产出关系，选取三个投入量、三个产出量来构建农田水利治理效率评价指标体系，包括2个一级指标、6个二级指标和6个三级指标（见表7-1）。一级指标是指投入指标和产出指标。

表7-1　农田水利治理效率评价指标体系

一级指标	二级指标	三级指标	单位
投入指标	资金投入	农林水事务支出	亿元
	劳动力投入	第一产业从业人员	万人
	技术投入	排灌机械数量	万台
产出指标	经济绩效	粮食产量	万吨
	生态绩效	有效灌溉面积	千公顷
	社会绩效	农村饮水安全人口	万人

农田水利治理关系到农业生产发展、农民收入提高和农村生态环境改善，指标体系的确定需兼顾以上考虑。农田水利治理是建设、管理和维护的综合性活动，每一阶段、每一环节都需要资金投入、劳动力投入和技术投入，治理的目的是改善农业生产条件，稳定粮食产量。一般而言，按照指标选取可比性、可行性和科学性的原则，鉴于样本的代表性和数据的完整性以及各类统计年鉴编制口径的不一致性，本书借鉴宋敏等（2017）、何平均等（2014）、叶文辉等（2014）、俞雅乖（2013）的研究，投入指标选择农林水事务支出、第一产业从业人员和排灌机械数量。由于农田水利管护资金没有宏观统计，建设资金不能体现治理，故选择农林水事务支出作为农田水利治理的资金投入；第一产业从业人员是农田水利的直接需求者和受益者，同时也是农田水利建管护的主要劳动力投入；除了资金和劳动力以外，技术也是农田水利提档升级的关键，排灌机械投入了高效节水灌溉技术以及其他核心关键技术，因此，选用排灌机械数量作为农田水利治理的技术投入。对农田水利治理的投入，能扩大有效灌溉面积，提高粮食产量，同时解决农村饮水安全问题，因此，选择粮食产量、有效灌溉面积和农村饮水安全人口作为产出指标。

三、数据说明

从 2004 年开始，我国中央一号文件再次聚焦"三农"，对农民增收、农业发展和农村建设指明了方向，农业基础设施成为补齐农业农村发展短板的重要抓手。因此，理应以 2004 年作为数据选取的起点，由于年鉴数据残缺，除中国香港、中国澳门和中国台湾之外，本节还选取 2008～2017 年全国 31 个省份面板数据为决策单元。另外，为了更好地分析我国农田水利治理效率区域差异情况，将全国 31 个省份划分为东部、中部和西部地区①（见表 7-2）。根据这一分类，本节将进一步分析我国各地区农田水利治理效率，对各个不同的地区进行比较分析，以更好地利用地区禀赋条件促进农田水利治理效率。本节投入产出的原始数据均来源于 2009～2018 年《中国统计年鉴》《中国农村统计年鉴》《中国水利年鉴》《中国水利统计年鉴》和各省份统计年鉴。对于个别统计数据的缺失，笔者采用指数平滑法进行补充。

表 7-2　我国东、中、西部省份划分

地区	个数（个）	省份
东部	11	北京、天津、河北、辽宁、上海、江苏、浙江、福建、山东、广东、海南
中部	8	山西、吉林、黑龙江、安徽、江西、河南、湖北、湖南
西部	12	广西、内蒙古、重庆、四川、贵州、云南、西藏、陕西、甘肃、青海、宁夏、新疆

四、农田水利治理效率测度及结果分析

（一）基于 BCC 模型的各地区治理效率分析

基于投入导向下的 BCC 模型，运用 DEAP2.1 软件测算出我国 31 个省份东部、中部和西部的农田水利治理的综合技术效率、纯技术效率、规模效率和规模报酬。综合技术效率反映各地区农田水利治理的总体效率，只有纯技术效率与规

---

① 根据全国人大六届四次会议通过的"七五"计划，东部地区包括北京、天津、河北、辽宁、上海、江苏、浙江、福建、山东、广东、海南 11 个省份；中部地区包括山西、内蒙古、吉林、黑龙江、安徽、江西、河南、湖北、湖南、广西 10 个省区；西部地区包括四川、贵州、云南、西藏、陕西、甘肃、青海、宁夏、新疆 9 个省区。1997 年全国人大八届五次会议决定设立重庆市为直辖市，并将其划入西部地区，2000 年国家制定的"西部大开发"中享受政策优惠的地区又增加了内蒙古和广西，由此，西部地区增加到 12 个省份。

模效率达到最优值才可实现综合技术效率最佳状态。纯技术效率则反映各省份对农田水利设施治理投入要素是否达到最优配置，规模效率是指农田水利设施治理在投入一定的条件下，决策单元生产规模是否接近最优规模。本节接下来汇报2008～2017年我国农田水利治理综合技术效率平均值的变化趋势（见图7-1）和2017年我国各地区农田水利治理的综合效率值、纯技术效率值、规模效率值和规模报酬（见表7-3）。

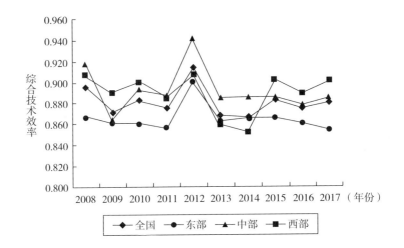

图7-1 2008～2017年全国及各省份农田水利治理综合技术效率变化趋势

表7-3 2017年我国各地区农田水利投入产出效率及规模报酬

地区		综合技术效率	纯技术效率	规模效率	规模报酬
东部	北京	1	1	1	—
	天津	0.858	1	0.858	irs
	河北	0.937	0.941	0.996	drs
	辽宁	0.844	0.91	0.927	irs
	上海	0.503	1	0.503	irs
	江苏	1	1	1	—
	浙江	1	1	1	—
	福建	0.921	0.95	0.969	irs
	山东	0.968	1	0.968	drs
	广东	1	1	1	—
	海南	0.362	0.83	0.436	irs
	平均值	0.854	0.966	0.878	

续表

地区		综合技术效率	纯技术效率	规模效率	规模报酬
中部	山西	1	1	1	—
	吉林	0.926	0.956	0.968	irs
	黑龙江	1	1	1	—
	安徽	1	1	1	—
	江西	0.582	0.650	0.896	irs
	河南	1	1	1	—
	湖北	0.665	0.704	0.945	irs
	湖南	0.913	0.919	0.994	drs
	平均值	0.886	0.904	0.975	
西部	内蒙古	0.760	0.763	0.995	irs
	广西	0.937	0.967	0.969	irs
	重庆	1	1	1	—
	四川	1	1	1	—
	贵州	0.858	0.887	0.968	irs
	云南	0.952	1	0.952	drs
	西藏	0.587	1	0.587	irs
	陕西	0.964	0.980	0.984	irs
	甘肃	0.911	0.931	0.979	drs
	青海	1	1	1	—
	宁夏	0.837	1	0.837	irs
	新疆	1	1	1	—
	平均值	0.901	0.961	0.939	
平均值		0.880	0.944	0.931	

从图 7-1 可以看出，总体上我国农田水利治理的平均综合效率维持在 0.881 左右，处于中高等水平，仍有进一步提高的空间。从趋势上来看，除 2012 年有较大上升外，我国农田水利治理的平均综合效率在 2008~2017 年呈现略微下降的变化趋势。从 2008 年的 0.895 逐渐上升到 2012 年的 0.914，后回落到 2017 年的 0.880，总体上来说，综合技术效率下降了 1.68 个百分点。同时，我国东中西部农田水利综合治理效率上升均出现在 2012 年，说明自 2011 年中央一号文件颁布以来，国家加大农田水利投入力度，不仅加大建设投入夯实基础，在农田水利

管理和维护方面也狠抓落实，提升管理水平，这对农田水利治理效率的提高起到了明显作用。从东、中、西各地区农田水利治理效率来看，中部地区农田水利治理的综合效率高于全国平均水平，东部地区低于全国平均水平，与全国的变化趋势相同，且每年相差不大；西部地区综合技术效率与全国平均水平的差值波动大，2008 年略高于全国平均水平，2012 年效率值稍下调低于全国平均水平，2015 年又上升至全国平均水平之上。这表明我国农田水利治理效率呈现出区域差异，这与东、中、西部经济发展水平、政策体制完善程度以及农田水利设施禀赋特征、资源配置有关。

在表 7-3 中，以 2017 年为代表，把我国东部地区、中部地区和西部地区农田水利治理效率汇总，由表可知，北京、江苏、浙江、广东、山西、黑龙江、安徽、河南、重庆、四川、青海和新疆 12 个省份达到 DEA 治理有效，其中，东中西部三大区域各有 4 个省份达到了 DEA 治理有效，说明这 12 个省份达到了投入产出的最优规模。其余省份均为非 DEA 有效，其农田水利治理的投入产出有待优化提高。从综合技术效率来看，东、中部地区治理效率水平相当，西部地区综合技术效率最高，分别高于东、中部 5.46% 和 1.67%。从纯技术效率角度来看，天津、上海、山东、云南、西藏、宁夏的纯技术效率达到 1，但其规模效率小于 1，表明其投入要素的配置合理，使用效率达到最优，但投入规模和产出不匹配，没有达到规模经济，因此，规模效率对这些省份农田水利治理效率的影响程度更大。此外，东部地区的纯技术效率依次高于西部和中部地区，说明东部较中西部地区而言，其农田水利资源配置的效率更高。从规模效率角度来看，除天津、上海、海南、江西、宁夏和西藏以外，其余省份的规模效率都在 0.9 以上，说明我国农田水利治理总体上的投入产出规模是有效的，但存在地区差异。中部地区的规模效率最高，达到 0.975；其次是西部地区，达到 0.939，而东部地区的规模效率值为 0.878，主要原因是上海和海南的规模效率为 50% 左右，出现了严重的投入产出规模不匹配。另外，东部、中部和西部地区的规模不变率分别为 36.36%、50%、33.33%，东部、中部和西部地区的规模递增比例分别为 45.45%、37.50% 和 50%，东、中、西部地区规模递减比例分别为 18.18%、12.50% 和 16.67%，表明东部、中部和西部地区都存在投入规模不够和超额投入并存，需从资源配置的优化、管理方面进行改进以提高效率。

（二）基于 Malmquist 指数法的各地区农田水利设施治理效率分析

根据投入导向的 Malmquist 生产率指数模型，运用 DEAP2.1 软件，对 2008～

2017 年我国东部、中部和西部的序列数据进行 Malmquist 生产率指数分析，得到了分年份和分省份的全要素生产率指数及其分解结果（见表 7 - 4 和表 7 - 5）。

表 7 - 4　2008 ~ 2017 年我国农田水利治理分年份 TFP 指数及分解

年份	技术效率变化指数	技术进步指数	纯技术效率变化指数	规模效率变化指数	全要素生产率变化指数
2008 ~ 2009	0.971	0.861	0.972	1	0.837
2009 ~ 2010	1.017	0.943	1.018	1	0.960
2010 ~ 2011	0.990	0.938	1.004	0.986	0.928
2011 ~ 2012	1.049	0.907	1.033	1.015	0.951
2012 ~ 2013	0.937	1.021	0.978	0.958	0.957
2013 ~ 2014	0.998	1.028	1.005	0.993	1.026
2014 ~ 2015	1.019	0.957	1.013	1.006	0.975
2015 ~ 2016	0.989	0.947	0.993	0.996	0.936
2016 ~ 2017	1.006	0.977	0.999	1.006	0.983
平均值	0.997	0.952	1.002	0.995	0.940

表 7 - 5　2008 ~ 2017 年我国各地区农田水利治理分省份 TFP 指数及分解

地区		技术效率变化指数	技术进步指数	纯技术效率变化指数	规模效率变化指数	全要素生产率变化指数
东部	北京	1.025	1.023	1.023	1.001	1.049
	天津	1.003	1.004	1	1.003	1.007
	河北	0.993	0.922	0.993	1	0.916
	辽宁	0.998	0.977	1.001	0.996	0.975
	上海	0.926	0.975	1	0.926	0.903
	江苏	1	0.975	1	1	0.975
	浙江	1	0.964	1	1	0.964
	福建	0.991	0.928	0.994	0.997	0.919
	山东	1.023	0.925	1	1.023	0.947
	广东	1.020	0.925	1.010	1.010	0.943
	海南	0.97	0.962	1.006	0.965	0.933
	平均值	0.995	0.962	1.002	0.993	0.957

地区		技术效率 变化指数	技术进步 指数	纯技术效率 变化指数	规模效率 变化指数	全要素生产率 变化指数
中部	山西	1.005	0.975	1.002	1.003	0.98
	吉林	0.993	0.988	0.995	0.998	0.98
	黑龙江	1	0.971	1	1	0.971
	安徽	1	0.908	1	1	0.908
	江西	0.954	0.960	0.962	0.991	0.916
	河南	1	0.888	1	1	0.888
	湖北	1.016	0.908	1.013	1.003	0.923
	湖南	1	0.913	0.995	1.005	0.913
	平均值	0.996	0.939	0.996	1.000	0.935
西部	内蒙古	0.976	1.021	0.976	1.001	0.997
	广西	1.017	0.892	1.021	0.997	0.907
	重庆	1.014	0.944	1.004	1.010	0.958
	四川	1.006	0.911	1	1.006	0.916
	贵州	1.013	0.893	1.016	0.997	0.904
	云南	0.995	0.93	1	0.995	0.925
	西藏	0.950	1.024	1	0.950	0.973
	陕西	1.038	0.939	1.036	1.002	0.975
	甘肃	1.002	0.965	1.004	0.998	0.967
	青海	1	0.982	1	1	0.982
	宁夏	0.984	0.987	1	0.984	0.971
	新疆	1	0.958	1	1	0.958
	平均值	1.000	0.954	1.005	0.995	0.953
平均值		0.997	0.952	1.002	0.995	0.949

由表 7 - 4 可知，从整体来看，2008～2017 年技术效率变化指数均值为 0.997，表明 2008～2017 年我国农田水利治理技术效率降低 0.3 个百分点。技术进步指数均值为 0.952，退步了 4.8 个百分点，表明技术进步和创新是农田水利有效治理的关键因素，这也进一步说明将来农田水利的有效治理依赖新的技术创新。2008～2017 年，农田水利治理的技术效率变化在 2008～2009 年、2010～2011 年、2012～2013 年、2013～2014 年、2015～2016 年均小于 1，分别下降了

2.9%、0.9%、6.3%、0.2%、1.1%，其中，2013年技术效率下降速度最快，2009年是由纯技术效率下降引起的，2011年和2014年是由规模效率下降引起的，2013年和2016年是由纯技术效率和规模效率下降共同引起的，其余年份的技术效率变化均大于1。纯技术效率变化指数平均增长率为0.2%，说明这10年各地在农田水利投入资源配置方面取得了成就，其中，在2010~2012年、2014~2015年呈现增长态势，其余年份都是负增长。规模效率变化指数下降0.5%，2011年、2012年、2013年、2014年规模效率分别下降1.4%、4.2%、0.7%和0.4%。总的来说，我国农田水利治理既有效率损失，同时存在技术进步的现象，这说明农田水利治理在对现有投入要素配置、投资结构与规模等方面还不太成功，表明要提高农田水利治理效率，除了要重视技术进步以外，还应大力推进水利科技创新，突出关键技术、前沿技术、现代工程技术、实用技术创新，促进水利科技成果转化和推广，资源配置和规模报酬也是未来农田水利治理的突破口。

由表7-5可知，从我国三个地区总体水平来看，2008~2017年全要素生产率变化指数值平均值小于1，从各省份的TFP指数来看，除北京、天津分别增长4.9%和0.7%以外，其余省份均为下降趋势，平均下降率达到了5.1%，这主要是技术进步指数和技术效率变化指数共同下降的结果。全要素生产率变化指数下降最快的是上海、广西、安徽、贵州，分别下降了9.7%、9.3%、9.2%、9.6%，分析其原因，上海、广西、安徽、贵州的技术进步变化指数相比其他省份是较低的，所以其农田水利治理全要素生产率变化主要是技术进步指数偏低的结果。技术进步水平的不同使各地区的TFP指数增长存在显著差异，东部、中部和西部地区全要素生产率变化指数分别为0.957、0.935和0.953，东部地区实现效率最高。从规模效率变化指数来看，东部地区和西部地区的平均水平小于1，中部地区等于1，说明在现有的技术水平和投入下，只有中部地区的产出达到了最优规模。从纯技术效率变化指数来看，只有中部地区小于1，说明中部地区农田水利资源没有得到最优配置，设施的管理没有得到明显改善并且存在衰退趋势，现有的农田水利设施没有得到充分的利用，纯技术效率阻碍了TFP指数的增长。在各项分解指数中，技术进步指数下降最快，各省份的平均下降率为4.8%，说明农田水利治理效率的下降主要是技术进步变化指数的结果。

第二节　农田水利产权契约与治理的影响因素分析

前文从静态和动态两方面测度了 2008～2017 年我国 31 个省份的农田水利治理效率，发现各省份之间农田水利治理效率变化差异明显。因此，本节进一步对影响农田水利治理效率的关键因素进行实证分析。对于影响农田水利治理绩效的因素，除了上述引入的对治理效率有直接影响的三个投入变量外，在农田水利治理现实条件和总结文献的基础上，根据本书的分析框架，选取两个待分析的影响因素：

第一，关键变量——契约。由于经济领域的市场化就是主体间契约关系的普遍化过程（熊清华、聂元飞，1998），为反映契约对农田水利设施治理效率的影响，鉴于数据的可获得性，本节用市场化程度这一变量近似替代契约化程度。借鉴邓若冰（2012）的做法，使用农林牧渔业产值中非农产值所占的比重以及非农收入占总收入的比重来衡量市场化程度，权重各占 1/2，比值越大，说明当地契约化程度越高，越有利于农田水利治理效率的提高。

第二，控制变量。农田水利治理效率体现在粮食产量的提高和有效灌溉面积的增大上，因此，选取粮食播种面积、水资源总量、自然灾害成灾面积三个变量作为控制变量。粮食播种面积越大，越容易形成规模经济，国家出于粮食安全的考虑，会加大农田水利基础设施配套和管护，从而在一定程度上影响治理效率。水资源越紧缺，农田水利设施维护得越差，治理效率越低。农业自然灾害越严重，越不利于农田水利设施治理效率的提高。此外，本节以中部地区为基准，引入东部（D1）和西部（D2）两个虚拟变量。根据前文的假设，基于面板数据进行随机性检验，为了确定采用何种模型更为恰当，通过 Hausman 检验发现原假设通过检验，即随机效应模型的基本假设得到满足，得到模型的具体形式如下：

$$Y_{it} = \alpha + \alpha^{T} + \beta_1 dm_{it} + \beta_2 \ln sag_{it} + \beta_3 \ln twr_{it} + \beta_4 \ln nda_{it} + \mu_i + \varepsilon_{it} \qquad (7-5)$$

在式（7-5）中，Y_{it} 表示综合技术效率得分，α 表示截距项，α^{T} 表示参数向量，β_i 表示自变量系数，μ_i 表示随机变量（随个体变化），ε_{it} 表示随机变量（随时间和个体而独立变化）。所有变量的具体计算方法见表 7-6：

表 7 - 6　变量的含义及测算

变量	符号	计算方法	单位	预期
农田水利治理效率	eff	运用 DEAP2.1 测算所得	—	因变量
市场化程度	dm	农林牧渔业产值中非农产值所占的比重和工资性收入占农民纯收入的比重	—	+
粮食播种面积	sag	粮食播种面积	万公顷	+ / -
水资源总量	twr	水资源总量	亿立方米	+
自然灾害面积	nda	自然灾害面积	千公顷	-

一、数据说明与描述性统计

运用 DEA - Tobit 模型实证分析农田水利治理效率的影响因素，所用的原始数据均来自于《中国统计年鉴》《中国农村统计年鉴》《水利发展统计公报》，对于个别统计数据的缺失，笔者采用指数平滑法进行补充。需要说明的是，由于统计口径的变化，从 2013 年起，农村居民人均纯收入由农村居民人均可支配收入这一指标代替，考虑到研究的规范性，被解释变量的值处于 0 ~ 1，市场化程度为百分比数据，因此，对这两项外的数据取自然对数，具体变量的统计性描述见表 7 - 7。样本期内以 2008 年为基期，"市场化程度"平均值为 0.439，最小值为 0.190，最大值为 0.690，变异系数为 0.190。控制变量中"粮食播种面积对数值"变异系数为 0.160，"水资源总量对数值"变异系数为 0.240，"自然灾害成灾面积对数值"变异系数为 0.390。

表 7 - 7　变量的描述性统计

变量	观测值	平均值	标准差	最小值	最大值
农田水利治理效率	310	0.881	0.146	0.360	1
市场化程度	310	0.439	0.086	0.190	0.690
粮食播种面积对数值	310	7.673	1.251	4.200	9.560
水资源总量对数值	310	6.090	1.487	2.130	8.470
自然灾害成灾面积对数值	310	3.885	1.548	- 1.170	6.610

二、Tobit 模型结果及分析

根据以上公式，利用 Stata14.1 软件对模型进行估计，结果见表 7 - 8。

表 7 - 8　我国农田水利治理效率影响因素实证结果

变量	回归系数	标准差	Z 检验值	P 值
dm	0.786**	0.323	2.430	0.015
$lnsag$	-0.010	0.037	-0.280	0.779
$lntwr$	-0.012	0.021	-0.550	0.582
$lnanda$	-0.014	0.012	-1.120	0.261
D1	-0.010	0.114	-0.090	0.927
D2	-0.077	0.106	-0.720	0.469
cons	1.424	0.379	3.750	0.000
Sigma_ u	0.204	0.034	6.050	0.000
Sigma_ e	0.117	0.007	17.680	0.000
rho	0.752	0.064		0.933
LR	216.820		.	0.000

注：*、**、***分别代表10%、5%和1%的显著性水平。

表 7 - 8 中模型结果显示，市场化程度是影响农田水利治理效率的重要因素，具体分析以下五个方面：

第一，市场化程度对农田水利治理效率有显著的正效应，弹性系数为0.786。一方面，说明市场化程度越高，农田水利治理效率越高。市场化程度越高的地区，契约越完备，越能有效发挥市场竞争机制的作用，有效传递农田水利设施的需求信息，促使治理效率的提高（李学，2009）。另一方面，契约越明确，契约在不同阶段的正外部性越明显，越能有效降低潜在的机会主义行为，契约的可执行性越高，违约率越低，从而有利于提高治理效率（张羽等，2012；夏春玉等，2015）。

第二，尽管粮食播种面积与农田水利治理效率呈负相关，但没有通过显著性检验，表明粮食播种面积越大，农田水利治理效率反而越低。可能原因是：虽然粮食播种面积越大，但有效灌溉面积增速缓慢，有的耕地仍然要"靠天吃饭"，使整体治理效率不高，换句话说，农田水利设施对粮食增产的贡献作用比不上粮食播种面积的增加（刘海英，2018）。因此，需要加强农田水利设施治理，提高农田水利设施在粮食增产中的作用。

第三，水资源总量对农田水利治理效率的影响为负，没有通过显著性检验，与预期相悖。可能的原因是：水资源总量越多，占用者在使用过程中越过度浪费水资源，导致农田水利设施超出了调节水资源的承载力，使其在防洪抗旱、蓄水排涝方面作用下降，从而治理效率降低。

第四，自然灾害成灾面积对农田水利治理效率具有显著的负效应，没有通过显著性检验，表明自然灾害成灾面积越大，农田水利设施治理效率越低，与预期相符合。农田水利设施无法抵抗严重的极端天气，且自然灾害对农田水利设施的破坏程度严重，后期维修成本大，不利于农田水利治理效率的提高。

第五，由表7-8可知，尽管东部地区和西部地区的系数均为负值，但都不具有统计上的显著性，这说明相对于中部地区，东部地区和西部地区农田水利治理效率越低，这正好印证了前文对农田水利治理效率的测度结果，即对于综合技术效率而言，中部地区高于东部地区和西部地区。可能原因是中部地区农业抗旱能力高，粮食需水压力也较小（康蕾等，2014），同时也容易形成规模经济，能促使农田水利设施得到充分利用。而东部地区规模效率低，政府的工作重心在非农业领域，西部地区大部分省（市、区）经济发展水平较低，加之农业的比较收益低，地方政府对农业投入较少，农田水利设施不完善，新建设施不多，已建设施年久失修，因而农田水利治理效率低下。

第三节　本章小结

基于全国31个省份的面板数据，运用DEA-BCC和Malmquist指数测度了我国农田水利治理效率，得出以下三个结论：

第一，我国农田水利治理效率总体上呈下降趋势，但2008~2017年我国农田水利治理效率存在显著的地区差异。就农田水利治理综合技术效率而言，中部地区的效率值最高，高于全国平均水平，而东部和中部效率值低于全国平均水平。

第二，从 2008～2017 年动态分析来看，我国各地区农田水利治理的全要素生产率指数年均下降 5.1%，呈现较缓下降的特征。各地区农田水利治理的全要素生产率高低依次是东部地区高于西部地区，西部地区高于中部地区，可能的原因是，相对于东西部，中部地区的技术进步指数最低，从侧面说明技术进步是影响农田水利治理的全要素生产率的关键。

第三，就影响因素而言，契约对农田水利治理效率有显著的正效应，粮食播种面积、水资源总量和自然灾害成灾面积对农田水利设施治理效率都产生正向或负向影响，但都不显著。

第四部分

第八章 农田水利产权契约与治理的案例分析

——基于湖南的调查

自 2011 年中央一号文件强调把农田水利作为农村基础设施建设的优先领域以来，我国对农田水利的建设投入不断加大，农田水利建设数量实现了快速增长。但在实践中，许多地方建成后的农田水利设施由于缺乏必要的后期管护，"重建轻管"等问题表现突出，致使许多农田水利设施利用效率低下。农户作为农田水利的重要产权主体，其满意度可作为农田水利设施利用效率高低的判断依据，随着农户需求的多元化，农村农田水利出现"供给瓶颈"，加上自然灾害的逐年加剧等，对于农户意愿度、满意度及制度规则的研究有了更加现实而迫切的要求，分析其影响因素显得尤为重要。农户对于农田水利设施治理的意愿度和满意度如何？治理绩效的影响因素又有哪些？制度规则影响农田水利治理绩效的程度如何？在第七章利用面板数据对全国农田水利设施治理效率进行了客观评价，但由于宏观数据重点关注的是各省份农田水利设施治理效率，可能会忽视微观视角的农田水利设施治理绩效，不能对现阶段影响农田水利治理绩效的因素进行有效分析。有鉴于此，本章利用湖南省的实地调查和统计数据，实证分析农田水利产权治理的农户意愿度和满意度及其影响因素，阐述制度规则对小型农田水利治理绩效的影响，从微观视角评价农田水利治理绩效，对政府制定农田水利治理政策具有参考价值。

第一节 农田水利治理的农户意愿度分析

一、理论分析及研究假说

作为理性农户，在面临多种选择机会时，他们会在一定的约束条件下选择能实现自身效用最大化的目标方案。对于农田水利建设，农户的决策模型可以表示为：

$$D(R) = P(F > 0) = P(I - C > R) \qquad\qquad (8-1)$$

在式（8-1）中，I 表示农户参与农田水利建设的预期收益，C 表示农户参与农田水利建设的预期成本，R 表示农户不参与农田水利建设的收益，F 表示预期净收益，P 表示农户参与农田水利建设的概率，$D(R)$ 表示农户参与农田水利建设的决策函数。农田水利设施具有典型的"准公共产品"性质，农户在其建设和维护过程中，有着和政府共同参与的合作意愿。借鉴朱红根等（2010）的方法，本书利用博弈模型对农户参与农田水利建设意愿的影响因素进行理论分析。

假设村庄内有 n 个农户，村庄内农户采取的策略性行为是选择参与或不参与农田水利建设。如果农户 i 采取合作行为，即参与农田水利建设，其相应的投入量为 h_i；如果农户 i 不参与农田水利建设，其投入量为 0。H 代表村庄农田水利设施总量，$H = \sum_{i}^{n} \gamma_i h_i + H_0 + G_0$，其中，$\gamma_i$ 表示单个农户参与农田水利建设对村庄农田水利设施总量的影响系数。农民的文化程度和劳动技能差异以及他们在农田水利建设方面的心理认知状况影响着农户参与农田水利建设的积极性，进而影响着村庄农田水利设施总量。因此，γ_i 受到农民个人特征和心理认知差异的影响。H_0 表示村庄原有的农田水利设施量，G_0 表示政府直接投入建成的农田水利设施量。

村庄内农户所面临的问题是：在政府和其他农户参与农田水利建设的策略性行为给定的情况下，在自身禀赋 $M_i = p_x x_i + p_h h_i$（假定农户的务农收入除用于农田水利建设投入之外，其余全部用于私人产品消费）的约束条件下，选择自己的

最优策略 (x_i, h_i)，以最大化其效用函数 $U_i = U_i (x_i, H)$。其中，x_i 为农户 i 消费的私人产品量；p_x 表示私人产品的价格；p_h 为农户 i 参与各项农田水利建设项目所承担的平均费用，可用其投入成本表示；M_i 为农户 i 的务农收入。

假定农户的效用函数可以表示成柯布－道格拉斯函数形式：

$$U_i = x_i^{\alpha} H^{\beta} \tag{8-2}$$

在式（8－2）中，α 和 β 分别表示私人产品消费量变化和农田水利设施消费量变化所引起的农户效用变化的比率（$0 < \alpha < 1$，$0 < \beta < 1$），分别反映私人产品和农田水利设施消费对于农户的重要性。由于私人产品消费和农田水利设施消费之间存在着替代关系，在农户收入一定的情况下，本书假定 $\alpha + \beta \leq 1$。

考虑到不同农户的收入水平与地理位置存在差异，结合农户效用最大化的拉格朗日条件，得到农户 i 参与农田水利建设的纳什均衡解，其反应函数为：

$$h_i^* = \frac{\beta}{\alpha + \beta} \frac{M_i}{p_h} - \frac{\beta}{\alpha + \beta} \frac{1}{\gamma_i} \left(\sum_{i=1}^{m} \gamma_i h_i + H_0 + G_0 \right) \tag{8-3}$$

在式（8－3）中，n 表示村庄内农户数量。考虑到私人产品消费和农田水利设施消费的相对重要性 λ 对农户参与农田水利建设的影响，令 $\lambda = \frac{\alpha}{\beta}$[①]，则式（8－3）可以进一步变形为：

$$h_i^* = \frac{1}{\lambda + 1} \frac{M_i}{p_h} - \frac{\lambda}{1 + \lambda} \frac{1}{\gamma_i} \left(\sum_{i=1}^{m} \gamma_i h_i + H_0 + G_0 \right) \tag{8-4}$$

式（8－4）对 λ 求导得：

$$\frac{\partial h_i^*}{\partial \lambda} = - \frac{1}{(\lambda + 1)^2} \left[\frac{M_i}{p_h} + \frac{1}{\gamma_i} \left(\sum_{i=1}^{m} \gamma_i h_i + H_0 + G_0 \right) \right] \tag{8-5}$$

根据式（8－3）和式（8－4）可以看出，一方面，农户的务农收入 M_i 越高，农户参与农田水利建设对村庄农田水利设施总量的影响系数 γ_i 越高，则农户越倾向于参与农田水利建设；进一步地，务农收入 M_i 受种粮收入占总收入的比重、种粮补贴与种粮投入的比例等农户家庭特征的影响；参数 γ_i 则主要受农

---

① λ 指私人产品消费和农田水利设施消费对于农户的相对重要性。$\lambda > 1$，即 $\alpha > \beta$，说明私人产品消费比农田水利设施消费对农户效用变化的影响大；λ 越大，农户参与农田水利建设的积极性越低。$0 \leq \lambda \leq 1$，即 $\alpha < \beta$，说明私人产品消费比农田水利设施消费对农户效用变化的影响小；λ 越小，农户参与农田水利建设的积极性越高。$\lambda = 1$，即 $\alpha = \beta$，说明私人产品消费和农田水利设施消费对农户效用变化的影响程度一致。

民的个人特征和心理认知状况的影响。另一方面，农户 i 参与各项农田水利建设项目所承担的平均费用 p_h 越高、村庄原有的农田水利设施量 H_0 越多、政府直接投入建成的农田水利设施量 G_0 越多，则农户越缺乏参与农田水利建设的积极性；进一步地，农户 i 参与各项农田水利建设项目所承担的平均费用 p_h 受劳动力短缺状况、资金不足状况等农户家庭特征的影响。由式（8－5）可以看出，私人产品消费与农田水利设施消费对于农户的相对重要性 λ 越大，农户越不愿意参与农田水利建设。

二、数据来源及样本农户的基本特征

（一）数据来源

本书数据来源于课题组 2016 年 7～8 月在湖南省长沙县、湘阴县、汉寿县、东安县、慈利县和保靖县的实地调查。选择这六个县进行调查主要是基于其区域经济发展水平差异和地理位置差异的综合考虑：长沙县、湘阴县和汉寿县地处环洞庭湖平原地区，经济发展水平较高；而东安县、慈利县和保靖县地处丘陵和山区，经济发展水平相对较低。这样就兼顾了具有不同地域特点的状况，有利于全面研究农户参与农田水利建设意愿的情况。调查内容包括农民的个人特征、农户的家庭特征、农民的心理认知状况、农户参与农田水利建设意愿情况（包括农户是否愿意参与农田水利建设？如果愿意参与，是以投工为主还是以投钱为主？）。调查采取发放农户问卷、实地走访座谈和查询所调查地区的统计年鉴等多种方式相结合的形式，在每个县随机选取 2 个乡（镇），再在每个乡（镇）随机选择 2 个村，最后在每个村随机抽取 20 户农户进行调查。调查共发放问卷 480 份，收回有效问卷 475 份，有效问卷回收率为 98.96%。

（二）样本农户的基本特征

样本农户具有以下基本特征（见表 8－1）：第一，受访农民的年龄平均为 54 岁，67.4% 的人有约 20 年以上的种粮经验，其文化程度以小学和初中水平为主，多数受访农民对自己的身体健康状况较为满意，认为自己身体健康状况处于"一般及以上"水平的农民约占 89.4%。第二，户均成年劳动力人数为 2.54 个，户均家庭人口数为 6.45 个，家庭人口负担系数约为 1.54；分别有 32.6% 和 41.1% 的农民认为，在家庭农业生产中经常存在着劳动力短缺和资金不足问题。第三，在家庭收入构成方面，多数农民种粮收入占家庭总收入的比重不足 50%，也就是说，种粮收入并不是样本农户家庭收入的主要来源，这一特征与中国农村居民的总体情况大致相符①。第四，尽管种粮补贴（包括粮食直补、良种补贴、农机补贴和农资综合补贴，下同）能提高种粮收益，但93.6%的样本农户所得种粮补贴额与种粮投入的比例不足20%，这表明，种粮补贴额与种粮投入的比例较低，对提高农民种粮积极性作用有限。总体来说，调查样本表现出调查地农村劳动力老龄化和短缺、农民种粮积极性不高的特征，具有一定的代表性。

表8-1 样本农户的基本特征

调查内容	选项	频数	百分比（%）
受访农民的文化程度	没有上学	25	5.3
	小学	175	36.8
	初中	180	37.9
	初中以上	95	20.0
受访农民的身体健康状况	差	50	10.6
	一般	165	34.7
	健康	260	54.7
家庭劳动力短缺状况	经常存在	155	32.6
	较少存在	210	44.2
	不存在	110	23.2
资金不足状况	经常存在	195	41.1
	较少存在	200	42.1
	不存在	80	16.8
种粮收入占总收入的比重	10%以下	55	11.6
	10%~30%	165	34.7
	30%~50%	130	27.4
	50%以上	125	26.3
种粮补贴与种粮投入的比例	10%以下	298	62.7
	10%~20%	147	30.9
	20%~30%	26	5.6
	30%以上	4	0.8

资料来源：根据调查问卷整理所得。

---

① 《中国统计年鉴》中相关数据显示，1990年、1995年、2000年、2005年、2010年和2015年，农村居民家庭农业（种植业）收入在人均纯收入中的比重分别为50.21%、50.67%、37.01%、33.72%、29.11%和18.0%。

三、模型设定与变量选取

（一）方法选取

农户参与农田水利建设的决策是两个阶段决策行为的有机结合。第一阶段的决策行为是农户决定是否愿意参与农田水利建设，第二阶段的决策行为是农户决定主要以何种方式（是以投工为主还是以投钱为主）参与农田水利建设。因此，本书采用 Heckman 两阶段决策模型对农户参与农田水利建设意愿的影响因素进行分析。很明显，第二阶段决策行为的发生以第一阶段农户决定参与农田水利建设为条件。记农户"不愿意参与 =0，愿意参与 =1"，结合前文的理论分析，有如下函数形式成立：

是否愿意参与农田水利建设 =f（个人特征，家庭特征，心理认知状况，随机扰动项1）

以投工为主还是以投钱为主 =f（愿意参与 =1；个人特征，家庭特征，心理认知状况，随机扰动项2）

上述函数中，随机扰动项1和随机扰动项2表示不同的随机影响因素。

（二）模型设定

记"以投工为主 =0，以投钱为主 =1"，则农户"是否愿意参与农田水利建设"和"以投工为主还是以投钱为主"这两个因变量都为二分类变量。因此，对于农户参与农田水利建设意愿两个阶段决策行为的影响因素，本书都选择建立二元 Logistic 模型来分析。其模型形式为：

$$P_i = F\left(\alpha + \sum_{j=1}^{n} \beta \chi_{ij}\right) = 1 / \left\{1 + \exp\left[-\left(\alpha + \sum_{j=1}^{n} \beta \chi_{ij}\right)\right]\right\} \qquad (8-6)$$

对式（8-6）取对数，得到 Logistic 回归模型的线性表达式为：

$$\ln\left(\frac{P_i}{1-P_i}\right) = \beta_0 + \beta_1 x_{i1} + \beta_2 x_{i2} + \cdots + \beta_j x_{ij} + \cdots + \beta_m x_{im} \qquad (8-7)$$

在式（8-6）和式（8-7）中，P_i 表示某件事发生的概率，在第一阶段的决策行为中，指农户愿意参与农田水利建设的概率，即"愿意参与 =1"发生的概率；在第二阶段的决策行为中，指农户以投钱为主方式参与农田水利建设的概率，即"以投钱为主 =1"发生的概率。

x_j（$j = 1$，2，3，…，m）

表示上述三类因素中的第 j 个自变量，m 表示自变量的个数。β_0 表示常数，

β_j（$j=1$，2，3，…，m）为自变量回归系数，可以通过最大似然估计法求得。

（三）变量选取

本书主要从农民的个人特征、农户的家庭特征及农民的心理认知状况三个方面选取变量。相关变量的含义、赋值与描述性统计分析结果见表 8 – 2。

1. 农民个人特征方面

本节选取农民的年龄、文化程度、身体健康状况三个变量来反映其个人特征。预期农民年龄越大（由于缺乏技能和体力下降等原因），越倾向于参与农田水利建设，且越有可能以投钱为主的方式参与。农民文化程度越高，越能充分认识到农田水利建设的重要性，收入也可能越高，从而他们参与农田水利建设的意愿可能越强。在投入形式上，由于文化程度越高的农民收入可能越高，以投工为主的方式参与农田水利建设的机会成本也越高，因而，他们越可能以投钱为主的方式参与其中。不过，农民文化程度越高，也越可能进行兼业或从事其他非农经营活动，因而他们参与农田水利建设的意愿也可能越低。因此，文化程度的影响方向不确定。农民身体健康状况越差，其农业生产对农田水利设施的依赖性越强，因而他们越愿意参与农田水利建设；在寻求其他赚钱机会受到限制的情况下，他们投工参与农田水利建设的机会成本越小，也越有可能以投工为主的方式参与。

2. 农户家庭特征方面

本节选取家庭劳动力短缺状况、资金不足状况、种粮收入占家庭总收入的比重、种粮补贴与种粮投入的比例四个变量来反映农户的家庭特征。预期家庭劳动力越短缺，资金越充足，农户越愿意参与农田水利建设，且越可能倾向于以投钱为主的方式参与。种粮收入占家庭总收入的比重与农田水利设施状况关系密切，该比重越高，说明粮食生产在农户家庭收入来源中地位越重要，则该农户越可能参与农田水利建设，但会以何种方式参与难以确定。种粮补贴影响到农民的种粮积极性，其与种粮投入的比例越大，越能激励农户参与农田水利建设；由于种粮补贴以现金形式发放这一比例越大，农户越有可能以投钱为主的方式参与农田水利建设。

3. 农民心理认知状况方面

本节选取农民对现阶段农田水利设施整体状况的评价、农田水利建设对农业生产的重要程度、农田水利建设的费用更应由谁负担、自然灾害对农业生产的影响程度和政府对农田水利建设的投入情况五个变量来反映农民参与农田水利建设方面的心理认知状况。就前四个变量的影响而言，如果农民认为现阶段农田水利设施整体状况较好，表明现阶段农田水利设施条件已经能够基本满足他们农业生产的要求，那么其参与农田水利建设的积极性就会较弱；如果农民觉得农田水利建设对农业生产很重要，那么其参与农田水利建设的意愿可能较强；如果农民认为农田水利建设的费用更应由政府负担，那么他们会较不愿意参与农田水利建设；如果农民认为自然灾害对农业生产的影响越严重，由于农田水利设施是农业生产的基本条件，那么他们越会倾向于参与农田水利建设。在农户选择参与农田水利建设的情况下，由于以何种方式参与只受农民的个人特征、农户的家庭特征和政府对农田水利建设的投入情况的影响，因此，在第二阶段决策行为影响因素的分析中，本书没有将上述四个变量纳入模型。就政府对农田水利建设的投入情况的影响而言，由于政府对农田水利建设投入时常常要求农民配套自有资金，预期政府对农田水利建设直接投入的资金越多，农民越有可能产生"搭便车"想法而降低参与建设的意愿；不过，农户也有可能受政府政策的良性引导而更加认识到农田水利建设的重要性，从而提高参与意愿，但以何种方式参与则难以确定（见表8-2）。

表8-2 模型解释变量选择及描述性统计分析

变量	含义及赋值	平均值	标准差	预期方向	
				阶段1	阶段2
一、农民个人特征					
年龄（X_1）	按户主的实际年龄计算（岁）	54.000	10.376	+	+
文化程度（X_2）	没有上学=1；小学=2；初中=3；初中以上=4	2.726	0.863	+或-	+
身体健康状况（X_3）	差=1；一般=2；健康=3	2.442	0.762	-	-
二、农户家庭特征					
家庭劳动力短缺状况（X_4）	经常存在=1；较少存在=2；不存在=3	2.074	0.742	+	+
资金不足状况（X_5）	不存在=1；较少存在=2；经常存在=3	2.242	0.722		
种粮收入占家庭总收入的比重（X_6）	10%以下=1；10%~30%=2；30%~50%=3；50%以上=4	2.684	1.039	+	+或-

续表

变量	含义及赋值	平均值	标准差	预期方向	
				阶段1	阶段2
种粮补贴与种粮投入的比例（X_7）	10%以下=1；10%～20%=2；20%～30%=3；30%以上=4	1.419	1.096	+	+
三、农民心理认知状况					
农民对现阶段农田水利设施整体状况的评价（X_8）	较差=1；一般=2；较好=3；很好=4	1.821	0.795	—	——
农田水利建设对农业生产的重要程度（X_9）	不重要=1；一般=2；比较重要=3；很重要=4	3.598	0.648	+	——
农田水利建设的费用更应由谁负担（X_{10}）	自己=0；政府=1	0.821	0.384	—	——
自然灾害对农业生产的影响程度（X_{11}）	没有影响=1；一般=2；比较严重=3；很严重=4	2.495	0.739	+	——
政府对农田水利建设的投入情况（X_{12}）	没有=1；有，但不多=2；有=3	1.905	0.727	+或−	+或−

四、模型估计结果与分析

利用调查数据，本书运用 SPSS16.0 统计软件对农户参与农田水利建设意愿的影响因素进行 Logistic 回归分析，回归结果见表 8-3。从模型的回归结果来看，第一阶段决策模型和第二阶段决策模型分析的预测准确率分别达到 84.7% 和 86.3%，表明模型判别精度较高；同时，从对模型整体的拟合优度检验结果来看，两个模型的卡方检验值分别为 208.802 和 26.844，所对应的概率值远小于 1%，Nagelkerke R^2 分别为 0.790 和 0.441，表明模型整体拟合效果良好，回归分析所得结果可以作为分析和判断各影响因素作用方向和大小的依据。

（一）农民的个人特征对农户参与农田水利建设意愿的影响

"农民文化程度"对农户是否愿意参与农田水利建设和农户以何种方式参与农田水利建设都有显著的正向影响。农民文化程度在第一阶段决策模型中通过了 10% 统计水平的显著性检验且其系数为正，表明农民文化程度越高，其参与农田水利建设的意愿越强，与预期相符。统计结果也证明了这一点。文化程度为"没有上学"的农民样本中，有参与农田水利建设意愿的人仅占 60%；而在文化程度为"小学""初中""初中以上"的农民样本中，这一比例分别为91.4%、97.2%和100%，呈明显上升态势。在第二阶段决策模型中，农民文化程度这一变量通过了1%统计水平的显著性检验，表明文化程度越高的农民越愿意以投钱为主的方式参与农田水利建设。统计结果显示，在愿意以投钱为主的方式参与小农田水利建设的样本中，文化程度为"初中"及"初中以上"的农民占到了71.4%。

"农民身体健康状况"对农户是否愿意参与农田水利建设有显著的正向影响，而对农户以何种方式参与农田水利建设有显著的负向影响。虽然农民身体健康状况在第一阶段决策模型中通过了10%统计水平的显著性检验，但其影响方向与预期不符。可能的原因是，身体健康的农民，经营的农田面积大，因而对农田水利设施依赖性较强；而对于身体健康状况差的农民，难以从事农业生产，其生活来源主要是子女供给、政府补助以及其他，因而他们对农田水利设施依赖性较弱。统计结果表明，在身体健康的农民样本中，有农田水利建设参与意愿的人占90.4%；而在身体健康状况差的农民样本中，这一比例仅为66.7%，比前者少了23.7个百分点。在第二阶段决策模型中，农民身体健康状况通过了5%统计水平的显著性检验且其系数为负，表明农民身体健康状况越好，越会选择以投工为主的方式参与农田水利建设。统计结果显示，在愿意以投工为主的方式参与农田水利建设的样本中，身体健康状况为"健康"和"一般"的农民所占比例分别为54.7%和36.0%，而身体健康状况为"差"的农民仅占9.3%。

尽管农民年龄对农户以何种方式参与农田水利建设有显著的正向影响，但对农户是否愿意参与农田水利建设影响不显著。在第二阶段决策模型中，农民年龄通过了10%统计水平的显著性检验且其系数为正，表明农民年龄越大，越倾向于选择以投钱为主的方式参与农田水利建设；反之，农民年龄越小，越倾向于选择以投工为主的方式参与农田水利建设。统计结果显示，在愿意以投钱为主的方式参与农田水利建设的样本中，35岁以下的农民只占到了7.1%，35~50岁的农民所占比例为35.7%，而50岁以上的农民占到了57.2%。在第一阶段决策模型中，农民年龄影响不显著的原因可能在于：一是课题组在设计调查问卷时没有对年龄进行分段；二是随着年龄的增长，农民从事农业生产的能力可能逐渐丧失，因而对农田水利设施的依赖性逐渐减弱，因而并不像前文预期的那样：农民年龄越大，农户越倾向于参与农田水利建设。

（二）农户的家庭特征对农户参与农田水利建设意愿的影响

种粮补贴与种粮投入的比例对农户是否愿意参与农田水利建设以及农户以何种形式参与农田水利建设都有显著的正向影响。在两个阶段决策模型中，这一变量均通过了 10% 统计水平的显著性检验且其系数为正，这表明，种粮补贴与种粮投入的比例越大，农户越倾向于参与农田水利建设，且越倾向于以投钱为主的方式参与农田水利建设，这一结果与前文预期一致。由于种粮补贴可以被看作政府的间接引导投入，同时对农户的家庭收入也能起到补充作用，因而对农户参与农田水利建设具有激励作用。统计结果也显示，种粮补贴与种粮投入的比例为 5% ~ 10% 、10% ~ 20% 、20% ~ 30% 和 30% 以上的样本中，分别有 65% 、70% 、75% 和 90% 的农户表示愿意参与农田水利建设，分别有 64.0% 、65.3% 、78.3% 和 94.4% 的农户表示愿意以投钱为主的方式参与。由此可以看出，随着种粮补贴与种粮投入的比例的上升，愿意参与农田水利建设和愿意以投钱为主的方式参与的农户所占比例都呈逐渐上升趋势。

"家庭劳动力短缺状况"对农户是否愿意参与农田水利建设有显著的负向影响，但对农户以何种方式参与农田水利建设无显著影响。在第一阶段决策模型中，这一变量通过了 5% 统计水平的显著性检验且其系数为负，表明家庭劳动力越短缺，农户参与农田水利建设的意愿越强。统计结果也显示，在愿意参与农田水利建设的样本中，认为家庭劳动力短缺状况"经常存在""较少存在"和"不存在"的农户所占比例分别为 44.0% 、32.0% 和 24.0% 。由于劳动力短缺的不足可以通过农田水利设施的完善得到一定程度的弥补，完善的农田水利设施可以对农业生产起到事半功倍的效果，所以，家庭劳动力越短缺的农户，越倾向于通过参与农田水利建设来提高其农业生产能力和农业生产效率。在第二阶段决策模型中，这一变量影响不显著，其原因可能是劳动力短缺的农户若生活贫困，入不敷出，权衡之下只能作出以投工为主的方式参与农田水利建设的选择；而对于家庭劳动力充足的农户，如果其家庭劳动力从事非农产业能获得更多的收益，那么，他们就会选择以投钱为主的方式参与农田水利建设。

"种粮收入占家庭总收入的比重"对农户是否愿意参与农田水利建设有显著的正向影响，但对农户以何种方式参与农田水利建设无显著影响。在第一阶段决策模型中，这一变量通过了 10% 统计水平的显著性检验且其系数为正，表明种粮收入占家庭总收入的比重越大，农户越倾向于参与农田水利建设。统计结果也显示，种粮收入占家庭总收入比重为50%以上的样本中，有90%的农户愿意参与农田水利建设；而这一比重为30%～50%、10%～30%和10%以下的样本中，愿意参与农田水利建设的农户依次只占81.8%、73.1%和72.7%，呈逐渐下降的态势。在第二阶段决策模型中，这一变量影响不显著，其原因可能是种粮收入占家庭总收入的比重越大，并不意味着农户可利用资金越多，因而对其选择以何种方式参与农田水利建设影响有限。

资金短缺状况对农户是否愿意参与农田水利建设以及农户以何种方式参与农田水利建设影响都不显著。在第一阶段决策模型中，这一变量没有通过显著性检验且其影响方向与预期不符。其可能的原因有两点：第一，如果资金只是在满足农户基本生存的情况下充足，农户则不会选择参与具有"准公共产品"特征的农田水利建设；第二，如果资金的充足状况达到相对较高水平，农户就可以利用手头充裕的资金进行非农方面的投资，以进一步增加个人收益、提高生活水平，而不一定用来参与农田水利建设。在第二阶段决策模型中，这一变量没有通过显著性检验，其原因可能是受自身"小农意识"的局限，农民的现金偏好和机会主义行为并存，使资金的多少对农户以何种方式参与农田水利建设影响不明显。

（三）农民的心理认知状况对农户参与农田水利建设意愿的影响

"农民对现阶段农田水利设施整体状况的评价"显著负向影响农户是否愿意参与农田水利建设。这一变量通过了1%统计水平的显著性检验且系数为负，表明农民对现阶段农田水利设施整体状况评价越好，农户参与农田水利建设的积极性越弱，与前文预期一致。而调查结果显示，有82.1%的农民认为现阶段农田水利设施整体状况"较差"和"一般"，在这些农民中愿意参与农田水利建设的分别占92.9%和82.9%；而在认为现阶段农田水利设施整体状况"较好"和"很好"的农民中，这一比例分别仅为70.3%和66.7%，呈逐渐下降的趋势。

"农田水利建设对农业生产的重要程度"显著正向影响农户是否愿意参与农田水利建设。这一变量通过了1%统计水平的显著性检验，系数为正，表明农民认为农田水利建设对农业生产越重要，其参与建设的意愿就越强，与预期相符。调查结果显示，有90.3%的农民认为农田水利建设对农业生产"比较重要"和"很重要"，这说明，绝大多数受访农民都认识到了农田水利建设对农业生产的重要性，这十分有利于农田水利设施的完善。

"自然灾害对农业生产的影响程度"显著正向影响农户是否愿意参与农田水

利建设。这一变量通过了10%统计水平的显著性检验且其系数为正，表明农民认为自然灾害对农业生产的影响越严重，就越有可能参与农田水利建设，与预期一致。对农民来说，自然灾害对农业生产的影响越大，他们就越倾向于通过参与农田水利建设来增强抵抗自然灾害的能力，降低生产风险。从调查结果来看，有93.6%的农民认为自然灾害对粮食生产有一定影响，这从侧面说明，农户对农田水利建设会比较重视。

"农田水利建设的费用更应由谁负担"在模型中未通过显著性检验，对农户是否愿意参与农田水利建设影响不显著。调查结果显示，有82.1%的农民认为，农田水利建设的费用更应由政府负担，但在被问及"以后是否会参与农田水利建设"时，有93.6%的农民表示愿意参与。这一变量影响不显著的原因可能有两点：第一，农田水利设施的"准公共产品"特征，加大了农民的机会主义行为倾向；第二，由于政府投入的相关建设资金有限，而农民考虑到农田水利设施对自身的重要性，不得不选择参与农田水利建设。

"政府对农田水利建设的投入情况"在两个阶段决策模型中均没有通过显著性检验，对农户是否愿意参与农田水利建设以及农户以何种形式参与农田水利建设影响都不显著。这一变量对农户是否愿意参与农田水利建设影响不显著的原因可能是，如果政府只是直接以投钱的形式参与农田水利建设，农民就会产生"搭便车"的思想，形成参与农田水利建设的惰性；但是，如果政府在提供资金支持的同时还加强对农田水利建设政策的宣传，强调"谁受益，谁参与"，则农民在农田水利建设方面的主人翁意识就会增强，他们参与农田水利建设的积极性就会提高，从而形成正和博弈。在第二阶段决策模型中，这一变量对农户以何种方式参与农田水利建设影响不显著的原因可能是随着生活水平的提高，农户手中的资金日益增多，即使政府的资金投入再多，农户也愿意以投钱为主的形式参与农田水利建设（见表8-3）。

表8-3 农户参与农田水利建设意愿影响因素的模型估计结果

变量	第一阶段			第二阶段		
	估计系数	Wald 值	发生比例	估计系数	Wald 值	发生比例
农民个人特征						
1. 年龄	0.017	0.186	1.016	0.044*	2.688	1.045

续表

变量	第一阶段			第二阶段		
	估计系数	Wald 值	发生比例	估计系数	Wald 值	发生比例
2. 文化程度	1.617*	2.913	3.741	1.385***	18.012	3.995
3. 身体健康状况	0.528*	2.463	1.851	-0.638*	3.727	0.529
农户家庭特征						
4. 家庭劳动力短缺状况	-1.095*	5.392	0.335	0.027	0.007	1.027
5. 资金不足状况	1.475	1.335	0.427	-0.169	0.236	0.845
6. 种粮收入占家庭总收入的比重	0.549*	2.697	0.578	0.158	0.591	1.171
7. 种粮补贴与种粮投入的比例	0.524*	2.806	1.689	0.394*	2.741	1.483
农民心理认知状况						
8. 农民对现阶段农田水利设施整体状况的评价	-3.057***	8.210	0.064	—	—	—
9. 农田水利建设对农业生产的重要程度	1.894***	10.777	6.608	—	—	—
10. 农田水利建设的费用更应由谁负担	-1.852	1.883	0.157	—	—	—
11. 自然灾害对农业生产的影响程度	1.378*	2.481	3.278	—	—	—
12. 政府对农田水利建设的投入情况	0.365	0.240	1.491	0.228	0.477	1.257
常数项	3.177	1.190	23.975	-5.143**	5.901	0.006
预测准确率	84.7%			86.3%		
对数似然值	54.594			128.077		
样本数量（个）	475			445		
愿意参与的样本所占比例（%）	93.7			—		
以投钱为主的样本所占比例（%）	—			27.2		

注：＊＊＊、＊＊、＊分别表示在1%、5%、10%的水平下显著。

五、小结

研究以湖南省粮食主产区的 475 户农户为调查样本，通过建立两阶段的二元 Logistic 模型实证分析了农户参与小型农田水利建设意愿的影响因素，得出了如下结论：在农户是否愿意参与农田水利建设第一阶段的决策模型中，农民的"文化程度""身体健康状况""种粮收入占家庭总收入的比重""种粮补贴与种粮投入的比例""农田水利建设对农业生产的重要程度""自然灾害对农业生产的影响程度"显著正向影响农户是否愿意参与农田水利建设；"家庭劳动力短缺状况"和"农民对现阶段农田水利设施整体状况的评价"显著负向影响农户是否愿意参与农田水利建设；而农民的"年龄""资金不足状况""农田水利建设的费用更应由谁负担""政府对农田水利建设的投入情况"影响不显著。农户以何种方式参与农田水利建设第二阶段的决策模型结果显示，农民的"年龄"越大、"文化程度"越高、"种粮补贴与种粮投入的比例"越大，农户越愿意以投钱为主的方式参与农田水利建设；农民的身体健康状况越好，农户越倾向于以投工为主的方式参与农田水利建设；而家庭劳动力短缺状况、资金不足状况、种粮收入占家庭总收入的比重、政府对农田水利建设的投入情况影响不显著。

第二节　农田水利治理的农户满意度分析

农田水利是农业生产和农村经济发展的重要条件，其治理对于提高农业综合生产能力、促进农民增收和保障国家粮食安全具有重大意义。国家高度重视农田水利建设和深化农田水利产权改革，继 2011 年中央一号文件之后，2016 年 6 月国务院常务会议审议通过的《农田水利条例》进一步明确了发展农田水利的重要性。在中国"三权分置"改革背景下的农田水利产权治理与传统治理有明显差别，并对农户的行为选择和满意度产生重要影响。农田水利的主要产权主体为政府、灌区、村集体、用水户协会与农户，就"三权分置"背景下农田水利产权治理而言，坚持政府主导、建管并重的原则，各部门按照职责分工做好管理和监督工作尤为重要。有鉴于此，笔者拟基于顾客满意度理论，从农户视角实证分析中国农田水利产权治理的农户满意度及其影响因素，以期为克服农田水利治理主体机会主义行为、提高农田水利治理绩效提供参考。

一、理论分析及研究假说

借鉴费耐尔顾客满意度逻辑模型的作用机理，农户满意度是指农户对农田水利产权治理的实际感受和事前期望相比较形成的主观评价，如果农户使用农田水利设施后的实际感知高于事前期望，农户满意度越高，反之则低；假定农户对问卷各个问题的回答符合累积正态分布函数的假设条件。设定农户满意度的函数表达式为：

$$CSI = \frac{q}{e} \tag{8-8}$$

那么，农户评价结果概率可表述为：

$$P = P(y = 1 \mid x) = F(\alpha + \beta x) = \int_{-\infty}^{\alpha + \beta x} f(z) dz \qquad (8-9)$$

在式（8-8）中，CSI 表示农户满意度，q 表示农户使用农田水利设施的实际感受，e 表示农户的期望值。由函数表达式可知，农户实际感受 q 越大，农户满意度将越高；农户期望值 e 也越高，农户满意度反而越低。在式（8-9）中，$F(\alpha + \beta x)$ 与 $f(z)$ 分别为标准正态分布 $z \sim N(0, 1)$ 的累积分布函数与概率密度函数。因此，农户满意度取决于农户使用农田水利设施的感知客观因素和期望值主观因素，在借鉴徐定德（2014）、廖媛红（2013）等研究成果的基础上，这些因素又取决于农民个人特征、农户家庭特征、农户参与特征及外部环境特征因素。

综合上述分析，可以提出如下假说：

H1：农民的性别、年龄与农户满意度呈负相关，文化程度与农户满意度呈正相关。

H2：农户的家庭劳动人口、土地经营规模和务农收入比重与农户满意度呈负相关，兼业情况与农户满意度呈正相关。

H3：农户的农田水利产权治理决策参与度和投资农田水利设施意愿与农户满意度呈正相关。

H4：农田水利设施维护状况、政府组织动员力度、村社凝聚力和农户对政府的信任度与农户满意度呈正相关。

二、数据来源及样本农户的基本特征

（一）数据来源

湖南省作为全国 13 个粮食核心产区之一，农田水利产权治理较为典型，笔者选取其为样本调查地。为深入研究农户对农田水利产权治理满意度及其影响因素，2016 年 7 ~ 8 月和 2017 年 1 ~ 2 月，调查组深入到县域经济发展水平和地理条件具有一定差异和代表性的浏阳市、湘阴县、慈利县、保靖县、汝城县和东安县开展调查。浏阳市为丘陵区，湘阴县为平原地区，经济发展水平均较高；慈利县和保靖县地处山地区，经济发展水平相对较低；汝城县和东安县地处丘陵区，经济发展水平适中。调查组按照随机抽样，采取发放农户问卷、座谈等方式，共发放调查问卷 350 份，回收有效问卷 323 份，有效率达 92.3%。

（二）样本农户的基本特征

从表 8-4 可以看出，在受访的 323 户农户中，选择"不满意"的农田水利产权治理农户有 208 户，占 64.4%；而选择"满意"的农户仅有 115 户，占 35.6%。可见，农户不满意农田水利产权治理的比例较满意的农户比例高得多，这一调查情况与农田水利工程管理体制改革过程中政府失灵、现代市场经济主体蓬勃发展趋势相符合。农户在农业生产的主要决策者中，女性比男性占比高 10.8%；以中老年农民为主，年龄在 30 岁以下的仅 11 人（占 3.4%），说明绝大部分被调查者务农年限长；被调查者总体文化程度偏低，初中及初中以下文化程度的占 76.5%，其中，受教育程度在小学以下的有 95 人，初中水平的有 152 人；纯农户的比例比兼业农户高 63.4%，农户家庭从事农业生产的劳动力数最少为 1 人，家庭从事农业生产的劳动力人数 2~3 人的农户最多，占 50.4%；样本农户家庭土地经营规模主要集中在 0~5 亩，占样本总数的 72.4%，人地矛盾紧张；在家庭收入构成方面，173 户农户务农收入占家庭总收入的比重不足 20%，说明农业生产兼业现象普遍存在，务农收入并不是样本农户家庭收入的主要来源，这一特征与中国农村居民的总体情况大致相符，调查具有较强代表性和普遍性。

表 8-4　样本农户的基本特征

调查内容	选项	频数	百分比（%）
性别	男	144	44.6
	女	179	55.4
年龄	30 岁及以下	11	3.4
	31~40 岁	40	12.4
	41~50 岁	120	37.1
	51~60 岁	101	31.3
	60 岁以上	51	15.8
文化水平	小学及小学以下	95	29.4
	初中	152	47.1
	高中	53	16.4
	大专	17	5.3
	本科及以上	6	1.9

续表

调查内容	选项	频数	百分比（%）
兼业情况	否	59	18.3
	是	264	81.7
劳动人口	1 个	48	14.9
	2 个	96	29.7
	3 个	67	20.7
	4 个	82	25.4
	5 个及以上	30	9.3
土地经营规模	0~5 亩	234	72.4
	6~10 亩	43	13.3
	11~15 亩	19	5.9
	16~20 亩	23	7.1
	20 亩以上	4	1.2
务农收入所占比重	20% 及以下	173	53.6
	21%~40%	85	26.3
	41%~60%	42	13.0
	61%~80%	11	3.4
	80% 以上	12	3.7
农户满意度	不满意	208	64.4
	满意	115	35.6

资料来源：根据调查问卷整理所得。

（三）不同特征下农户满意度分析

从表 8-5 中可以看出，在性别方面，女性对农田水利产权治理的不满意程度远远大于满意程度，具体而言，女性不满意比例大于男性，有 63.4% 的女性是"不满意"的。在投入方式方面，"投钱"的农户不满意比例比投工的农户高 5.7 个百分点，反之，"满意"的比例比"投工"的农户低 5.7 个百分点。对于不同类型的产权治理，农户的满意度也有差异，首先，满意度最高的是"自主治理"，为 46.1%；其次是"私人治理"，为 45.4%，农户对"集权治理"的满意度最低，这说明农户参与的程度越高，对农田水利产权治理的满意度越高。走访发现，在"自主治理"和"参与式治理"方式下，农户为了实现共同目标，容易协调自身利益，保证较高的水利设施运行效率，因此，农户满意度也就越高；"集权治理"方式满意度低是因为随着农业税的取消，村社集体这一基本灌溉单元解体，农户"搭便车"现象普遍。从农田水利所在地缘特征来看，"山地区"农户的满意度最低，"不满意"的比例为60.2%，"平原区"农户的满意度为46.2%，"丘陵区"农户的满意度为45.9%，可能原因是山地区的技术进步较低，治理的全要素生产率也较低，从而农户满意度低。

表8-5 不同特征下样本农户满意度情况

统计特征及分类指标		农户满意度			
		不满意		满意	
		频数	百分比（%）	频数	百分比（%）
性别	男	129	44.9	158	55.1
	女	229	63.4	132	36.6
投入方式	投工	239	53.5	208	46.5
	投钱	119	59.2	82	40.8
农田水利产权治理类型	私人治理	77	54.6	64	45.4
	集权治理	135	56.0	106	44.0
	参与式治理	91	55.5	73	44.5
	自主治理	55	53.9	47	46.1
农田水利所在地缘特征	平原区	64	53.8	55	46.2
	丘陵区	217	54.1	184	45.9
	山地区	77	60.2	51	39.8

资料来源：根据调查问卷整理所得。

三、模型设定与变量选取

（一）模型设定

本书的主题是农民个人特征、农户家庭特征、农户参与特征及外部环境特征这些变量对农田水利产权治理农户评价的影响，通过计算农户评价结果发生概率变化，即可分析影响农户对农田水利产权治理满意度的因素。因此，可以设定以下函数形式：

$$y = \beta_0 + \beta_1 x_1 + \beta_2 x_2 + \cdots + \beta_m x_m \qquad (8-10)$$

在式（8-10）中，当农户对农田水利产权治理不满意时，$y = 0$；当农户对农田水利产权治理满意时，$y = 1$，根据逻辑关系，可采用二元 Logistic 模型进行分析。其模型形式为：

$$P_i = F\left(\alpha + \sum_{j=1}^{n} \beta_{ji} \chi_j\right) = 1 \left/ \left\{1 + \exp\left[-\left(\alpha + \sum_{j=1}^{n} \beta_j \chi_j\right)\right]\right\}\right. \qquad (8-11)$$

根据式（8-11）整理得到：

$$\ln \frac{P_i}{1 - P_i} = \alpha + \sum_{j=1}^{m} \beta_j x_j \qquad (8-12)$$

在式（8-12）中，P_i 表示第 i 个农户对农田水利产权治理满意的概率，m 为解释变量的个数，β_0 为常数，β_j（$j = 1，2，3，\cdots，m$）为解释变量回归系数，x_j 表示第 j 个影响农户对农田水利产权治理满意度的解释变量。

（二）变量选取

本书主要从农民的个人特征、农户的家庭特征及农户参与特征三个方面选取变量。模型中各变量的定义与描述性统计、预期的影响方向如表 8-6 所示。

1. 个人特征

个人特征主要是指农户农业生产的主要决策者的性别、年龄、文化水平。一般而言，男性对事物的判断较女性更为理性，能够肯定政府在农田水利治理中付出的努力，因而满意度较女性高；农民的文化水平越高，对政府治理农田水利政策法规理解得越透彻，满意度会越高；农民的年龄越大，则务农年限越长，体力和精力就越差，对农田水利设施的依赖性越强，相应地对农田水利设施治理的要求越高，对农田水利产权治理的满意度相对偏低。

2. 农户家庭特征

农户家庭特征包括兼业情况、家庭劳动人口、土地经营规模、务农收入所占比重。兼业农户的农业生产收入在家庭收入来源中所占比重越少，其对农业经营和农田水利的重视程度也会越低，对水利设施的需求服务比纯农户更容易得到满足，满意度越高。家庭劳动人口越多，土地经营规模越大，务农收入的比重越高，说明农户家庭收入主要来自于农业经营性收入，农业生产的地位也就越高，期望农田水利设施能更好地满足灌溉排水需求，满意度会相对较低。

3. 农户参与特征

农户参与特征包括农田水利治理决策参与度和投资农田水利设施意愿等。如果农户参与了农田水利建设、经营和运行维护决策，这表明政策制定者尊重广大村民意愿，使治理决策更具有可行性和认可度，相对而言，农户满意度更高；农户越愿意投资，说明农户参与农田水利的积极性越高，越愿意遵从"谁受益、谁投资"的制度规则，对政府治理越有信心，满意度也就越高。

4. 外部环境特征

外部环境特征包括农田水利设施维护状况、政府组织动员力度、村社凝聚力和对政府的信任度。农田水利设施维护状况较好能降低农田水利设施经营风险，这在某种程度上降低了农户的管理成本，反之农户则需要花费更多的时间和精力去维护农田水利设施，因而农田水利设施维护状况越好，农户满意度越高（任贵州，2016）；在深化农村社会制度改革、推进农业现代化进程的关键阶段，政府承担着重要角色，政府组织动员力度越强，可以利用的社会资源越多，越容易形成社会关系网络，这种网络关系通过农户的心理和行为变化增加农户的满意度（张连刚等，2015）；村社凝聚力越强，农田水利治理的合作成本低于单独行动成本，能够减少"搭便车"行为，克服集体行动困境，农户满意度越高；农户对政府的信任不仅能加强农户之间的沟通与交流，并促进农户约束自己的行为，进而降低政府交易成本，而且可以促进政府高效率地配置与利用水资源（林钟高等，2009），从而增强农户的满意度。

因此，选取以下13个解释变量："性别""年龄""文化水平""兼业情况""家庭劳动人口""土地经营规模""务农收入所占比重""投资农田水利设施意愿""农田水利治理决策参与度""农田水利设施维护状况""政府组织动员力度""村社凝聚力""对政府的信任度"。

表 8 - 6 变量定义与描述性统计

变量名称	含义及赋值	平均值	标准差	预期方向
一、农民个人特征				
性别（X_1）	男 = 0；女 = 1	0.55	0.498	−
年龄（X_2）	序列数据	50.99	10.689	−
文化水平（X_3）	小学以下 = 1；初中 = 2；高中 = 3；大专 = 4；本科以上 = 5	2.03	0.915	+

变量名称	含义及赋值	平均值	标准差	预期方向
二、农户家庭特征				
兼业情况（X_4）	否 = 0；是 = 1	0.82	0.390	−
家庭劳动人口（X_5）	1 个 = 1；2 个 = 2；3 个 = 3；4 个 = 4；5 个及以上 = 5	2.85	1.224	−
土地经营规模（X_6）	0 ~ 5 亩 = 1；6 ~ 10 亩 = 2；11 ~ 15 亩 = 3；16 ~ 20 亩 = 4；20 亩以上 = 5	1.51	0.973	−
务农收入所占比重（X_7）	20% 及以下 = 1；21% ~ 40% = 2；41% ~ 60% = 3；61% ~ 80% = 4；80% 以上 = 5	1.77	1.043	−
三、农户参与特征				
投资农田水利设施意愿（X_8）	否 = 0；是 = 1	0.77	0.419	+
农田水利治理决策参与度（X_9）	无参与 = 1；低度 = 2；中度 = 3；高度 = 4	2.59	0.943	+
四、外部环境特征				
农田水利设施维护状况（X_{10}）	无人管理，严重损毁 = 1；管理一般，局部损毁 = 2；维护很好，几乎没有损毁 = 3	2.18	0.727	+
政府组织动员力度（X_{11}）	无 = 1；较弱 = 2；中等 = 3；较强 = 4；非常强 = 5	3.06	0.934	+
村社凝聚力（X_{12}）	无 = 1；较弱 = 2；中等 = 3；较强 = 4；非常强 = 5	3.32	1.022	+
对政府的信任度（X_{13}）	一点不信任 = 1；有些不信任 = 2；一般信任 = 3；比较信任 = 4；完全信任 = 5	3.11	0.977	+

四、模型估计结果与分析

利用 SPSS20.0 软件对调查的 323 份农户数据进行二元 Logistics 回归分析，结果见表 8 - 7。从模型的回归结果来看，模型的预测准确率为 78.6% ，同时从模型整体的拟合优度检验结果来看，模型的卡方检验值为 92.517，对数似然值为 298.828，Nagelkerke R^2 为 0.355，表明模型整体拟合效果良好，回归分析所得结果可以作为分析判断各影响因素作用方向和大小的依据。

表8－7　影响农户满意度的二元 Logistic 模型估计结果

变量名称	模型		
	估计系数	Wald 值	发生比例
性别（X_1）	－ 0.605 **	3.948	0.546
年龄（X_2）	0.050 ***	10.266	1.052
文化水平（X_3）	0.139	0.533	1.150
兼业情况（X_4）	0.870 **	3.986	2.387
家庭劳动人口（X_5）	－ 0.001	0.986	0.878
土地经营规模（X_6）	－ 0.503 **	6.648	0.605
务农收入所占比重（X_7）	0.551 ***	12.872	1.734
投资农田水利设施意愿（X_8）	0.796 **	3.988	2.216
农田水利治理决策参与度（X_9）	－ 0.519 ***	7.290	0.595
农田水利设施维护状况（X_{10}）	0.994 ***	17.267	2.702
政府组织动员力度（X_{11}）	0.351 *	3.330	1.421
村社凝聚力（X_{12}）	0.250	1.662	1.284
对政府的信任度（X_{13}）	0.215	1.101	1.240
常数项	－ 8.624	30.506	0.001
对数似然值		298.828	
Nagelkerke R^2		0.355	
卡方检验值		92.517	

注：＊＊＊、＊＊、＊分别表示在1%、5%、10%的水平下显著。

被调查者的性别对其农田水利产权治理满意度有显著的负向影响，且通过了5%统计水平的显著性检验，与预期相符。原因在于城镇化进程的加快，农村大部分男性劳动力受高工资吸引不断向城市涌进，女性劳动力则留守农村照顾老人孩童，从事小规模农业生产，抵御和承担风险的能力下降，对农田水利设施旱涝保收作用期望值大，因而满意度低。被调查者的年龄和兼业情况分别通过了1%、5%统计水平的显著性检验且正向影响农田水利产权治理的农户满意度。可能原因是农民年龄越大，务农年限越长，对农业生产有着深刻的体验和经历，近年来政府持续加大对农田水利建设治理的激励，纯农户和兼业农民实际农业生产经营收入均增加，从而满意度增加。

农户家庭土地经营规模通过了5%水平的显著性检验，且系数为负，与预期方向一致。表明农户家庭土地经营规模越大，满意度越低。由于小农缺乏自主农技创新能力，在既定的农业生产力水平条件下，农户家庭土地经营规模扩大，亩均粮食产量递减，抗风险能力弱，对农田水利的抗旱、排水能力等运行效率要求高，因此，农户满意度相对较低。调查结果显示，土地经营规模为 6~10 亩的农户满意度比例为 67.5%，较土地经营规模为 0~5 亩的农户低 4.6 个百分点。务农收入所占比重在模型中通过了 1% 统计水平的显著性检验，系数为正。表明农户务农收入所占比重越高，对农田水利产权治理越满意。这一变量与预期相反，可能原因是以务农收入为主的农村地区，农田水利的需求人数多，由于农田水利私有产权"公共物品"职能特性缺失，导致高交易成本，理性的农户渴望资金丰裕的政府能集中统一管理农田水利设施，以便降低自己的生产经营成本，因此，对农田水利产权治理满意度较高。

农户的农田水利治理决策参与度显著负向影响农户对农田水利产权治理的满意度，且通过了 1% 统计水平的显著性检验，与预期相反。究其原因，尽管参与农田水利治理决策是农户个体理性选择，但个人理性选择会干扰集体理性选择，出现集体行动困境；再者，政府在税费改革期间取消乡统筹和村提留后，实行"一事一议"制度，缺乏对农田水利供给激励，影响政府治理效率，因此，农户参与度越高，满意度反而降低。投资农田水利设施意愿在模型中不显著，原因可能是农户作为理性经济人，当手头资金宽裕或者劳动力充足时，他们更愿意投资非农产业，而不是投资比较收益低的农田水利设施，因而农户投资农田水利设施意愿对满意度无直接影响。

农田水利设施维护状况、政府组织动员力度在模型中分别通过了 1%、10% 统计水平的显著性检验，且系数为正，表明农田水利设施维护状况越好、政府组织动员力度越强，农户满意度越高。农田水利设施维护得越好，越能更好地抵御自然灾害等外部冲击，从而增大农户种粮积极性，对农户满意度产生正向影响。调查结果显示，有 16.1% 的农户认为，"维护不及时，严重损毁"，而"维护状态很好"所占比例为 54.8%。政府组织动员力度越强，农户越容易达成一致意见并减少相互之间的矛盾纠纷，从而提高他们的用水效率，农户心理和行为上的满足感增强，满意度越高。村社凝聚力和农户对政府的信任度均没有通过显著性检验，可能原因是随着"农业税"取消，村社这一基本灌溉单元随之解体，在优先用水这一短期利益面前，农户即使相信并信任政府，但更多的是采取"搭便车"的行为，因而这两个变量不显著。

五、小结

上述研究表明，农户对农田水利产权治理满意者占 35.6%，而不满意者占 64.4%；农户农业生产的主要决策者的年龄和农户兼业情况、务农收入比重、投资农田水利设施意愿、农田水利维护状况、政府组织动员力度显著正向影响农田水利产权治理农户满意度；主要决策者的性别和农户土地经营规模、农田水利治理决策参与度显著负向影响农田水利产权治理农户满意度；主要决策者的文化水平和农户家庭劳动人口、村社凝聚力、对政府的信任度等因素对农田水利产权治理农户满意度的影响不显著。

第三节　制度规则对小型农田水利治理绩效的影响分析

在前文已经从农户意愿度和满意度两方面分析了农田水利治理绩效。事实上，农田水利是一个有机整体，需要有充足的供应和良好的维护才能发挥作用，任一环节出现问题，都会影响农田水利的总体绩效。但是，农田水利供给和维护情况如何？影响农田水利供给和维护的因素有哪些？根据农田水利治理的逻辑框架、制度规则和主体格局会影响农田水利产权结构，从而缔结不同契约关系，形成不同的治理模式。实际上，一方面，制度规则可以增加限制性条款监督和约束治理主体的机会主义行为，把"搭便车"的频率和次数降低到合适的范围内，降低主体间的利益冲突，从而避免效率损失；另一方面，制度规则能在一定条件下有效地激励各主体履行管护责任，降低契约的执行成本，有利于主体间的风险分担，从而提高治理绩效。那么，制度规则如何影响农田水利治理绩效？另外，制度规则可以具体化为不同的形式，具体规制结构如何影响农田水利治理绩效？根据农田水利治理绩效的评价的分析，结合其他学者对治理绩效及其影响因素的研究，发现国内外学者就制度规则对农田水利治理绩效进行了大量定性分析，为本节研究提供了很好的启示，但没有对制度规则可以具体化为不同的形式进行深入的研究，具体规制结构是如何影响农田水利治理绩效做计量实证分析。本节借鉴已有研究成果，以小型农田水利为研究对象，利用不同地缘和个性特征的小型农田水利的调查资料，在分析小型农田水利供给和维护情况的基础上，将制度规则分解为边界规则、分配规则、投入规则、监督与制裁规则四个方面，通过建立二元 Logistic 模型实证分析制度规则对小型农田水利治理绩效的影响，为政府制定加快小型农田水利治理的政策提供参考。

一、理论分析及研究假说

（一）绩效衡量

小型农田水利设施通常被视为典型的公共池塘资源，具有使用的非排他性和资源获取的竞争性。需要克服设施建设和维护的"搭便车"行为，即供给问题，也需要克服个人对资源的过度利用而产生的"公地悲剧"现象，即占用问题。因此，小型农田水利的治理绩效可着眼于供给和占用两个维度，基于以下三点考虑：一是小型农田水利设施是否维护良好；二是农业用水的使用者是否遵从操作规则；三是农业用水的供应是否充足。考虑到农业用水量能否充足受自然环境的约束较大，本节认为，当小型农田水利设施得到良好维护和个人遵从规则时，就认为其具有治理绩效，否则，视其不具有治理绩效。

（二）研究假说

针对小型农田水利存在的"公地悲剧""囚徒困境""集体行动的逻辑"，通过有效的制度来解决公共池塘资源问题，对于灌溉系统的有效开发是至关重要的。同一套制度规则，在不同的自然因素约束下会产生不同的治理绩效。借鉴奥斯特罗姆关于公共池塘资源制度规则的理论与定性分析，本节在分析制度规则对小型农田水利治理绩效的影响时，综合考虑小型农田水利的地域和个性特征，将制度规则分解为边界规则、分配规则、投入规则、监督与制裁规则。

边界规则包括成员资格、小农水的排他性、农户是否在小农水地区拥有土地承包权和治理主体界定是否清晰。在治理主体明确的情况下，农民又拥有土地承包权，一旦加强小农水成员的有效排他性，就防止了系统承受力以外的用水者获得取水权，可避免与水分配产生的冲突，保证有资格取水者能获得足够的农业用水。基于此，本书提出以下假说。

H1：属于小型农田水利组织的成员、排他性良好、治理主体清晰和拥有小农水地区土地承包权，能够更好地维护好小型农田水利设施，小型农田水利治理绩效越好。

分配规则界定了从小型农田水利设施取水的程序与自然属性。如果每个用水者都知道自己的固定用水时间段，那么他就会在适当的时间点去用水，从而激励每个用水者努力保护自己拥有的时间段，以防止水资源被偷，减少监督成本；在取水的过程中，按照固定顺序取水，有利于维持秩序，既避免用水者在取水中出现插队、争吵等纠纷，又便于相互监督，保障每个人的利益，实现公平公正。基于此，本书提出以下假说。

H2：用水者按照固定顺序、固定比例、固定时段取水，激励了用水者间的相互监督，减少了交易费用，有利于小型农田水利治理绩效提高。

小型农田水利建设具有投资周期长、收益正外部性强的特点，如果充分发挥财政资金的导向作用，运用市场机制，吸引社会资本，鼓励农民对直接受益的农田水利设施积极投工投劳，增强建设与维护强度，能极大提升治理绩效（Rosegrant 等，2002；贺雪峰等，2010；宋春晓，2014）。投入规则设计为小农水的使用者是否按比例投入（小农水的使用者投入的劳动或资金量与系统取得的收益成正比）和政府投入的变化情况。考虑到小型农田水利治理绩效不仅取决于集体选择实体的类型和投入，以何种方式对规则遵从情况进行监督与制裁，也可能影响绩效。因此，监督与制裁规则分解为是否有管水员管理和政府部门监督两个指标。基于此，本书提出以下假说。

H3：小农水的使用者按比例投入，政府加强监督职能与投入，设置专职的管水员管理，能促进小型农田水利治理绩效的提高。

二、数据来源及样本农户的基本特征

（一）数据来源

本节研究数据来源于 2012 年 12 月和 2013 年 7 月在湖南省长沙县、衡阳县和慈利县的实地调查。主要考虑其是国家的粮食大县和小型农田水利设施地缘及个体差异：长沙县处于平原地区，经济水平相对较高，小型农田水利治理绩效相对较好；而衡阳县和慈利县地处丘陵和山区，经济发展水平相对较低，小型农田水利治理绩效偏低。这样就兼顾了具有不同特点的小型农田水利治理状况，有利于全面研究制度规则对小型农田水利治理绩效的影响。调查内容包括小农水的基本特征、边界规则、分配规则、投入规则、监督与制裁规则。调查采取问卷、实地走访座谈和查询所调查地区的统计年鉴等多种方式相结合的形式，在每个县随机选取灌渠、水库、山塘和机井所在村庄的农户，共发放问卷210份，经过进一步的甄别和筛选，回收有效问卷192份，有效问卷回收率为91.43%。

（二）样本农户的基本特征

在调查地区中，小型农田水利设施（以下简称小农水）地缘特征以"丘陵地区"为主，占有效样本的36.4%，"平原湖区""山地区"分别占33.9%、29.7%；小农水个性特征以"水库或山塘"居多，占有效样本的61.4%，而"灌渠"和"机井"仅占38.6%，这说明丘陵地区小型农田水利设施多以水库和山塘为主，这与丘陵地区多以蓄水设施为主的结论相一致（贾小虎，2016）。在调查对象中，只有85人认为当地小农水治理绩效好，占有效样本的44.3%；仅92人同时认为小农水维护良好和个人遵守操作规则，占有效样本的47.9%；此外，认为"小农水供应不足"的比例为49.5%，在"小农水供水不足"的原因中，认为是"维护不好"的原因占了有效样本的54.8%，自然条件的原因占45.2%，总的来说，调查地小农水供给和维护处于中等偏低的水平，治理绩效还有待提高（见表8-8）。

表8-8 调查的基本情况

变量	变量特征	频数	百分比（%）
小农水地缘特征	平原湖区	65	33.9
	丘陵地区	70	36.4
	山地区	57	29.7
小农水个性特征	灌渠	65	33.9
	机井	9	4.7
	水库或山塘	118	61.4
小农水使用者是否遵从操作规则	否	100	52.1
	是	92	47.9
小农水是否被维护良好	否	107	55.7
	是	85	44.3
小农水是否供应充足	否	95	49.5
	是	97	50.5
小农水供水不足的原因	自然条件	40	45.2
	小农水没有维护好	52	54.8

资料来源：根据调查问卷统计整理。

三、模型设定与变量选取

为了分析制度规则影响小型农田水利治理绩效的因素,本书将小型农田水利治理是否有绩效作为被解释变量,由于被解释变量是一个 0-1 型的二值因变量,即"Y = 0"表示小型农田水利治理没有绩效,"Y = 1"表示小型农田水利治理有绩效,因而选用二元 Logistic 回归模型最为合适。其模型形式是:

$$P_i = F\left(\alpha + \sum_{j=1}^{n} \beta_j \chi_{ij}\right) = 1 \Big/ \left\{1 + \exp\left[-\left(\alpha + \sum_{j=1}^{n} \beta_j \chi_{ij}\right)\right]\right\} \qquad (8-13)$$

对式(8-13)取对数,得到 Logistic 回归模型的线性表达式为:

$$\ln\left(\frac{p_i}{1-p_i}\right) = \beta_0 + \beta_1 \chi_{i1} + \beta_2 \chi_{i2} + \cdots + \beta_j \chi_{ij} + \cdots + \beta_m \chi_{im} \qquad (8-14)$$

在式(8-13)和式(8-14)中,p_i 表示某件事发生的概率,m 表示自变量的个数,x_{ij} 表示影响农户 i 为小型农田水利治理有绩效的第 j 个解释变量,β_0 表示常数,β_j($j = 1,2,3,4,5,\cdots,m$)为自变量的回归系数,可以通过最大似然估计法求得。

解释变量从小农水的基本特征、边界规则、分配规则、投入规则、监督与制裁规则这五个方面选取了 13 个解释变量:"小农水是否在平原湖区""小农水是不是水库或山塘""小农水使用者是不是组织内成员""小农水使用者是否拥有土地承包权""小农水治理主体产权是否清晰""小农水是否排他""是否把水分成固定比例""是否在固定时段取水""是否按顺序取水""小农水使用者是否按比例投入(投入量与灌溉的土地面积成正比)""政府投入变化情况""是否有管水员管理""政府是否对小农水监督",分别设为 X_1 至 X_{13}。具体描述性统计分析及预期方向见表 8-9。

表 8-9 模型解释变量选择及描述性统计分析

变量	含义及赋值	平均值	标准差	预期方向
一、小农水基本特征				
1. 小农水是否在平原湖区（X_1）	否 = 0；是 = 1	0.34	0.491	+ 或 -
2. 小农水是不是水库或山塘（X_2）	否 = 0；是 = 1	0.61	0.488	+ 或 -
二、边界规则				
3. 小农水使用者是不是组织内成员（X_3）	否 = 0；是 = 1	0.43	0.497	+

变量	含义及赋值	平均值	标准差	预期方向
4. 小农水使用者是否拥有土地承包权（X_4）	否 = 0；是 = 1	0.69	0.456	+
5. 小农水治理主体产权是否清晰（X_5）	模糊 = 1；一般 = 2；清晰 = 3	2.38	0.573	+
6. 小农水是否排他（X_6）	否 = 0；是 = 1	0.17	0.374	+
三、分配规则				
7. 是否把水分成固定比例（X_7）	否 = 0；是 = 1	0.44	0.497	+
8. 是否在固定时段取水（X_8）	否 = 0；是 = 1	0.72	0.451	+
9. 是否按顺序取水（X_9）	否 = 0；是 = 1	0.42	0.494	+
四、投入规则				
10. 小农水使用者是否按比例投入（X_{10}）	否 = 0；是 = 1	0.23	0.421	+
11. 政府投入变化情况（X_{11}）	变少 = 1；不变 = 2；变多 = 3	2.42	0.545	+ 或 −
五、监督与制裁规则				
12. 是否有管水员管理（X_{12}）	否 = 0；是 = 1	0.59	0.492	+
13. 政府是否对小农水监督（X_{13}）	否 = 0；是 = 1	0.41	0.493	+

四、模型估计结果与分析

利用调查数据，本书采用 SPSS20.0 软件对模型进行了回归和检验，回归结果见表 8 – 10。在模型的建立过程中，首先，把所有可能影响小型农田水利治理绩效的因素引入模型一；其次，根据 Wald 检验结果，逐步剔除 Wald 值不显著的解释变量；最后，重新拟合回归方程得到模型二。从两个模型的回归结果来看，两个模型的卡方检验值分别是 110.163 和 106.146，Nagelkerke R^2 分别是 0.590 和 0.574，表明模型整体拟合效果良好，回归分析所得结果可以作为分析和判断各影响因素作用方向和大小的依据。

表 8 – 10　制度规则影响小型农田水利治理绩效的模型估计结果

变量名称	模型一			模型二		
	估计系数	Wald 值	发生比例	估计系数	Wald 值	发生比例
一、小农水基本特征						
小农水是否在平原湖区	1.809 ***	12.642	6.105	1.788 ***	16.000	5.978

续表

变量名称	模型一			模型二		
	估计系数	Wald 值	发生比例	估计系数	Wald 值	发生比例
小农水是不是水库或山塘	0.007	0.000	1.007	—	—	—
二、边界规则						
小农水使用者是不是组织内成员	0.400	0.501	1.492	—	—	—
小农水使用者是否拥有土地承包权	0.155	0.096	1.167	—	—	—
小农水治理主体产权是否清晰	1.604***	9.075	4.974	1.672***	10.398	5.320
小农水是否排他	−0.0723	0.871	0.485	—	—	—
三、分配规则						
是否把水分成固定比例	−0.557	1.038	0.573	—	—	—
是否在固定时段取水	0.507	0.636	1.661	—	—	—
是否按顺序取水	0.960**	4.019	2.611	0.955**	5.178	2.598
四、投入规则						
农水使用者是否按比例投入	2.510***	15.792	12.308	2.193***	16.024	8.963
政府投入变化情况	0.874*	2.836	2.397	0.836*	3.078	2.308
五、监督与制裁规则						
是否有管水员管理	0.073	0.019	1.076	—	—	—
政府是否对小农水监督	0.491	0.922	1.634	—	—	—
常数项	−8.654	41.262	0.000	−8.086	47.221	0.000
对数似然值	110.163			106.146		
Cox&Snell R²	0.437			0.425		
Nagelkerke R²	0.590			0.574		

注：＊＊＊、＊＊、＊分别表示在1%、5%、10%的水平下显著。"—"表示变量不存在。

（一）小型农田水利的基本特征对小农水治理绩效的影响

小农水是否在平原湖区对小型农田水利治理绩效有显著的正向影响。这一变量在两个模型中都通过了1%统计水平的显著性检验且其系数为正，表明在其他条件不变的情况下，平原湖区小农水更受到制度规则的影响，且制度越规范，小农水的治理绩效越好。调查显示，平原湖区种植水稻等粮食作物相对于丘陵山地区，地势平坦，土地平整相对容易，有利于集中连片的高标准农田建设，在高标准农田建设区域，农田水利设施配套完整，集结了现代先进技术和管理理念，抵御自然灾害能力较强，用水农户能获得更好的收益和盈利，使得小农水受益者更愿意参与小型农田水利规则的制定和管理，从而绩效更高。小农水是不是水库或山塘在模型中没有通过显著性检验，说明制度规则对小农水治理绩效的影响不受小型农田水利类型（灌渠、机井、水库或山塘）差别的影响。

（二）边界规则对小型农田水利治理绩效的影响

小农水治理主体产权是否清晰对小农水治理绩效有显著的正向影响。这一变量在两个模型中都通过了1%统计水平的显著性检验且其系数为正，表明小型农田水利产权界定对粮食生产有着重要作用，制度设计与选择能有效提高小型农田水利设施的治理绩效。统计结果也显示，在表示"有绩效"的样本中，认为"产权清晰"的占72.7%，"产权一般"的占27%，"产权模糊"的占0.3%。

其他边界规则。农民是不是小农水组织内成员和拥有土地承包权、小农水是否排他在模型中都没有通过显著性检验。其根本原因是伴随着2006年中国农业税的全面取消，主要用于农村基础设施建设的"公积金""公益金"和"两工"也消失，取而代之的是农村事物的"一事一议"。对于典型公共资源的小型农田水利建设和管护是"议而不决，决而不行"，操作中机会主义和"搭便车"行为并行，小农水组织结构松散，权责模糊，用水农户会过滤甚至忽视用水规则，在农业灌溉中偷水行为和纠纷表现为常态。

（三）分配规则对小型农田水利治理绩效的影响

是否按顺序取水对小型农田水利治理绩效有显著的正向影响。这一变量在两个模型中都通过了5%统计水平的显著性检验且其系数为正，表明在其他条件不变的情况下，按顺序取水比不按顺序取水的小农水治理绩效更好，与预期一致。在调查的192位农民中，按顺序取水的有112位，占有效样本的58.3%，不按顺序取水的占41.7%。说明按顺序取水，能够更好地维持秩序，避免了用水者之间的冲突，显示出公平公正。

是否用物理装置把水分成固定比例和是否在固定时段取水没有在模型中通过显著性检验，这些不是制度规则影响小农水治理绩效的显著因素。前者没有通过显著性检验的原因可能是绝大部分地区并没有实行这项规则，在调查的农民中，大部分的农民不同意这种做法，因为每个人的需水量不同，按固定比例取水会给需水量大的农民带来不公；后者没有通过显著性检验的原因是受自然环境的影响，灌溉系统的水流呈现不稳定，造成特定时间份额对应的灌溉水资源量也不确定，有可能一个农民在其时段中没有水流过，那么他就取不到水。这种较高程度的不确定性，对小农水使用者在农水资源分配与管护合作方面产生了消极影响，违规取水频频发生。

（四）投入规则对小型农田水利治理绩效的影响

小农水使用者是否按比例投入对小农水治理绩效有显著的正向影响，在两个模型中都通过1%统计水平的显著性检验且其系数为正，表明如果投入量与灌溉土地面积成正比，那么小农水治理绩效就好。统计结果显示，在农水使用者按比例投入的样本中，小农水治理绩效良好占68.2%，高于调查样本小农水治理绩效良好40.1%的平均值，更远高于农水使用者按均等投入样本中小农水治理绩效良好28.9%的水平。

政府投入变化情况对小农水治理有显著的正向影响。这一变量在两个模型中都通过10%统计水平的显著性检验且其系数为正，表明国家对小农水的投入越多，小农水治理绩效越好。关键在于政府在提供资金支持的同时还加强对小型农田水利建设政策的宣传，强调"谁参与，谁受益"，使农民与其他社会主体在小型农田水利建设方面的主人翁意识就会增强，参与小型农田水利建设的积极性获得提高，从而形成正和博弈。

（五）监督与制裁规则对小型农田水利治理绩效的影响

是否有管水员管理和政府是否对小农水监督在模型中没有通过显著性检验。调查发现，大部分小型农田水利设施的管水员主要是兼职的，报酬较低，且缺少对违规取水者有效制裁的权利，或是制裁成本高昂。地方政府作为直接的小农水管护监督者，由于农田水利收益与其经济利益脱钩，加之主要官员任期较短，他们倾向于机会主义解决小型农田水利问题。此外，即使政府履行了监管职责，也缺乏动态监测、跟踪和评估，导致治理主体落实管护责任不到位。

五、小结

本节以湖南省三县的192个不同地缘与个性特征的小型农田水利设施为调查样本，通过建立二阶段二元Logistic模型，实证分析了小型农田水利设施供给维护情况以及制度规则对小型农田水利治理绩效的影响，得出了以下四个结论：

第一，认为小型农田水利设施维护良好且个人遵守操作规则的只有40.1%，认为小农水供应充足的比例为50.5%，说明小型农田水利治理绩效还有待提高。

第二，小农水是否在平原湖区的基本特征、小农水治理主体产权是否清晰的边界规则、是否按顺序取水的分配规则、农水使用者是否按比例投入和政府投入变化情况的投入规则对小型农田水利治理绩效有显著的正向影响。

第三，小农水是否排他，是否把水分成固定比例对小型农田水利治理绩效呈现负向影响，但没有通过显著性检验。

第四，小农水是不是水库或山塘、小农水使用者是不是组织内成员、是否在固定时段取水、是否有管水员管理、政府是否对小农水监督等制度规则对小型农田治理绩效影响不显著。

第五部分

第九章　国外农田水利产权契约与治理的经验及启示

　　农田水利运行状况关系到农民的粮食产量和种粮收入，进而影响到农业生产和国家粮食安全，这使全球各个国家都特别重视农田水利设施的治理以及一切与之相关的治水活动。尽管我国有效灌溉面积逐年增长，但有效灌溉率却在50%上下浮动，农业仍未从根本上摆脱"靠天吃饭"的局面，与美国、日本、澳大利亚、以色列等发达国家以及印度、智利等发展中国家相比仍有较大差距。美国农业现代化起步较早，以家庭农场为基础的规模经营和较高的经济发展水平为现代大型灌溉设备的使用、提高粮食单位面积产量和灌溉管理效率提供了有利条件。日本在第二次世界大战后大举规划、修建水利设施和展开土地改良运动，从国家法律高度明确规定水资源管理组织，已逐步建成具备日本特色的以喷灌等现代灌溉技术为主要内容的灌溉工程。澳大利亚在1995年初开始实行灌溉系统私有化改革，设立"水股票"制度，增大了农户治理的决策力和积极性。以色列注重农田水利治理的制度建设，统一制定水价，并进行区别补贴，提高了农田水利设施治理效率，促进了农业节水灌溉。20世纪50年代初，印度政府转变单纯依靠大型水利工程的做法，采取大、小水利工程相结合的方针，注重深井的建设和利用，大幅度增加了灌溉面积。21世纪初，智利政府积极引进滴灌、细雾喷灌等现代节水型灌溉方法，而且通过专门的用水管理组织协调，灌溉效率大大提高。因此，分析与总结这些国家农田水利治理的成功经验对我国农田水利治理具有借鉴作用。

第一节　发达国家农田水利产权契约与治理实践

一、美国的农田水利产权契约与治理

美国作为农业最发达国家之一的同时，也是世界上最大的粮食出口国，其高效的农田水利治理制度安排功不可没。美国除了投入大量资金用于水利项目建设、依法治水之外，还利用市场机制提高政府水利投资资金的使用效率。

（一）允许并支持水利设施私有产权，农民积极参与治理

为鼓励农民投资农田水利设施，美国切实保障农田水利设施私有化。联邦政府对于那些急需兴建灌溉工程而又缺乏资金的农民提出的有关灌溉工程的申请都会迅速提供必需的长期无息或低息贷款，偿还期一般为 40～50 年，年息低至 3%。一旦农民在偿清如数贷款后，就获得农田水利设施所有权。此外，联邦政府一般选择对贫困地区的农民进行赠款或零利率贷款的资助方式，通常情况下赠款占工程总投资的 20%。这大大提高了农民兴修水利设施的积极性。

（二）建立规范灌排工作的法律法规体系，明确各级政府的权责

为了保证农田灌溉工程在经济上可持续发展，美国法律不仅对农民所有和运营的水利设施在税收上给予一定优惠，而且还给予政府部门在农田水利设施中的部分公共权利。例如，美国在 1902 年《垦务行动法》中规定，政府部门（卖方）与农民（买方）在建设农田水利上需事先签订协议（张凯等，2016）。另外，美国根据逐级分解财政压力思路，对联邦政府、州政府、受益农民进行分工（见表 9-1）。

表 9-1　美国农田水利建设项目职能分工

主体	管辖范围
联邦政府	农业大型河流、跨洲河流的建设管理
各级州政府	农村小型河流的建设管理
受益农民	共同投资管理水、电等一般性项目

（三）健全水权市场，提高水资源利用率

20 世纪 80 年代，美国最先允许城市用水与农业用水水权之间的自由转换：在农业用水充足且富余时，节省的灌溉用水可有偿转让给城市，城市则承担相应的工程建设投资和部分增加的运营费用（闫华等，2008）。在农业用水的转换过程中，国家政府设立了一个负责水权控制、转换和仲裁的管理机构。

二、日本的农田水利产权契约与治理

日本是第二次世界大战后世界上发展最为迅速的国家，其发展不仅源自工业而且源自现代化的农业，其面对耕地面积狭小的严峻事实，农田水利的有效治理在促进日本农业单产上起了至关重要的作用。

（一）治理主体权限明晰，系统化管理效率高

日本从 20 世纪 40 年代开始就采取多层治理的办法对农田水利事权进行划分，治理机构主要是国家管理机构和地方管理机构，其分管职能部门见图 9-1。不同部门负责不同环节上的农田水利治理，权责分工明确。国土交通省负责开采水资源、预防水灾害等；环境省负责水污染防治；农林水产省、经济产业省及厚生劳动省依次对农业用水、工业用水和生活用水进行管理，权责交叉较少，农田水利治理效率得到大幅度提高。

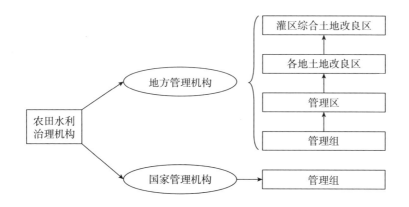

图 9-1 日本农田水利治理职能机构

（二）充分尊重用水者的权益，水利协调组织作用大

20 世纪六七十年代，由于城市化的迅速发展，日本的城市用水需求量急剧

增长，因此，政府不得不把农业用水转向城市用水。在水权转换过程中，日本政府充分尊重用水户权益，采取水渠管道化节约用水、给予合理补贴等措施以弥补农业用水户的损失。为了更好地协调用水，在全国设有183个水利协调议会，议会一般由土地改良区、上水道经营单位、工业用水经营单位等机构组成，目的是协调水利供需关系、交流水利信息等。这些组织在用水协调中发挥了良好作用，为用水户之间提供了交流协商的机会。

（三）采取参与式灌区管理模式，农民治理积极性高

日本的灌区管理模式与美国类似。在一个小地区范围内，农民通过选举产生代表，对灌区内的水利事务进行总管理和总决策。代表可以进一步选举组成理事会和监事会，管理方法与合作社或股份制企业类似。日本土地改良区是参与式管理（Products Information Management，PIM）的典型示范。大多数日本灌溉工程包括大坝、管道和支渠等，其建成后将被转移到相关的土地改良区，同时土地改良区会收取水费并定期向政府汇报农田水利设施建设情况。

三、澳大利亚的农田水利产权契约与治理

澳大利亚不仅是大洋洲土地面积最大的国家，也是世界上最为干旱的大陆。因而澳大利亚农业发展面临着干燥气候、低降雨条件等自然环境问题，严重干旱往往造成农业的巨大损失，但联邦政府和州政府对农田水利建设给予大量资金支持以激励农田水利主体的治理积极性，保证了农业的可持续发展，促进了农业现代化进程。

（一）农田水利设施治理以私有化为主，充分尊重灌溉农户意愿

澳大利亚在1995年初开始实行水资源管理体制改革，方法是将国家灌溉系统的经营管理权向民营企业和农民转移。这是关于将农田水利固定资产全部变为农民自有股份的私有化改革。灌区最高管理层为董事会，水利部长更改水资源使用许可时必须寻求用水户协会的意见，水许可证可以反复更新，如果更新后并未产生实效，水的使用许可就不予更新。虽然水利设施由私营控股公司管理，但私营控股公司实质上是一个非牟利公司，除了向公司董事支付薪酬以外，其余的用作储备基金，以减少第二年的水成本。

（二）设立"水股票"制度，增强了农户积极治理水利的决心

例如，澳大利亚维多利亚州在2007年对水权制度进行了大刀阔斧的改革，

目的是为促进水权交易的操作，以更好地应对干旱和温室效应造成的不确定性。设立水股票制度是改革的核心之一。虽然水的股票类似于金融股，其价值是可变的，但所有权是永久的，可以买卖。水权与水股票的转换使人们期待更多的可能性。如果水股票或水权与土地分离，可以独立占有，水权交易可以更灵活。如果没有土地农民也可以持有水股票，也许他们将有机会增加资产。

四、以色列的农田水利产权契约与治理

以色列位于地中海东岸，自然条件恶劣，可耕用面积仅为4100平方公里，国土面积中更是有45%均为沙漠，人均水资源量仅为世界平均水平的1/35。正是由于资源的稀缺，在土地与淡水严重匮乏的条件下，以色列在世界上创造了一个沙漠农业的"神话"。

（一）制定统一水价，政府承担管护费用

以色列的农田水利治理以节约用水和节水灌溉为主，虽然国家通过大量投资推广高效节水灌溉并进行农田水利设施维修管护，但农户灌溉用水必须缴纳水费。一方面，以色列农业用水执行全国统一定价，且水费收费标准相对较高，实际上，用水农户交纳的用水费用是按照农户实际用水配额的百分比计算的，如果超出用水额度，那么超出部分则加倍付款；另一方面，由于政府计收水费的定价较高，政府又通过建立补偿基金对不同地区用水农户进行水费差别补贴。这两大措施既保障了农业基本用水，又促进了农业节水灌溉的发展。为了节约用水，政府鼓励农民使用经处理后的城市废水进行灌溉，其收费标准比国家供水管网提供的优质水价低20%左右，例如，发生亏损由政府补贴。如果用水农户自筹资金自建了农田水利设施，经政府验收合格后，由政府补贴农户建设总金额的45%，且该农田水利设施所有权由农户拥有，但用水农户要让该农田水利设施发挥正的社会效益。此外，以色列所有农田水利设施的管理维护费用全部由政府承担，管护经费到位率达82%。

（二）注重制度建设，完善相应立法

1. 颁布灌排法律法规

1959年，以色列政府颁布《水法》，该法明确规定水资源是国家公共财产，私人不容许占为己有。还成立了相应的行政主管部门和农田水利委员会，负责供水及供水收费管理，使法律和条例得到切实保障；该法提出可以将地下水资源和

地表水资源整合统一使用。之后，以色列相继颁发了《水计量法》《打井法》《地方管理机构（废水）法》《河流和泉水管理机构法》《水污染防治条例》等，这些法规条例将以色列水资源的开发、使用、建设、管理、维护等活动都纳入其国家法律体系。

2. 建立用水协会法律体系

受20世纪80年代以来全球参与式灌溉管理体制改革的影响，以色列政府在全国范围内强制推行并成立用水户协会，对农田水利治理进行市场化改革，尽量允许用水户协会拥有农田水利设施管理权，可进行非营利性市场经营活动，但市场经营必须以节约用水为前提，而且不能私自开采水资源，必须获得政府的行政许可方可进行交易。此外，以色列用水农户的自我管理意识较强，在长期的发展过程中积累了许多成熟的经验。

第二节　发展中国家农田水利产权契约与治理实践

一、印度的农田水利产权契约与治理

印度位于北半球，是南亚最大的国家。印度各地炎热，热带季风气候多，夏季季风多，气候分为雨季、旱季和凉季。印度从国家宪法的角度规定了农田水利治理的责任分工。

（一）水利事权和支出责任被明确划分，政府扶持力度大

与日本农田水利分层治理模式相似的是，印度宪法也对不同水利部门的不同权利职责作了如下规定（表9-2）。中央政府负责大型公共水利工程的资金投入；在小农水投资上，中央政府与地方政府拨款比例为1:3，通常不需偿还。此外对运用滴灌和喷灌等水资源节约型技术的小农水项目，政府还给予25%～50%的补助。

表9-2　印度农田水利治理各主体职能分工

主体	职责
中央政府	协调、技术咨询和联邦流域的开发

续表

主体	职责
联邦	灌溉工程的规划、施工和管理
各邦政府	水资源开发利用和防洪

（二）逐步推广参与式灌溉管理制度，深化小水利产权改革

印度将小型灌区作为试验区，逐渐推广参与式灌溉管理制度（冯广志等，2000）。印度全部的地表灌溉工程，从水源、水渠到水量的掌握与分派都由政府部门管理；全部深井产权归属于国有公司。因为国有公司长期依赖政府补贴，不能由税费征收和投资回收补偿投资成本，所以反过来增加了政府的财政压力。印度政府将深井管理权逐步移交给农民，该管理模式运作高效，用水者协会很快在印度小型灌区普及速度。

二、智利的农田水利产权契约与治理

智利位于南美洲西南部，不仅是世界上地形最狭长的国家，也是世界上最干燥的地区之一，但是智利各地区地理条件不一，气候复杂多样，因此，智利政府十分重视农田水利治理在其农业发展战略中的作用。

（一）许可水权作为私有财产，大力抑制国家权限

智利的水权制度是在1981年的智利水法基础上建立起来的，主旨是放开水权交易市场、提升水资源利用效率。例如，政府认可水权成为私有财产，它和土地所有权相互独立并得到保障。一是水权能看作不动产被登记并能在同一个或不同的水资源中心交易。二是大力抑制国家权限，农民申请出售水权完全是自主的，不需要所谓的理由且没有优先权。这样，水权交易可以缓解特定地区的水资源短缺，保证水权私有的性质和不动产属性，小农户或贫困农户能够以水权为保证向金融机构贷款。

（二）通过买卖和租赁交易水权，而租赁方式占绝对比率

仅在圣地亚哥，小农户的水权转移到大农户的方式占水权交易量及交易额总数的绝大部分，交易数量最多的是农业用水转移到城市用水，水量约为1万人的用水量。但实际水交易中租赁方式占绝对优势比率。通常水权不会被登记，因为水权手续办理程序复杂，水权明晰后会进而提高土地价格，应缴的土地税相应增多。所以每个旱季，一些供水企业向农民租赁水权，而不是购买水权。在智利首都北部，水权租赁成本是一个季度内每立方米每秒为90~120美元。

第三节　国外农田水利产权契约与治理经验总结及启示

一、农田水利产权契约与治理经验总结

根据以上讨论的发达国家与发展中国家在农田水利治理上的不同特色，现将其基本状况进行对比分析（见表9-3）。

表9-3　发达国家、发展中国家农田水利治理特点

国家	产权界定	契约安排	治理模式
美国	农户、私人部门	政府进行水利决策时与农民事先订立合同	参与式灌溉管理模式
日本	水权是公权，可以有偿直接转让	水利协调议会协调水利供需关系、交流水利信息	参与式管理模式
澳大利亚	农户	"水股票"制度；水利设施等固定资产转为农民股份	农户私人治理
以色列	水资源是公共财产，私人不得拥有	建立灌排法律法规体系；建立用水协会法律体系	参与式灌溉管理模式
印度	政府、国有公司	政府将管理职责部分或全部转移给农民协会或私人部门	参与式灌溉管理模式
智利	农户	小农户水权集中向大农户转移	农户私人治理

美国、日本、以色列和印度在农田水利治理上都采取参与式灌溉管理制度，成立了农民协会等组织，建立了用水法律法规体系，但美国更倾向于将水权交易通过市场调节来优化水资源配置，在印度，政府和国有公司才是农田水利产权的所有者，这一点与日本和以色列将水权视为公权具有相似性。澳大利亚和智利都

是农户私人治理模式，农田水利产权的主体是农民，充分尊重农民意愿，其中，澳大利亚的水权交易相对而言具有更强的自主性。

二、农田水利产权契约与治理启示

（一）清晰界定农田水利产权，创造条件鼓励农民参与治理

一方面，可以采用立法形式规范各个地区水权划分准则，以此为依据，再来确定农田水利设施产权，最后明确每项农田水利设施背后对应的治理主体，构建"有权必有责"的农田水利设施治理体系。针对农田水利治理面临的困境，可以对村组集体、用水户协会和个人的农田水利设施产权划分作出以下安排（见表9－4），依照此安排也可建立农田水利治理追责机制。另一方面，可以采取补贴、税收减免、优先使用权等激励政策来调动农民参与农田水利设施治理的积极性。政府依然处于水利投资主导地位，随着新型农业经营主体的发展，创新水利融资方式有助于解决治理及资金紧张的问题。

表9－4　农田水利产权安排

产权主体	各类农田水利设施
集体	集体兴建的水利设施
个人	小微型农田水利设施
用水户协会	中小型灌区

（二）逐步建立水权市场，建立良好的农田水利市场环境

在农田水利融入市场环境之前首先要明确农田水利产权、水资源交易主体以及完善的法律法规。上文总结的国外农田水利设施治理一般经验告诉我们建立水权市场是有效提高水资源利用率的一大途径。但是鉴于我国部分地区还没有处理好水权的界定这一首要工作，并且可能因为路径依赖的存在，大规模地建立并运行水权市场并不明智。参考各国水权转让宗旨，在这些地区实施水权转让时，其转让额一定是经由灌溉设备更新、灌溉技术升级、产业结构优化等举措而节约的水资源；或采取将小农户掌握的分散水权向新型农业经营主体集中的办法来提高灌溉用水效率。

（三）引进"互联网＋"模式，加强农田水利治理监督

尊重农民主体地位，发挥群众监督作用。用水户作为农田水利的直接受益

人，必须参与到农田水利"建、管、用"的各个环节中去，并利用村级政务信息公开平台对水利决策和水利事务进行监督。允许并扶持农村基层组织构建包括农户、村集体、用水户协会等治理主体在内的互联网信息交流中心，可以利用微信公众号平台定期反馈水利项目治理情况、经费使用情况、工作人员绩效考核情况等，农户可以对其进行打分，在公开透明的环境中，只有农田水利利益主体各尽其职，才能有效地建立起相互信任、相互合作的软性社会资本机制，农田水利建设才能真正做到为人民服务。

（四）建立健全合理水价形成机制和节水激励机制，促进农田水利可持续发展

水价合理不仅能激励用水户节约水资源、提升用水效率，还能促进水资源实现良性循环。所以农业水价改革时应在"软、硬"两个方面双管齐下。软环境建设的核心是推广农田水利治理机制改革，规范并支持用水户协会等农民自主治理组织。硬环境建设则旨在加强灌区配套设施建设，改变用水计量方法，"软硬兼施"，形成合力促进我国农业水价改革与节水激励机制。大力普及喷灌、滴灌等节水灌溉技术，同步完善田间节水措施，形成高效、绿色、循环的农田水利可持续发展体系。

第十章　农田水利产权契约与治理的路径研究

　　农业是我国国民经济的支柱性产业,农业生产在经济发展中始终占有重要的地位,而农田水利在农业生产中始终发挥着不可替代的作用。农田水利建设既能进一步推动农村经济的发展,改善项目区农业生产条件与农民的生活质量,又能提高水资源的利用效率,从而缓解水资源的供需矛盾,促进粮食增产、农业增效、农民增收,对保障农村经济的可持续发展具有重要的意义。本章在分析农田水利产权契约与治理的现状、治理逻辑、绩效评价以及借鉴国外经验启示的基础上,从农田水利产权契约与治理的外部环境与内部环境两方面加以阐述农田水利产权契约与治理的实现路径,具体如图 10-1 所示。

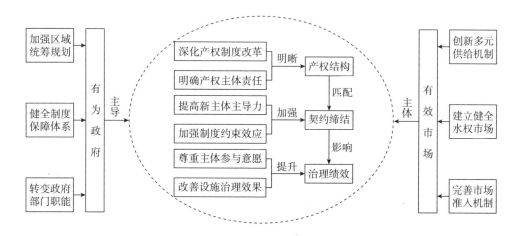

图 10-1　农田水利产权契约与治理的路径框架

第一节　农田水利产权契约与治理的外部环境

一、建设有为政府，发挥政府主导作用

（一）加强区域统筹规划，促进农田水利治理均等化

鉴于我国东、中、西部地区之间以及山地地区、丘陵地区、平原地区农田水利设施供给存在较大差异，农田水利设施治理效率在空间上存在异质性。必须加强对农田水利设施治理的统筹与规划，完善农田水利设施空间布局，解决发展不平衡、不充分问题，构建适合不同区域的投入机制和管理机制。

1. 提高东部地区农田水利设施的管护效率

尽管东部地区整体经济发展较好，但政府的工作重心主要在非农领域，对农田水利设施管理不足，导致农田水利设施规模效率低下。应以科学发展观为基础，用科学的制度和管理观念开展农田水利设施管护工作，确保各项规划决策具有科学性，从而提高管理效率，实现农田水利设施建管护一体化。

2. 加大中部地区治水技术的投入力度

中部地区农田水利设施技术创新相对于东西部较低，技术进步指数最低，阻碍了 TFP 指数的增长。应建立完善的农业科技推广体系，按照优势互补、利益共享的原则，加强与科研院所的合作，实现"产学研"一体化，促进科研成果进一步转化。并建立水利现代化体系，不断增强水利科技自主创新能力，健全水利理论与科技成果转化为实践应用的机制，减少科研成果和实际应用之间转化的障碍。

3. 完善西部地区农田水利设施的建设

西部地区大部分省份经济发展水平较低，地方政府对农业投入较少，农田水利设施不够完善，新建农田水利设施不足，已建农田水利设施老化严重，但当地农田水利设施处于规模效率递增状态，农业开发潜力大，投资效率较高。应重点聚焦西部贫困地区，补强农田水利薄弱环节，破除农田水利瓶颈制约，完善水资源综合利用，强化水资源配置，提高供水保障能力，促进经济社会发展与水资源

条件相适应。

（二）健全制度保障体系，促进农田水利治理健康化

我国水资源短缺矛盾的日益突出以及农业比较效益的持续下降，制约了农田水利设施投入的积极性，农田水利面临建设投资难、管理维护难等困境。为了切实解决农田水利设施存在的问题，加快农田水利设施发展，提高农业生产综合能力，保障国家粮食安全，有必要健全完善的制度保障体系。

1. 加大政府财政投入力度

增大政府预算中对农田水利设施建设及维护的专项投入，通过中央财政投入、国债资金、基建投资等向农田水利设施投入更多资金，确保农田水利设施建设投入力度不断增强。同时，充分发挥政府财政对农田水利设施资金投入的主导作用，加大一般性转移支付力度，在中央财政补助资金中预留适当比例作为农民用水户协会的工作经费，在中央财政补助资金上调动和鼓励农民的投入积极性。

2. 深化农村土地制度改革

创新土地管理制度，应根据国家的相关政策，加大对土地所有权划分力度，积极推动和规范土地流转，可考虑建立村集体土地流转服务站点，把闲置的土地以及因村民外出打工无法顾及的土地集中起来，统一对外承包、转租，从中收取费用。通过加快土地流转，提高农田水利治理主体的组织化程度，促进农田水利设施契约显性化，进而提升农田水利设施治理水平。

3. 健全水利"三支一扶"计划

采取定向培养、挂包服务、优惠政策吸引等措施，建立健全"引得进、用得好、留得住"的农田水利从业人员保障机制，大力开展基层水利技术人员的技术培训，加强农田水利本土人才的挖掘和培养，夯实农田水利人才队伍，推动农田水利设施可持续发展。此外，政府的相关政策要向农村地区特别是贫困地区倾斜，加大水利人才下乡的支持力度，对愿意扶助农村地区的水利人才给予相应补贴。

4. 完善农业科技推广体系

农业科技推广体系的完善，对促进我国农田水利设施治理，保障粮食安全具有重要意义。应整合科研院所、大专院校等水利科技资源，构建以政府为主导、水利科技推广机构为实体、科研院所参与的农田水利技术推广体系。同时，积极

推进水资源开发利用、水利工程和管理、节约用水、水土保持等方面科学技术研究工作，以节水、信息化、遥感等为重点，积极引进国外先进治水技术。

（三）转变政府部门职能，促进农田水利治理健全化

在现代农田水利设施治理过程中，政府不仅是农田水利设施的投资者，也是农田水利设施的管理者、引导者和宣传者。政府部门应通过改进工作方式，由从前直接用行政手段组织农民建设农田水利设施的方式，转变为集管理、监督、补助、服务和宣传于一身的新型方式。

1. 建立健全制裁体系和监督体系

根据我国农田水利设施管理经验可发现，农户之间的权威制裁对农户的行为具有一定的激励作用，因此，应制定完善的制裁体系与监督体系，引导基层部门加强信息公开，减少信息不对称，并利用网络信息公开监督机制，激发农户参与管理的积极性。例如，在农田水利设施建设和维护的过程中，针对农户的故意偷懒行为、欠交水费的行为进行监督，并采取相应的惩罚措施。同时，监督组织应由农民代表和政府工作人员共同构成，以减少由于政府监管所产生的机会主义行为，提高监管的效率。

2. 完善和巩固农民用水合作组织

各级水行政主管部门、行政管理部门要加强部门之间的协调，积极引导农民用水合作组织多元化发展，创新发展方式，逐步实现农田水利设施良性运行、用水有序高效的目标。同时，鼓励农民用水合作组织积极为成员提供农田水利设施管护、排涝抗旱等公益性服务，并运用制度约束与利益驱动机制，增强农民用水合作组织的凝聚力。鼓励有条件的农民用水合作组织积极承担农田水利设施建设，引导农民用水合作组织开展涉农用水业务，以改善自身经济条件，增强服务和发展能力。

3. 加大政府部门的宣传力度

创新宣传形式，充分发挥新兴媒体和传统媒体作用，广泛宣传各地农田水利设施治理经验和做法，重点宣传一批可学可复制的典型案例，充分调动社会各界支持农田水利设施治理的积极性。同时，政府部门应加强农田水利设施管护规范的宣传，积极开展各类用水宣传活动、文体活动等，加强村民与村民、村民与村干部、村组与村组之间的联系，从而降低农田水利设施管护的协调成本，提升农田水利设施治理水平。

二、构建有效市场，发挥市场主体作用

（一）创新多元供给机制，加强农田水利设施建设

农田水利设施是现代农业发展的基础，作为农村公共物品，政府在其中发挥着重要的作用，但完全靠中央政府和地方财政来筹措建设资金，存在着一定的困难，需要拓宽融资渠道，创新多元供给机制，最大限度地解决农田水利设施建设资金短缺问题。

1. 积极引进社会资本

农田水利设施建设要创造条件和环境，激活主体、激活要素、激活市场，营造全社会参与农田水利建设的氛围，广泛吸收社会资本投入农田水利设施建设。根据农田水利设施的不同性质，灵活选择社会资本参与方式，对于新建经营性农田水利设施，大力推进市场化运作，采取招商、股权投资等方式，积极吸引社会资本参与投资建设。对于已建农田水利设施，通过拍卖、租赁、政府购买服务等方式，鼓励社会资本参与投资建设。此外，通过制定给予减征一定比例企业所得税等优惠政策，积极吸引并引导社会资本投向农田水利设施领域，参与到农田水利设施建设；对参与农田水利设施投资建设的企事业单位，运用市场机制吸引社会资金向农田水利设施领域注入，以 BOT、BT 及 TBT 等形式参与农田水利设施建设和管护；运用社会化机制吸引社会资金向农田水利设施领域注入，可以在我国彩票发行的基础上，通过发行水利彩票为农田水利设施建设和管护筹措资金。

2. 加大金融支持力度

首先，优化金融机构的信贷结构，按照突出民生、民生优先的原则，加大对农田水利设施建设的中长期投入，善于利用国家信贷政策、税收政策等各项优惠政策，让信贷资金不断向农村饮水安全工程、重点河道治理、大中型灌区节水改造、渠系配套等农田水利项目倾斜。此外，在重视新建农田水利设施的同时，不能忽视对原有农田水利设施的更新与改造，要做到新旧农田水利设施建设支持并重，尽量使信贷投放保持均衡，使资金支持获得最大经济效益。其次，金融机构也需要拓宽金融业务与服务领域，通过创新担保方式，鼓励集资农户共同担保，开设水利机械设备抵押贷款，探索符合农田水利设施特点的金融服务方式。对于农田水利设施建设，可按"谁投资、谁建设、谁收益"的原则，保护投资人的合法权益，并鼓励符合条件的农田水利公司上市和发行债券，探索开展农田水利

设施的融资租赁业务。最后，增强政策性金融服务功能，针对农田水利设施建设工程的信贷需求特点，将政策性金融与商业性金融区分开，主要由政策性银行来运作，并在利率、期限和贷款条件等方面采取优惠措施。同时，建立健全完善的政策性农业保险制度，成立专门的政策性农业保险公司，进一步完善农田水利设施政策性保险机制，对农田水利设施、机械设备、水资源提供政策性保险。

（二）建立健全水权市场，优化农田水利治理环境

水资源短缺，时空分布不均，供需矛盾突出是制约我国农业可持续发展的主要瓶颈。完善水权交易平台，建立良好的农田水利设施市场环境对提高水资源利用效率、节约用水具有重要的意义。

1. 发挥市场机制作用

在水权交易价格形成中要进一步强化市场的决定性作用，建立市场规则体系，发挥水权市场中的价格机制，提高水资源的利用效率。同时，水行政主管部门、水权交易平台等机构应不断探索适合不同交易模式下的市场化定价方法，建立水权交易价格的市场形成机制，从而使价格真实反映供给方和需求方支付意愿，以达到水资源的优化配置。

2. 逐步建立水权市场

鉴于我国部分地区还没有处理好水权界定这一首要工作，并且因为路径依赖的存在，大规模地建立并运行水权市场可能达不到预想的结果，应考虑逐步建立水权市场，继续推进水权交易试点，鼓励和引导地区间、流域间、流域上下游、用水农户之间的水权交易，按照全面有偿出让的原则，不断探索多种形式的水权流转，积极培育和发展水权市场。同时，在推进水权试点的过程中要明确水权市场可持续发展的必要条件，并对水权市场可带来的社会效果有一个清晰的认知。

3. 完善水权交易平台

对于未成立水权交易平台，但水权交易市场发育程度较高的地区，建议按照国家的政策要求，在现有产权交易平台的基础上，围绕水权交易规则与程序，增设水权交易业务；对于已经成立的水权交易平台，应建立健全平台运转制度，拓展水权交易业务，以维持水权交易平台良性运转，同时还要发挥引领带动作用，对有增设水权交易业务需求的产权交易类平台进行业务指导，确保能够依托现有交易平台开展水权交易业务。

（三）完善市场准入机制，提升社会资本的积极性

由于农田水利设施缺乏产权保障和盈利空间，导致企业等新农田水利设施服

务主体难以进入农田水利设施治理领域。有鉴于此，应放开市场准入机制，引导市场参与到农田水利设施管护当中。

1. 建立社会资本市场准入机制

除法律法规规定的特殊情形之外，还一律向社会资本开放农田水利设施建、管、护的全过程。对于社会资本愿意投入的农田水利设施，应优先考虑由社会资本参与建设与管护。同时，保障社会资本合法权益，以社会资本建设、管理的农田水利项目，应与政府投资农田水利项目享有同等待遇，即拥有农田水利项目的所有权、使用权、收益权，并可依法转让、转租、抵押其有关权益。

2. 发挥社会资本带动作用

乡（镇）级别可成立农田水利设施管护中心，负责农田水利设施管护，且交由市场化企业进行管理，并明确可通过政府购买服务的方式实现市场主体的准入，使企业具有合法且合适的身份参与到农田水利设施的管护过程中。此外，社会化企业在提供农田水利设施管护服务过程中应打破原有的村级行政边界，建立水文边界，扩大管护服务的范围。并通过市场配置人力资源的方式吸引村民参与到农田水利设施管护，增强村民的参与意识。同时，政府应加强对社会化企业的绩效激励和规范约束，将社会化企业的管护行为纳入年终绩效考核，以提高社会化企业治水的积极性，进而提升农田水利设施治理绩效。

第二节　农田水利产权契约与治理的内部环境

一、明晰产权结构，提升农田水利设施管护水平

（一）深化产权制度改革，创新管护机制

农田水利设施的准公共物品属性及其投资主体的政府化，是造成其产权主体不清、管护责任难落实、利益机制驱动弱的根源所在。只有通过实现"确权、赋权、活权"三位一体，明确并合理利用农田水利设施的所有权、管理权、使用权等一系列权利束，才能吸引更多的社会资本投入其建设、管理和维护，形成农田水利设施多中心协同治理的新格局，为国家粮食安全、农村经济社会稳定发展提

供基础保障。

1. 精准确权

明晰农田水利设施利益主体在农田水利设施建设、管理、维护等方面的权责利，完善农田水利设施产权界定、移交及管理的制度措施，明确操作程序。同时，按照投资主体的不同分类确权，对个人投资建设的农田水利设施，产权归个人所有；社会资本投资建设的农田水利设施，产权归投资者所有；农户共同出资建设的农田水利设施，产权归农户所有；政府投资为主建设的农田水利设施，产权归村集体所有。

2. 有效赋权

通过重置估价，将财政投资形成的农田水利设施项目转化为设施资产，并将资产交由村集体管理，健全设施资产核算制度。同时农田水利设施产权改革成果应由用水农户共享，将农田水利设施经营性集体资产量化股权，赋予农村集体经济组织成员股份权、收益权和转让权。此外，基于乡村社会关系中关于农村集体成员身份的历史和现实因素，探索多元赋权方式，实现用水农户与村集体利益的兼容，有效满足不同主体的利益诉求。

3. 充分活权

通过产权交易服务平台，采取拍卖、租赁、承包、股份合作制以及用水协会等形式，努力实现使用权、经营权与所有权的有机结合，使农田水利设施建后管护逐步由行政管理型向社会服务管理型、市场带动管理型以及经济自立管理型转变。同时，建立完善的农田水利设施产权抵押融资机制，拓展农田水利设施所有权、使用权抵押融资渠道，充分发挥农田水利设施资产价值，切实激活农田水利设施"沉睡"资产。

（二）明确产权主体责任，注重"权、责、利"分配

农田水利设施的产权明晰，直接影响着农田水利设施治理效率的提升、农业生产的健康发展以及农村经济的稳定增长。农田水利设施的产权主体主要有政府部门、中间组织以及农户，处理好三者之间的博弈关系，明确各自的责任，有着十分重要的意义。

1. 发挥政府部门主导作用

政府作为大中型农田水利设施的所有者，需要给予农民奖励性补贴和中间组织奖励转移性支付以提高农民和中间组织参与农田水利设施建设与管护的积极

性，并强化对中间组织的监管，加大中间组织不作为所需要承担的成本；改革地方政府政绩考核制度，将农田水利设施的治理绩效作为重要的考核标准，引导政府官员树立正确的政绩观。同时，根据农田水利设施的层次性差异，按照中央与地方财政事权和支出责任划分改革要求，明确划分各级政府对农田水利设施的管护责任。

2. 落实中间组织管护责任

一方面，村集体作为小型农田水利设施的所有者和管理监督者，应管理好农田水利财政转移支付和专项资金，充分发挥监督协调职能，调解农户用水矛盾与纠纷，并将管理与监督绩效纳入年终考核；另一方面，用水协会作为另一中间组织，主要协调农田水利设施供需主体之间的平衡，积极为会员提供农田水利设施管护、排涝抗旱等公益性服务。同时，用水协会应引入利益激励机制，改变农户在与政府博弈过程中的弱势地位，有效遏制政府的机会主义行为，促进政府与农民之间的有效衔接，减少社会的交易成本。

3. 提升农户自觉参与意识

农户作为农田水利设施的使用者和受益者，可从学习农田水利设施治理相关法律条例、实施方案等入手，整体把握农田水利设施治理主体的权责利，合理争取自己的权益，成为农田水利设施治理的参与者。同时，加大对农户参与农田水利设施管护的补贴力度，通过"以奖代补""先建设后补助""以物抵资"等方式引导农户投工投劳，减少信息不对称，降低农户行动成本，增加农户在治理农田水利设施的话语权，培养农户自觉管护农田水利设施的责任感。

二、加强契约缔结，规范农田水利治理主体行为

（一）提高新主体主导力，促进契约关系显性化

自"三权分置"以来，随着新型农业经营主体数量的不断增加，其在农田水利设施的主导地位也逐渐加强，使农田水利设施治理主体之间的显性契约关系不断加强，进而提升了农田水利设施治理水平。

1. 加大对新型农业经营主体的扶持力度

要充分认识新型农业经营主体对农田水利设施治理的重要作用，切实加强组织领导，采取有效措施，加大扶持力度，不断完善农田水利设施治理体制机制，使农民合作社、龙头企业等新型农业经营主体在农田水利设施治理过程中占主导

地位，发挥好新型农业经营主体的示范带动作用，促进治理主体之间契约关系的显性化。

2. 强化合作组织内部规范管理

完善新型农业经营主体的内部机制，建立健全组织的理事会、监事会、股东大会制度，充分发挥作用，为组织科学决策提供制度保障和组织支持。引进职业经理人，使组织所有权与经营权分离，提高组织决策效率，降低政府与新型农业经营主体之间的操作契约和新型农业经营主体内部形成的组织契约的交易成本，进而增大契约强度，提升农田水利设施治理绩效。

3. 加大农村土地流转规模和力度

积极推动和规范土地流转，引导土地向新型农业经营主体集中，实现土地资源优化配置，提高新型农业经营主体经营效益，促进新型农业经营主体在农田水利设施建设中投入人力资本和物质资本，提高新型农业经营主体在农田水利设施治理过程中的主导地位，促进农田水利设施治理主体之间的隐形契约关系向显性契约关系转化。此外，政府应给予相应的补贴并制定违约的制裁方式，规范新型农业经营主体的行为。

（二）加强制度约束效应，实现契约关系稳定化

鉴于农民契约意识比较薄弱，需加强规范与约束，强化农民契约意识，提高契约执行的效率，降低契约成本，实现契约关系稳定化。

1. 树立正确的契约观念

在处理农民水事纠纷时，注重对契约概念的讲解，培养农民的规则意识、权利义务意识和程序意识，让农民在与契约的交涉中认识契约。在转变思想的同时，加强契约意识宣传，既可举办专门的会议讲授契约相关的知识，又可在村级公开栏张贴宣传海报，更可通过广播、电视、微博、微信公众号等媒体进行传播，潜移默化地影响村民，提升村民的契约意识。此外，村干部要起带头作用，在全体村民中广泛进行契约意识宣传，引导村民自觉遵守契约意识。

2. 加强农村信任体系建设

尽管农户之间一般靠关系契约维系着，但这存在很大的不稳定性，由于关系契约不存在违约金的制裁，农户在面对短期利益与声誉之间的权衡取舍时倾向于选择前者，导致用水纠纷时常发生，农田水利设施治理效率低下。应采取相应的约束与激励机制，加强农村信任体系建设，健全农民守信记录，加大监督力度，

完善失信惩罚机制，对遵守契约的行为予以奖励，对违背契约的行为予以一定的惩罚，以规范农户的行为，提升农田水利设施治理水平。

3. 提升村社凝聚力

加强农村基层领导班子建设，探索党员推荐、群众推荐、党内选举的方式选拔村党组织领导班子成员，营造良好的农村基层干部选拔氛围，真正把那些有干劲、会干事、办事公道、作风扎实的候选人选为村党员干部；建立村级监督机构，对村干部以及村民的行为进行有效监督，并加强村级事务的公开透明程度，以增强村民之间的信任，提升村社凝聚力，进而减少违约现象的发生，促进契约关系的稳定化。

三、提升治理绩效，实现农田水利设施良性运行

（一）尊重主体参与意愿，增强农户认知度

农田水利设施供给除了政府宏观层面的资金投入和制度配套之外，还需要农村微观层面的积极对接，鼓励农户参与农田水利设施建设成为解决问题的关键。

1. 提高用水农户的参与意识

增加用水农户在农田水利设施方面的教育投入，培养农民形成终生学习以及利用空闲时间进行自我学习的意识。在教育投入方面，不仅要传授农田水利设施建设的知识与基本技术，也要加强培养农民参与农田水利设施建设的意识，更要提高粮食主产区农民参与农田水利设施建设的积极性。同时，重视"能人治水"，利用能人在村中的威望，带动更多的人参与到农田水利设施建设当中。

2. 加大种粮农民的财政补贴力度

由于种粮补贴可以看作政府的间接引导投入，同时也能提高农民家庭收入，因而对农民参与农田水利设施建设有一定的激励作用。应坚持"谁种粮谁受益、谁多种粮食就优先支持谁"的原则，加大对规模化种粮农民的补贴力度。此外，应适度提高粮食收购价格，保障农民种粮收益，提升种粮农民幸福感、满足感、责任感，以增强种粮农民对农田水利设施建设的支付能力。

3. 充分尊重农民的治理意愿

根据不同区域农户家庭的实际情况，合理引导农民筹资筹劳。对家庭劳动力越短缺、年轻的农户，应引导农民以投工的方式参与到小型农田水利设施建设；对家庭劳动力充足、年长的农户，其家庭劳动力从事非农产业能获得更多的收

益，应引导农民以投钱的方式参与到小型农田水利设施建设。

（二）改善设施治理效果，提升农户满意度

农户作为农田水利设施的重要产权主体，其满意度可以作为农田水利设施治理效率高低的重要判断依据。如何提升农户参与农田水利设施建设的满意度是克服农田水利设施治理主体机会主义行为，提高农田水利设施治理绩效的关键。

1. 强化农村基层组织力量

地方政府应出台相关政策，规定农村基层组织负责组织农田水利设施管护队伍，以缓解农田水利设施"无人管"的困境。应以相对独立的村组划分农田水利设施管理片区，由村支部书记牵头，设立村组组长为管理片区总组长，各村其他公共基础设施管理人员构成片区农田水利设施管护队伍。在发挥"一事一议"作用的基础上，农村基层组织可按一定比例向用水农户收取农田水利设施管护费用以维持农村基层组织治水的物质基础。同时，加强农村基层组织的公益服务职能，可成立相应的水事调节组织，专门调节和化解不同村庄、不同单位之间、有关单位与农民之间的水事纠纷，进而减少农户之间的水事纠纷，提高农户用水效率，增强农民的满意度。

2. 提高灌溉用水效率

根据地方农田水利布局和规模特点，合理分配新型农业经营主体和农民种植面积，鼓励新型农业经营主体与农民"共建、共享、共用"，合理利用高标准农田、农田配套设施以及农田治水技术，提高灌溉用水效率。根据气候特点和灌溉方式等，对灌溉用水定额指标进行分类细化，提高灌溉用水效率。

3. 提升农民的认知能力

引导以务农收入为主的农户学习并使用先进的现代农业治水技术。由于农民缺乏对农业技术自主创新的能力，在既定的农业生产力水平条件下，随着农户家庭土地经营规模的扩大，亩均粮食产量逐渐递减，抗风险能力变弱。为确保农田水利设施功能的正常发挥，提高用水效率，满足农户农业生产用水需求，应鼓励农民加强对先进的农业排水抗旱技术的学习，并对"学习快、运用快"的给予一定奖励，从而调动农民学习现代农业治水技术的积极性。

第十一章　研究结论与政策建议

农田水利是促进农业现代化和保障国家粮食安全的重要基础，是实施乡村振兴战略的有力支撑，对农业增效、农民增收和农村发展具有重要作用，完善农田水利治理对夯实农业生产能力、提升农业发展质量和增强乡村发展新动能具有重要意义。本书运用经济学、社会学和管理学等学科的相关理论，主要使用规范分析法、实证分析法、案例分析法、比较分析法等研究方法，遵循"提出问题—规范分析—实证分析—解决问题"的思路进行研究，构建农田水利治理"产权结构—契约缔结—治理模式"的逻辑框架。虽然相关章节都做了必要的归纳和小结，但为了更系统、更清晰地表述农田水利产权契约与治理研究的结论，本章将进一步高度概括和精炼本书的主要观点，提出有针对性的政策建议，并对下一步研究提出几点展望。

第一节　研究结论

（1）我国农田水利先后经历了新中国成立时期、"人民公社"时期、"双层经营"时期、"后税费"时期以及"三权分置"时期的演进历程。

新中国成立时期农田水利建设采取农民投工投劳与国家投入相结合的以工代赈政策，管理上实行专人分段负责、具体指导。"人民公社"时期，大部分的农田水利设施由人民公社组织建设，合作社出资，社员出工，水利工程产权由公社所有，公社派人管理，水利工分的报酬相当于同等劳动力农业工分的报酬，但由于过分追求数量而导致质量不高，浪费严重。"双层经营"时期，坚持"谁建设、谁经营、谁受益"的原则，建立和完善了农田水利专项建设基金，主要由县、区、乡的专管机构和村群众管水组织管理，管理上依靠水利劳动积累工和义务工或进行承包。"后税费"时期，明确了农田水利建设村级"一事一议"筹资筹劳政策，管理上坚持政府支持、民办公助。自"三权分置"以来，国家依靠政府与社会力量投资，加大中型灌区续建配套与节水改造、大中型灌溉排水泵站更新改造力度，加大信贷支持力度，加快落实农田水利工程管理维护经费，落实农田水利工程管护主体责任，推进小型农田水利设施提档升级。

（2）产权主体的行为选择差异明显，中间组织监管和农民参与的积极性取决于政府的奖励性转移支付与补贴、对社会声誉和乡规民俗的尊重。

政府有持续投资农田水利建设意愿，农户有持续维护农田水利意愿，灌区没有持续监管意愿，即每个产权主体在不同条件下的行为选择具有差异性。其中，尽管中央政府有持续投资大中型农田水利设施建设的意愿，地方政府因缺乏激励机制没有主动投资建设大中型农田水利的动机，但地方政府在其社会收益大于监管成本的前提下，会加大对灌区的监管；当政府部门供给不足时，农田水利的私人供给陷入"囚徒困境"，只有通过重复博弈，才能使地方政府与农户的博弈结果达到帕累托最优的均衡。农户作为农田水利直接受益主体，无论地方政府选择策略如何以及村集体是否管理农田水利，农户都有强烈意愿维护农田水利设施。由于机会主义倾向，灌区这一产权主体倾向于采取不合作策略，他们没有主动监管农田水利意愿。随着城乡差距不断缩小，乡村振兴战略的实施，越来越多的农民返乡从事农业生产和乡村建设，这些以农业生产性收入为主的农户对农田水利设施的需求增加，因而这部分农户供给农田水利设施的意愿越强。

（3）农田水利治理模式的选择取决于农田水利禀赋特征、产权结构、契约缔结的差异。

当农田水利体现"强公共资源"特征时，农田水利以集体产权形式出现，关键在于选择合适的代理人，如果代理人为二级水管单位，构建强显性弱隐性契约的政府主导型治理模式；如果代理人为村集体，构建弱显性强隐性契约的集体主导型治理模式。当农田水利体现弱"公共资源"特征时，农田水利以私有产权形式出现，应强调组织与个人的"自我价值"实现，构建弱显性强隐性契约的私人治理模式。当农田水利体现一般"公共资源"特征时，农田水利以混合产权形式出现，强调治理主体间的监督与合作，理应构建中显性中隐性契约的多中心治理模式。在产权转移下，构建一个以政府主导、中间组织（村集体或协会）监督协调、新型农业经营主体与小农户为中心、"互联网＋"为信息循环网的强显性弱隐性契约的"四位一体"治理模式。通过小型农田水利治理案例分析，发现"三权分置"改革出现的新型农业经营主体改变了"两权分离"时期小型农田水利治理主体格局，新型农业经营主体成为主要的占用者和提供者，重新调整了所有权、管理权和使用权的产权结构。小型农田水利产权结构诱致小型农田水利显性契约和隐性契约关系组合的存在，显性契约依靠不同主体之间的正式控制机制，主要有操作契约、配额契约、市场契约和组织契约；隐性契约则由非正式机制协调主体关系，由政治契约和关系契约构成。土地流转程度越高的地区，新型农业经营主体在占用者组合中主导能力越强，小型农田水利显性契约对隐性契约的替代程度越高，契约选择按照弱显强隐、中显中隐、强显弱隐契约组合关系演变，小型农田水利治理绩效越好。

（4）我国农田水利投资额度、设施数量得到较快增长，农业灌溉条件得到明显改善。

我国农田水利治理取得了不错的成绩，国家财政用于水利支出的投资规模呈持续增长的态势，中央投资和地方投资齐头并进，社会资本虽有投入，但吸收社会资金和调动其他利益主体参与积极性方面有待加强。我国农田水利设施建设规模不断扩大，水库数量呈稳步增长的态势，水闸数量持续增加，堤防长度呈现先下降后上升的增长趋势。农业灌溉条件得到了较大改善，有效灌溉面积、水土流失治理面积、节水灌溉面积和除涝面积呈上升趋势，抗灾能力明显提升，初步形成具有蓄、引、提、灌、排、防等功能的现代化农田水利体系。就管护情况而言，随着新型农业经营主体队伍的扩大，农田水利管护主体呈多元化发展趋势，管护意识逐渐增强，管护机制不断完善，管理水平不断提升。农田水利产权制度改革不断推进，改革成效明显。尽管我国农田水利治理取得了一定成就，但仍存在资金渠道来源单一、投资结构不合理、基层组织功能缺失、农民决策参与度不高、管理责任不明确、管理主体之间难以协同、产权界定不清晰、产权主体契约意识薄弱等问题，因此，明晰水利产权是促进农民积极参与水利设施建设的重要保障，在农田水利建设、产权制度设计上要充分考虑农民的需求，建立不同地区、不同利益主体的沟通协调机制，以减少或消除其外部性。

（5）我国农田水利治理综合效率总体上呈下降趋势且存在显著的地区差异，

市场化程度是影响农田水利治理效率的重要因素。

运用数据包络分析方法，选取农林水事务支出、第一产业从业人员数、排灌机械数量这三个指标作为投入变量，有效灌溉面积、粮食产量和农村安全饮水人口作为产出变量，通过对全国 31 个省份农田水利的数据分析表明，除 2012 年有较大上升以外，2008～2017 年我国农田水利治理综合效率总体上呈下降态势，说明自 2011 年中央一号文件颁布以来，国家加大农田水利投入力度，不仅加大建设投入夯实基础，在农田水利管理和维护方面也狠抓落实，提升管理水平，这对农田水利治理效率的提高起到了明显作用。同时，农田水利治理综合效率存在显著的地区差异，农田水利资源配置和技术进步还有待改进。从静态角度来看，农田水利治理的综合技术效率中部地区的效率值最高，高于全国平均水平，而东部和中部地区效率值低于全国平均水平；从动态角度看，各地区农田水利治理的全要素生产率由高到低依次是东部地区、西部地区、中部地区，这主要是由于中部地区技术进步指数最低。此外，市场化程度对农田水利效率有显著的正向影响，市场化程度越高的地区，契约越完备，不仅能有效发挥市场竞争机制的作用，有效传递农田水利的需求信息，还能有效降低潜在的机会主义行为，降低契约的违约率，促使治理效率的提高。总的来说，我国农田水利治理既有效率损失，同时存在技术进步的现象，这说明农田水利治理在对现有投入要素配置、投资结构与规模等方面还不太成功。

（6）农户意愿度主要取决于农民个人特征、农民家庭特征以及农民的心理认知状况；农户满意度主要取决于农民个人特征、农户家庭特征、农户参与特征以及政府组织特征；边界规则、分配规则、投入规则、监督与制裁规则分别对小型农田水利治理绩效产生显著影响。

以湖南省粮食主产区 475 户农户的调查数据为基础，受访农民的文化程度越高、身体健康状况越好、家庭劳动力越短缺、种粮收入占家庭总收入的比重越大、种粮补贴与种粮投入的比例越大、受访农民对现阶段农田水利设施整体状况的评价越差、小型农田水利建设对农业生产的重要程度越高、自然灾害对农业生产的影响越大，农户越愿意参与小型农田水利建设；受访农民的年龄越大、文化程度越高、身体健康状况越差以及种粮补贴与种粮投入的比例越大，农户越愿意以投钱为主的方式参与小型农田水利建设。通过对湖南省 323 份农户数据的分析，结果表明，农户对农田水利产权治理满意者占 44.8%，而不满意者占

55.2%，且在不同特征下农户满意度有所差异。农户年龄越大、务农收入比重越大、农户投资意愿越强、农田水利维护状况越好、政府组织动员力度越大、村社凝聚力越强、农户对政府越信任，农户对农田水利产权治理满意度越高；主要决策者的性别和农户土地经营规模、农田水利治理决策参与度显著负向影响农田水利产权治理农户满意度。因此，进行农户意愿度与满意度的调查与实证，能寻求到完善农田水利建设和管护的现实支点，落实相应产权主体责任，有利于解决农田水利治理过程中"最后一公里"和"九十九公里"问题。此外，湖南省三县的192个小型农田水利设施的调查样本数据表明，制度规则对小型农田水利治理绩效存在显著影响，具体而言：小农水是否在平原湖区的基本特征，小农水治理主体产权是否清晰的边界规则，是否按顺序取水的分配规则，农水使用者是否按比例投入和政府投入变化情况的投入规则对小型农田水利治理绩效有显著的正向影响；小农水是否排他，是否把水分成固定比例对小型农田水利治理绩效呈现负向影响，但没有通过显著性检验；小农水是不是水库或山塘、小农水使用者是不是组织内成员、是否在固定时段取水、是否有管水员管理、政府是否对小农水监督等制度规则对小型农田治理绩效影响不显著。

（7）美国、日本、澳大利亚、以色列等发达国家和印度、智利等发展中国家的农田水利产权契约与治理呈现不同的特点。

尽管美国、日本、以色列和印度在农田水利治理上都采取参与式灌溉管理制度，但美国更倾向于将水权交易通过市场调节来优化水资源配置。在印度，政府和国有公司才是农田水利产权的所有者，这一点与日本和以色列将水权视为公权具有相似性。澳大利亚和智利都是农户私人治理模式，农田水利产权的主体是农民，其中，澳大利亚的水权交易相对而言具有更强的自主性。由此对我国农田水利治理提供了重要启示：清晰界定农田水利产权，创造条件鼓励农民参与治理；逐步建立水权市场，建立良好的农田水利市场环境；引进"互联网＋"模式，加强农田水利治理监督；建立健全合理水价形成机制和节水激励机制，大力普及喷灌、滴灌等节水灌溉技术，同步完善田间节水措施，形成高效、绿色、循环的农田水利可持续发展体系。

第二节 政策建议

一、加大农田水利建设，促进投入主体多元化

农田水利是保障农业稳定发展、国家粮食安全的重要物质基础。因此，继续加大农田水利设施的建设和投入将进一步促进农田水利设施有效供给，由于长期以来的资金投入不合理，造成了资金利用率低等问题。为此，本章将多元投入机制引入到农田水利设施建设中，进一步扩大农田水利设施规模。

（一）坚持公共财政主体地位，建立投入优先保障机制

随着国家对农业农村的重视，中央强调坚持把农业农村作为财政支出的优先领域，确保农业农村投入适度增加。而农田水利作为农村最重要的公共产品，是政府公共财政转移支付的重要领域。

第一，优化财政投入方式，增大农田水利投资在政府财政支出中的比重，设立农田水利专项资金，确保农田水利建设投入力度不断增强、总量持续增加。

第二，建立合理的水利资金分配制度，推进"三农"领域内资金整合与其他部门、行业间资金统筹相互衔接配合，尤其是有效整合地方水利局、国土局、农业局、扶贫办等部门配套资金，统筹规划使用并加强监管，提高资金使用效率，避免重复建设。

第三，充分发挥政府财政资金对农田水利资金投入的主导作用，构建多层次转移支付体系，完善中央政府对地方政府的垂直转移支付，还要完善省以下政府的水平转移支付制度。

（二）拓宽资金筹集渠道，引导社会资本参与农田水利建设

尽管我国财政支农支出不断增加，并投入了大量资金用于农业基础设施建设，由于农田水利设施自身的脆弱性等原因，农田水利建设依然投资不足，资金渠道来源单一，仍面临较大的资金缺口，有必要拓宽资金筹集渠道，并在农田水利建设领域引入社会资本。

第一，引导金融机构增大对农田水利投资，适当安排中长期、低息的政策性

贷款，降低贷款担保，提高信贷支撑，发展并创新农田水利项目融资模式，降低融资成本。

第二，采取民办公助模式开展农田水利建设，坚持"政府扶持、农民参与、以民为主"的原则，组织农民积极参与建设和管理，采用"一事一议"的办法筹集资金，由村委会组织讨论农田水利建设配套资金和劳动力分担等（桂丽，2014）。

第三，吸引其他利益主体和社会资本投资农田水利，利用水利设施项目等方式激励新型农业经营主体投入，增大"以奖代补"和"以工代赈"额度，通过拍卖、租赁、承包等方式实施以产权换资金，以存量换增量，将所得资金集中用于农田水利设施的兴建和改造；此外，加大对农田水利建设的公益性和正外部性的宣传，吸取企业、个人以及社会团体的捐（投）资。

二、加强监督与管理，提升农田水利管护水平

我国农田水利设施大多建设于大集体经济时期，由于受当时的技术条件等限制，这批农田水利设施整体质量较差，加之有人用、无人管，使农田水利设施损坏、老化失修现象严重，严重降低了防汛抗旱能力，而现代农业的发展必然要求农田水利在灌溉、蓄水、抗旱、排水和防洪方面提供完善的配套服务。因此，加强农田水利的监督与管理，提升管护水平有利于现代农业生产和发展。

（一）探寻主体博弈均衡，明确各主体权、责、利

在完全信息静态与不完全信息动态博弈下，农田水利产权主体的策略选择不同，主体规避责任、"搭便车"现象频发，有必要厘清各主体的权责利关系，充分调动各个治理主体参与管护的积极性。

第一，继续加大政府对农田水利设施管理和维护经费的财政支持力度，同时加强投资前的调查工作，提高农田水利项目"以奖代补"额度以扶持农田水利管理，实现农田水利设施的长效发展。

第二，减少地方政府对灌区放水行为的监管成本，对灌区合作放水以奖励的形式给予补助，先放水后补助，降低灌区合作放水的成本，提高灌区合作的积极性。

第三，赋予村集体相应的管理权力，提高村集体的信用，减少村集体管护农田水利设施的成本，依靠村民自治有效联结水利工程管理单位与相关用水农户，

建立起两者间稳定的供水和取水关系。

第四，整改现有农田水利供给体制，将能够衡量农村水利设施建设收益的指标纳入地方政府绩效核算，使社会利益和地方官员利益紧密联系，当地方政府的预期社会收益高于其监督成本时，地方政府就会予以配合，并根据实际情况予以表彰和惩罚，从而实现水资源的优化配置，提高农田水利供给效率。

第五，在村内农田水利设施供给上，乡村权威或村集体进行典型示范，增强村集体舆论压力，同时培育农户的集体意识和利他主义意识，使农户认识到"搭便车"是一种很没"面子"的事，增加其"搭便车"成本。

（二）优化制度设计，明确农田水利管护主体

坚持产权激励与经济刺激"双轨"并行，重塑"政府+农村基层组织+农民"三级联动治水模式，从制度与操作层面减少农田水利治理的交易费用。

第一，制定和完善科学的管理制度和措施，落实编制财政预算、划定管理范围、健全管理网络等具体任务，推行财政公开透明，防止权利真空、以权谋利的行为以及贪污腐败现象的出现（连英祺，2012；张海燕，2015）。建立合理的农业用水价格机制，确定农田水利设施管理和维护成本，水价的设定应该向社会特别是农户公布农业用水的生产成本具体来源和数目，并通过听证会取得农户对农业用水价格的支持。

第二，探索并推进基层组织农田水利的管护制度，建立以政府为主导、多方力量参与的农田水利管理维护体系，组建用水户协会等农村用水合作组织，明确其权利和义务，加强基层水利服务机构与农村用水合作组织的协作配合，适度加大激励力度，引导新型农业经营主体与小农户主动提供维修养护，确保满足农户灌溉排水需求。确立并加强农村基层组织的公益服务职能，可以从转变管理人员的观念入手，农田水利治理不应只是发生自然灾害时才进行的"应急管理"，而应该是防患于未然的"风险管理"。对水利专业化服务组织提供的服务进行有效监督；调节和化解所辖区域内不同村庄、不同单位之间、有关单位与农民之间及农民相互之间的水事纠纷等。

第三，农田水利管护制度应与当地实际情况相适应，切勿"一刀切"，充分考虑农民的需求，不要一味地蛮干和脱离群众，尊重客观事实，同时注重保护当地生态环境，将农田水利管护工作纳入法制化轨道，规范农户用水行为，打造农田水利生态管护新面貌。

（三）推进农田水利产权改革，建立长效管护机制

我国农田水利产权不明晰，造成了管理主体缺位和"公地悲剧"，影响农田水利长效作用的发挥。因此，需要明晰农田水利产权，明确农田水利权能。

第一，清晰界定产权治理的公共域和私人域，农田水利设施公共领域着手"九十九公里"，私人领域主导"最后一公里"，公共领域的产权主体承担农田水利的建设资金投入、监督协调责任，私人领域的产权主体承担维修养护责任。

第二，以精准确权推动农田水利设施"虚权"变"实权"。落实已经建好的农田水利设施的确权颁证工作，明晰农田水利设施产权主体，建立农田水利设施确权颁证制度和产权转移制度，形成农田水利设施"权、责、利"一体的新型产权制度。

第三，以有效赋权加快"实权"变"资产"。将各级财政投资形成的农田水利设施，对所有权证、资产价值进行认证，让水利设施成为完整的资产，并将这一资产纳入村级经营性集体资产，与其他经营性集体资产同步量化股权，赋予成员股份权和收益权。

第四，以充分活权实现"资产"变"活钱"。放活农田水利设施经营权，让其入市流转交易。具体来说，可以通过产权交易服务平台，采取承包、租赁、股份合作、拍卖等多种经营方式促进农田水利设施经营权流转，并允许农田水利设施经营权证抵押融资，切实激活农田水利设施这一"沉睡"资产。

三、理顺治理逻辑，创新农田水利治理运行机制

国内外学者对农田水利治理进行了高度关注，大部分学者支持以产权改革为方向进行农田水利治理，尽管有学者提出基于效率导向进行农田水利治理，但不同禀赋特征和产权结构会衍生不同契约选择关系，尤其是在农地所有权、承包权、经营权分离下，农田水利治理实践的逻辑关系必须厘清。因此，理顺农田水利治理逻辑是创新农田水利治理机制的前提。

（一）契合禀赋特征，厘清农田水利治理逻辑

占用者不同组合方式改变农田水利禀赋特征，进而形成差异化的产权结构和契约关系，特别是"三权分置"改革出现的新型农业经营主体改变了"两权分离"时期农田水利治理主体格局，新型农业经营主体成为主要的占用者和提供者，重新调整了所有权、管理权和使用权的产权结构。因此，应契合禀赋特征，

厘清农田水利治理逻辑。

第一，对于占用者以小农户为主导的主体格局，主要是增强小农户间的信任程度。当一方拥有良好的社会资本时，合作方会更加信任对方，交易费用也更低，这有助于农户双方达成交易，即社会资本能够增加双方信任（钱龙等，2017）。应该重视农户社会资本在农田水利治理机制中的影响，通过合作社、用水户协会等组织的建设，鼓励农户积极参与进来，为信息的互换与扩散提供平台，从而增加农户之间的信任程度。

第二，对于占用者是新型农业经营主体与小农户共存的主体格局，需要平衡协调好政府、新型农业经营主体和小农户的利益关系。一方面，由于现在大部分农田水利设施无法适应新型农业经营主体规模化的农业生产，政府应给予新型农业经营主体政策支持和资金支持，改善现有农田水利设施体系，使之适应新型农业经营主体的生产偏好。另一方面，由于小农经济会长期存在，必须关注小农户的农田水利需求，政府不能因新型农业经营主体的利益而忽视小农户的利益，应平衡双方的利益诉求。

第三，对于占用者以新型农业经营主体为主导的主体格局，关键是发挥好新型农业经营主体管护的示范带动作用。新型农业经营主体可以通过社会化服务能力建设带动小农户，建立农田水利联动协管机制，形成以新型农业经营主体为核心的专业化农田水利管理。

（二）着力"三权分置"，明晰农田水利产权结构

"三权分置"改革使农村土地产权变为集体所有权、农户承包权和土地经营权，实现了土地要素的有效流动，农地产权再配置改变了农田水利治理主体格局，有利于提高农田水利治理绩效。因此，有必要加快农地产权改革进程，界定和保护好不同禀赋特征下农田水利设施所有权、管理权和使用权，规范产权交易与流动，明确各产权主体权利与责任。

第一，政府作为大中型农田水利设施的所有者和保障国家粮食安全的主导者，需要承担所有农田水利设施建设的投入，并对管护主体进行补贴与奖励。

第二，村集体作为小微型农田水利设施的所有者和管理监督者，管理好农田水利财政转移支付和专项资金，充分发挥监督协调职能，调解农户用水矛盾与纠纷，并将管理与监督绩效纳入年终考核，由政府对村集体实施奖励或惩罚。

第三，用水户协会作为另一中间组织，主要协调农田水利供需主体之间的平

衡，计收水费。与村集体一道，落实政府（乡水利站）下达的治水任务，维持用水秩序，并组织农户达成集体行动意愿，保障农户灌溉用水的及时性和公平性。

第四，新型农业经营主体和小农户是农田水利设施的使用者和受益者，按照"谁受益、谁投资"原则，两者之间要互相合作，积极投工投劳，及时提供农田水利的维修与养护。

（三）把握契约强度，推动农田水利契约显性化

按照差异化的禀赋特征和产权结构，农田水利治理主体通过交易成本最小化选择契约组合关系和治理模式。随着新型农业经营主体数量的增加，农田水利使用者中新型农业经营主体所占比例也不断增加，显性契约不断增强，因此，完善新型农业经营主体内部制度建设，提高组织化程度，以降低显性契约交易成本，增大契约强度，促进契约显性化的动态演进，提升农田水利整体治理水平。

第一，提高家庭农场主及农业工人的专业技能和管理水平，建立完善的土地经营权估值体系，剩余控制权掌握在农民社员手中，保障农民社员主体地位不动摇，通过公司合作降低企业经营风险，稳定各新型农业经营主体的经营权，间接提高农田水利组织化程度。

第二，充分利用"互联网＋农田水利"的循环信息网，降低农田水利治理的组织成本、信息传递成本和监督成本等交易费用，推动农田水利治理契约向显性化发展，引导产权主体遵循农田水利交易过程中的显性和隐性契约，有效解决农田水利供需主体之间的信息不对称问题，实现农田水利产权契约治理的智能化、可控化、自动化。

第三，强化农田水利书面契约的法律效应，减少口头契约，加强信任体系建设，重视信任和声誉等非正式制度在农田水利契约缔结与履行中的作用，鼓励新型农业经营主体投入人力资本和物质资本，引导新型农业经营主体和小农户不仅要具有短期合作观，而且要树立长期合作观，促进农田水利治理有序运行。

四、加强区域统筹与制度建设，构建农田水利治理绩效提升的实现机制

自然条件如耕地资源禀赋、农业后备资源、降水量以及地形特征差异、经济发展水平、技术创新及应用水平等导致我国东部、中部和西部地区的农田水利治理绩效存在较大差异。而制度规则对农田水利治理绩效产生不同程度的正向或负

向影响。因此，必须加强区域统筹与规划，制度规则设计要与自然条件相匹配，强化信息披露，减少信息不对称，完善农田水利治理绩效的监督和激励机制。

（一）加强区域统筹与规划，提升农田水利科技支撑能力

我国农田水利治理综合效率总体上呈缓慢增长态势，但农田水利资源配置和技术进步还有待改进。中部地区的农田水利治理的综合技术效率明显高于东部和西部地区，而东部地区农田水利治理的全要素生产率高于中部和西部地区。

第一，建议农田水利投入主要集中于西部地区，原因在于该地区农田水利处于规模效率递增阶段，农业开发潜力大，农田水利设施投资效率较高，可作为重点投资区域。而东部由于农田水利社会投资效率低，大部分市（州）处于规模效率递减阶段，所以改善新建的农田水利设施需求大，农作物产量增长潜力较大。因此，鉴于我国三大区域农田水利设施治理绩效比较分析，一方面，必须加强对区域农田水利设施建设的科学统筹与规划，建立适合各个区域的投入机制和管理机制。另一方面，由于纯技术效率指数减少和技术进步指数减少是减缓全国农田水利治理全要素生产率增长的主要原因，加大农田水利设施科技投入，提升农田水利科技支撑能力刻不容缓。

第二，建立以实际需求为导向的科技创新机制，依托高等学校、科研机构、技术服务组织等与农业企业开展"产、学、研"一体化合作，建立水利现代化体系，不断增强水利科技自主创新能力，健全水利理论与科技成果转化为实践应用的机制，减少科研成果和实际应用之间的阻碍。

第三，从制度与科技两个层面完善农田水利设施治理体系，积极借鉴国外先进的农田水利治理理念，尤其是在节水型水利设施设计、防渗防漏新型材料、精细灌溉设备和技术、GRS配水技术等技术前沿方面的治水成果。

（二）建立农户需求表达机制，提高农田水利利用效率

我国农田水利建设、管理和维护的治理决策以自上而下的政府决策为主，缺乏农民对于农田水利需求的表达机制，致使农田水利供给和农民现实需求匹配不均衡，农田水利利用效率低下。因此，需要建立农民需求表达机制，提高农民参与农田水利治理的动力，切实提高其满意度，从而提高农田水利利用效率。因此，在农田水利产权结构—契约缔结—治理模式的逻辑框架下，有必要提高农田水利产权治理的农户满意度。

第一，应创新政府内部治理方式，实行内部牵制、制衡机制，加强县级以上

地方政府水行政主管部门和乡镇人民政府有关部门的配合，按照职责分工有计划地做好农田水利治理相关工作，实现部门资源合理配置，同时适度加大力度推行激励政策，鼓励引导社会力量参与农田水利。

第二，应建立以政府为主导、多方面力量参与的农田水利管理维护体系，明确落实政府投资，受益农村集体组织、农民用水合作组织共同管理，新型农业经营主体与小农户日常巡查、维修和养护责任，并完善管护监督机制，避免"重建设、轻管护"。

第三，应根据地方农田水利布局和规模特点，合理进行土地流转，切勿强制流转，合理规划新型农业经营主体和小农户种植面积，支持新型农业经营主体与小农户共建高标准农田、共享农田配套设施、共用农田排水技术，提高灌溉用水效率。

第四，应动员年长的以务农收入为主的农户学习并使用现代先进的农业排水抗旱技术，从而减少农田水利设施的外部风险，确保农田水利设施功能的正常发挥，满足农户农业生产用水需求。

（三）强化监督与激励机制，提高农田水利治理绩效

鉴于农田水利治理过程中出现的"公地悲剧"和"搭便车"现象，只要农田水利设施维护良好并且个人遵从规则时，就认为农田水利具有治理绩效。要确保农田水利有治理绩效，必须强化监督与激励，落实建设与管护主体的责任，规避"搭便车"行为。

第一，成立专门的农田水利治理监督组织，保证机制畅通和信息准确。监督组织应由农民代表和上级水利管理部门工作人员共同构成，定期或不定期地对相关人员和部门的情况进行检查督导，反馈农田水利设施运行维护情况，监督相关水利资金的使用和农民用水情况，协调农民用水纠纷。另外，政府部门应根据各地实际情况，将本管理的职责部分移交给民间用水组织，实行农户参与式管理，保护农民利益，表达农民需求。

第二，构建利益协调合作机制，各相关部门要根据各自的职能分工，认真做好农田水利治理各环节工作，同时加强部门间、上下级间的联系与沟通，积极主动协调与配合，对在治理环节表现突出的部门和人员给予物质奖励或经济奖励。

第三，提高用水农户的自主治理意识，重塑公共价值理念，助推农田水利治理中的"多元共治"，加强对用水农户的节约用水宣传，减少农业生产对水的浪

费，建立节约用水的奖惩机制，在节约用水方面表现良好的农户可享受更多政策优惠，而对不节约用水的农户将以计收水费作为惩罚。

第四，健全绩效评价机制，构建以经济效率、社会效率、生态效率和农户满意度为核心的评估体系，根据评估结果实施激励、约束并重的考核机制，可采取物质激励、资金激励、政策激励、制度激励、产权激励等多种形式，实现公平与效率兼顾。

第三节　研究展望

第一，农田水利治理的契约缔结设计的拓展。本书对农田水利治理的契约缔结方式是集体产权、私有产权、混合产权、产权转移下呈现的显性契约和隐性契约的缔结，但研究还不够深入，可继续加大契约理论、治理理论、管家理论等之间的融合，对产权主体间的不完全契约继续展开研究，进一步探究农田水利产权契约缔结内在机理，针对不完全契约展开深入分析，具体就契约缔结前后两个阶段，即契约缔结的匹配逻辑、契约履行过程中可能出现的主体行为及契约可自我执行的实现条件等。

第二，在农田水利产权契约与治理实证研究中，由于调查数据和统计误差的缘故，造成相关数据获得不够全面等，其结果可能发生偏差。因此，进一步的研究需要扩大调查范围，南北地区的差异、粮食种类的差异、地形地貌的差异均表现为农田水利的不同禀赋特征，导致不同的产权结构、不同的契约缔结方式、不同的治理模式和不同的治理绩效，可基于禀赋的同质性和异质性，结合新结构经济学相关理论，针对农田水利产权的契约缔结与治理绩效展开更加深入的研究。

参考文献

［1］Alchian A A, Allen W R. Exchange and Production：Competition, Coordination, and Control ［M］. Wadsworth Pub. Co. 1977：130.

［2］Amit R K, Ramachandran P. A Relational Contract for Water Demand Management ［J］. Urban Water Journal, 2013, 10 (3)：209 – 215.

［3］Ast J A V, Boot S P. Participation in European Water Policy ［J］. Physics & Chemistry of the Earth Parts A/b/c, 2003, 28 (12 – 13)：555 – 562.

［4］Banerji A, Meenakshi J V, Khanna G. Social Contracts, Markets and Efficiency：Groundwater Irrigation in North India ［J］. Journal of Development Economics, 2012, 98 (2)：228 – 237.

［5］Barrett R. The Efficient Sharing of an Uncertain Natural Resource：A Contract Theory Approach ［M］. Conflict and Cooperation on Trans – Boundary Water Resources. Springer US, 1998.

［6］Bartolini F, Gallerani V, Raggi M, Viaggi D. Implementing the Water Framework Directive：Contract Design and the Cost of Measures to Reduce Nitrogen Pollution from Agriculture ［J］. Environmental Management, 2007, 40 (4)：567 – 577.

［7］Bauer C J. Bringing Water Markets Down to Earth：The Political Economy of Water Rights in Chile, 1976 – 1995 ［J］. World Development, 1997, 25 (5)：639 – 656.

［8］Bel G, Warner M. Does Privatization of Solid Waste and Water Services Reduce Costs? A Review of Empirical Studies ［J］. Resources Conservation & Recycling, 2008, 52 (12)：1337 – 1348.

[9] Berglas E. On the Theory of Clubs [J]. American Economic Review, 1976, 66 (66): 116 – 121.

[10] Boyne G A, Walker R M. Total Quality Management and Performance: An Evaluation of the Evidence and Lessons for Research on Public Organizations [J]. Public Performance & Management Review, 2002, 26 (2): 111.

[11] Bruns B R, Meinzen – Dick R S. Water Rights and Legal Pluralism: Four Contexts For Negotiation [J]. Natural Resources Forum, 2001, 25 (1): 1 – 10.

[12] Buchanan J M. A Contractarian Paradigm for Applying Economic Theory [J]. American Economic Review, 1975, 65 (2): 225 – 230.

[13] Buchanan J M. An Economic Theory of Clubs [J]. Economica, 1965, 32 (125): 1 – 14.

[14] Calvo – Mendieta I, Petit O, Vivien F D. Common Patrimony: A Concept to Analyze Collective Natural Resource Management. The Case of Water Management in France [J]. Ecological Economics, 2017 (137): 126 – 132.

[15] Caretta M A, Börjeson, Lowe. Local Gender Contract and Adaptive Capacity in Smallholder Irrigation Farming: A Case Study From the Kenyan Drylands [J]. Gender Place & Culture, 2015, 22 (5): 644 – 661.

[16] Caretta, Angela M. Hydropatriarchies and Landesque Capital: A Local Gender Contract Analysis of Two Smallholder Irrigation Systems in East Africa [J]. The Geographical Journal, 2015, 181 (4): 388 – 400.

[17] Cheung S N S. The Contractual Nature of the Firm [J]. Journal of Law and Economics, 1983 (26): 1 – 22.

[18] Clemmens A J, Burt C M. Irrigation Performance Measures: Efficiency and Uniformity [J]. Journal of Irrigation & Drainage Engineering, 1997, 125 (2): 423 – 442.

[19] Coase R H. The Nature of the Firm [J]. Economica, 1937 (4): 386 – 405.

[20] Coase R H. The Problem of Social Cost [J]. Journal of Law and Economics, 1960 (3): 1 – 40.

[21] Demsetz H. Toward a Theory of Property Rights [J]. American Economic

Review, 1967, 57 (2): 347 – 359.

[22] Downer J W, Porter J. Tate's Cairn Tunnel, Hong Kong: South East Asia's Longest Road Tunnel [C]. Proceedings: 16th Australian Road Research Board Conference, Part 7, Perth, 1992 (16): 153 – 165.

[23] Easter K W, Feder G, Moigne G L, et al. Water Resources Management [R]. World Bank Policy Paper, 1993.

[24] Färe R, Grosskopf S, Lovell C A K. Production Frontiers [M]. Cambridge University Press, 1994.

[25] Farrell M J. The Measurement of Productive Efficiency [J]. Journal of the Royal Statistical Society, 1957, 120 (3): 253 – 290.

[26] Frija A, Zaatra A, Frija I. Mapping Social Networks for Performance Evaluation of Irrigation Water Management in Dry Areas [J]. Environmental Modeling & Assessment, 2017, 22 (2): 147 – 158.

[27] Galioto F, Raggi M, Viaggi D. Pricing Policies in Managing Water Resources in Agriculture: An Application of Contract Theory to Unmetered Water [J]. Water, 2013, 5 (4): 1502 – 1516.

[28] Gallini N T, Wright B D. Technology Transfer under Asymmetric Information [J]. Rand Journal of Economics, 1990, 21 (1): 147 – 160.

[29] Gheblawi M S. Estimating the Value of Stochastic Irrigation Water Deliveries in Southern Alberta: A Discrete Sequential Stochastic Programming Approach [M]. Canada: University of Alberta, 2004: 30 – 92.

[30] Haiyan Helen Yu, Mike Edmunds, Anna Lora – Wainwright, David Thomas. Governance of the Irrigation Commons Under Integrated Water Resources Management—A Comparative Study in Contemporary Rural China [J]. Environmental Science and Policy, 2016 (55): 65 – 74.

[31] Hamidov A, Thiel A, Zikos D. Institutional Design in Transformation: A Comparative Study of Local Irrigation Governance in Uzbekistan [J]. Environmental Science & Policy, 2015 (53): 175 – 191.

[32] Hamilton J R, Whittlesey N K, Halverson P. Interruptible Water Markets in the Pacific Northwest [J]. American Journal of Agricultural Economics, 1989, 71

(1)：63 – 75.

[33] Hardin G. The Tragedy of the Commons. The Population Problem has No Technical Solution; it Requires A Fundamental Extension in Morality. [J]. Science, 1968, 162 (3859)：1243 – 1248.

[34] Hart O, Holmstrom B. The Theory of Contracts [A] //T. Bewley. Advanced in Economic Theory [M]. Cambridge University Press, 1987, 3 (71)：155.

[35] Hart O, Moore J. Contracts as Reference Points [J]. Quarterly Journal of Economics, 2008, 123 (1)：1 – 48.

[36] Hearne R R, Easter K W. The Economic and Financial Gains from Water Markets in Chile [J]. Agricultural Economics of Agricultural Economists, 1997, 15 (3)：187 – 199.

[37] Hiremath D B, Shah P, Chaudhary S. ICT Interventions to Improve the Performance of Canal Irrigation Sector in India [C]. The Eighth International Conference, June 2016, (15)：1 – 5.

[38] Holmstrom B R, Milgrom P. Aggregation and Linearity in the Provision of Intertemporal Incentives [J]. Econometrica, 1987 (55)：303 – 328.

[39] Johansson R C, Tsur Y, Roe T L. Pricing Irrigation Water: A Review of Theory and Practice [J]. Water Policy, 2002 (4)：173 – 199.

[40] Kessides I N. Reforming Infrastructure: Privatization, Regulation and Competition [C]. Meeting Abstracts of the Physical Society of Japan. The Physical Society of Japan (JPS), 2004.

[41] Klein K K, Bewer R, Ali M K. Estimating Water Use Efficiencies for Water Management Reform in Southern Alberta Irrigated Agriculture [J]. Water Policy, 2012, 14 (6)：1015.

[42] Kulshrestha M, Vishwakarma A, Phadnis S S. Sustainability Issues in the Water Supply Sector of Urban India: Implications for Developing Countries [J]. International Journal of Environmental Engineering, 2012, 4 (1/2)：105 – 136.

[43] Larson B A, Bromley D W. Property Rights, Externalities, and Resource Degradation: Locating the Tragedy [J]. Journal of Development Economics, 1990, 33 (2)：235 – 262.

［44］ Mabry J B. Canals and Communities: Small – scale Irrigation Systems ［J］. American Antiquity, 1996, 62 （4）: 273 – 766.

［45］ Macneil I R. Contracts: Adjustment of Long – Term Economic Relations under Classical, Neoclassical and Relational Contract Law ［J］. Northwestern University Law Review, 1978, 72 （6）: 854 – 905.

［46］ Maital S. Public Goods and Income Distribution: Some Further Results ［J］. Econometrica, 1973, 41 （3）: 561 – 568.

［47］ Mcguire M. Group Segregation and Optimal Jurisdictions ［J］. Journal of Political Economy, 1974, 82 （1）: 112 – 132.

［48］ Mcmillan J, Woodruff C. Dispute Prevention Without Courts in Vietnam ［C］. Journal of Law, Economics, and Organization, 1999: 637 – 658.

［49］ McNamara N. Book Reviews: Water Law, D E Fisher ［J］. Journal of Environmental Assessment Policy and Management, 2000, 2 （4）: 586 – 588.

［50］ Meinzen – Dick R, Zwarteveen M. Gendered Participation in Water Management: Issues and Illustrations from Water Users' Associations in South Asia ［J］. Agriculture & Human Values, 1998, 15 （4）: 337 – 345.

［51］ Meinzen – Dick R. Groundwater Markets in Pakistan: Participation and Productivity ［R］. Eptd Discussion Papers, 1994.

［52］ Molle F, Chompadist C, Sopaphun P. Beyond the Farm – turn – out: On – farm Development Dynamics in the Kamphaengsaen Irrigation Project, Thailand ［J］. Irrigation & Drainage Systems, 1998, 12 （4）: 341 – 358.

［53］ Mueller D C. Public Choice Ⅱ: A Revised Edition of Public Choice ［M］. Cambridge University Press, 1989.

［54］ North D C. Institutions, Institutional Change and Economic Performance ［M］. Cambridge University Press, 1990.

［55］ Olson M. The Logic of Collective Action ［M］. Harvard: Harvard Press, 1965.

［56］ Ostrom E, Schroeder L, Wynne S. Institutional Incentives and Sustainable Development: Infrastructure Policies in Perspective ［M］. The Perseus Books Group, 1993.

［57］ Poppo L, Zenger T. Do Formal Contracts and Relational Governance Function as Substitutes or Complements ［J］. Strategic Management Journal, 2002 （23）: 707 – 725.

［58］ Renfro R Z H, Sparling E W. Private Tubewell and Canal Water Trade on Pakistan Punjab Watercourses ［M］. Irrigation Investment, Technology, and Management Strategies for Development, 2019.

［59］ Roberts R D. Financing Public Goods ［J］. Journal of Political Economy, 1987, 95 （2）: 420 – 437.

［60］ Rosegrant M W, Binswanger H P. Markets in Tradable Water Rights: Potential for Efficiency Gains in Developing Country Water Resource Allocation ［J］. World Development, 1994, 22 （11）: 1613 – 1625.

［61］ Rosegrant M W, Cai X M. World Water and Food to 2025: Dealing with Scarcity ［M］. Washington: International Food Policy Research Institute, 2002.

［62］ Samuelson P A. Diagrammatic Exposition of a Theory of Public Expenditure ［J］. Review of Economics & Statistics, 1955, 37 （4）: 350 – 356.

［63］ Samuelson P A. Pitfalls in the Analysis of Public Goods ［J］. Journal of Law & Economics, 1967, 10 （10）: 199 – 204.

［64］ Samuelson P A. Public Goods and Subscription TV: Correction of the Record ［J］. Journal of Law & Economics, 1964, 7 （7）: 81 – 83.

［65］ Sarker A, Itoh T. Design Principles in Long – enduring Institutions of Japanese Irrigation Common – pool Resources ［J］. Agricultural Water Management, 2001 （48）: 89 – 102.

［66］ Shah T, Raju K V. Rethinking Rehabilitation: Socio – ecology of Tanks in Rajasthan, North – west India ［J］. Water Policy, 2001, 3 （6）: 521 – 536.

［67］ Sharma D. A New Institutional Economics Approach to Water Resources Management ［D］. University of Sydney, Australia, 2012.

［68］ Smith S M. Disturbances to Irrigation Systems in the American Southwest: Assessing the Performance of Acequias under Various Governance Structures, Property Rights, and New Entrants ［R］. University of Colorado at Boulder, ProQuest Dissertations Publishing, 2014.

［69］ Spence A M. Job Market Signalling ［J］. Quarterly Journal of Economics, 1973 （87）: 355 - 374.

［70］ Stiglitz J E. Incentives and Risk Sharing in Sharecropping ［J］. Review of Economic Studies, 1974 （41）: 219 - 255.

［71］ Svendsen M, Murray - Rust D H. Creating and Consolidating Locally Managed Irrigation in Turkey: The National Perspective ［J］. Irrigation & Drainage Systems, 2001, 15 （4）: 355 - 371.

［72］ Thoni C, Tyran J R, Wengstrom E. Microfoundations of Social Capital ［J］. Journal of Public Economics, 2012, 96 （7）: 635 - 643.

［73］ Tirole J. Cognition and Incomplete Contracts ［J］. American Economic Review, 2009, 99 （1）: 265 - 294.

［74］ Ul Hassan M M. Analyzing Governance Reforms in Irrigation: Central, South and West Asian Experience ［J］. Irrigation & Drainage, 2011, 60 （2）: 151 - 162.

［75］ Uphoff N. Understanding Social Capital : Learning from the Analysis and Experience of Participation ［J］. Social Capital A Multifaceted Perspective, 2000 （1）: 215 - 252.

［76］ Varian H R. Microeconomic Analysis ［M］. New York and London: Norton, 1992.

［77］ Veldwisch G J. Contract Farming and the Reorganisation of Agricultural Production within the Chókwè Irrigation System, Mozambique ［J］. Journal of Peasant Studies, 2015, 42 （5）: 1 - 26.

［78］ Vermillion D L. Impacts of Irrigation Management Transfer: A Review of the Evidence ［M］. Research Report#11, IIMI, Colombo, Sri Lanka, 1997.

［79］ Viaggi D, Raggi M, Bartolini F, Gallerani V. Designing Contracts for Irrigation Water Under Asymmetric Information: Are Simple Pricing Mechanisms Enough? ［J］. Agricultural Water Management, 2010, 97 （9）: 1326 - 1332.

［80］ Wilder M, Margaret O. In Name Only: Water Policy, the State, and Ejidatario Producers in Northern Mexico ［D］. The University of Arizona, 2002.

［81］ Williamson O E. Transaction Cost Economics and Organization Theory

[M]. New York：Oxford University Press，1996.

［82］ Williamson O E. Markets and Hierarchies：Analysis and Antitrust Implications［M］. New York：Free Press，1975.

［83］ Williamson O E. The Economic Institutions of Capitalism［M］. New York：Free Press，1985.

［84］ Williamson O E. Contested Exchange Versus the Governance of Contractual Relations［J］. Journal of Law and Economics，1993b，7（1）：103 – 108.

［85］ Williamson O E. Transaction – Cost Economics：The Governance of Contractual Relations［J］. Journal of Law and Economics，1979（22）：233 – 261.

［86］ Yamamoto A. The Governance of Water：An Institutional Approach to Water Resource Management［D］. Baltimore：The Johns Hopkins University，2002.

［87］ Yamout G，Jamali D. A Critical Assessment of A Proposed Public Private Partnership（PPP）for the Management of Water Services in Lebanon［J］. Water Resources Management，2007，21（3）：611 – 634.

［88］ Yercan M. Management Turning – over and Participatory Management of Irrigation Schemes：A Case Study of the Gediz River Basin in Turkey［J］. Agricultural Water Management，2003，62（3）：205 – 214.

［89］ Yiheng L. The Ins and Outs of Property Rights Problem：A Research on Small Irrigation and Water Conservancy Project［J］. Legal Forum，2018（2）：101 – 108.

［90］［美］埃里克·弗鲁博顿，［德］鲁道夫·芮切特. 新制度经济学——一个交易费用分析范式［M］. 姜建强，罗长远译. 上海：上海三联书店，上海人民出版社，2006.

［91］［美］埃莉诺·奥斯特罗姆. 公共事务的治理之道：集体行动制度的演进［M］. 余逊达，陈旭东译. 上海：上海三联书店，2000.

［92］［美］奥利佛·哈特. 企业、合同与财务结构［M］. 费方域译. 上海：上海三联书店，1998：28 – 29.

［93］［美］奥利弗·E. 威廉姆森. 资本主义经济制度（中译本）［M］. 段毅才，王伟译. 北京：商务印书馆，2002.

［94］［美］奥利佛·威廉姆森，斯科特·马斯滕. 交易成本经济学［M］.

李自杰，蔡铭译．北京：人民出版社，2010.

［95］［美］巴泽尔．产权的经济分析［M］．上海：上海三联书店，1997.

［96］蔡晶晶，柯毅．农户灌溉合作意愿及其影响因素的地区比较——基于全国 15 省 430 户农户的实证分析［J］．中国农村观察，2015（5）：62 - 72.

［97］蔡起华，朱玉春．关系网络对农户参与村庄集体行动的影响——以农户参与小型农田水利建设投资为例［J］．南京农业大学学报（社会科学版），2017，17（1）：108 - 118.

［98］蔡起华，朱玉春．社会资本、收入差距对村庄集体行动的影响——以三省区农户参与小型农田水利设施维护为例［J］．公共管理学报，2016，13（4）：89 - 100.

［99］蔡荣．管护效果及投资意愿：小型农田水利设施合作供给困境分析［J］．南京农业大学学报（社会科学版），2015（4）：78 - 86.

［100］曹海林．从"行政性整合"到"契约性整合"：农村基层社会管理战略的演进路径［J］．江苏社会科学，2008（5）：155 - 161.

［101］曹鹏宇．农村改革新时期推进小型农田水利设施建设探讨——以河南省为例［J］．农业经济问题，2009，30（9）：83 - 88.

［102］曾福生，郭珍．中国省际农业基础设施供给效率及影响因素研究——基于 DEA - Tobit 两步法的分析［J］．求索，2013（4）：5 - 8.

［103］曾琴，曾茂春，曾维忠．农户小型农田水利设施建设行为的影响因素研究——基于四川省宜宾市农户调查分析［J］．中国农村水利水电，2013（7）：54 - 57.

［104］柴盈，曾云敏．管理制度对我国农田水利政府投资效率的影响——基于我国山东省和台湾省的比较分析［J］．农业经济问题，2012（2）：56 - 64.

［105］陈辞．中国农业水利设施的产权安排与投融资机制研究［D］．西南财经大学博士学位论文，2011.

［106］陈辞．中国农业水利设施的产权安排与投融资机制研究——基于 SSP 范式的分析视角［J］．技术经济与管理研究，2014（2）：93 - 98.

［107］陈冬华，陈富生，沈永建，等．高管继任、职工薪酬与隐性契约——基于中国上市公司的经验证据［J］．经济研究，2011（S2）：100 - 111.

［108］陈洪转，郑垂勇，张之艳．基于群决策 DEA 的农村水利投入产出研

究［J］．河海大学学报（自然科学版），2009（2）：245－248.

［109］陈华堂，周学军，姚云浩，等．农民用水合作组织与农民专业合作社对比研究［J］．中国农村水利水电，2018（1）：1－3.

［110］陈辉，朱静辉．村庄水利合作的逻辑困境——以安徽长丰县薛村、李庄为个案［J］．中国农村观察，2012（5）：80－86.

［111］陈靖．基层水利的系统性与节点治理——一个中部农村的渠堰型水利治理分析［J］．水利发展研究，2012（1）：23－28.

［112］陈雷，杨广欣．深化小型水利工程产权制度改革，加快农村水利事业发展［J］．中国农村水利水电，1998（6）：1－4.

［113］陈潭，刘祖华．迭演博弈、策略行动与村庄公共决策——一个村庄"一事一议"的制度行动逻辑［J］．中国农村观察，2009（6）：62－71.

［114］陈潭，刘祖华．精英博弈、亚瘫痪状态与村庄公共治理［J］．管理世界，2004（10）：57－67.

［115］程杰贤，郑少锋．农产品区域公用品牌使用农户"搭便车"生产行为研究：集体行动困境与自组织治理［J］．农村经济，2018（2）：78－85.

［116］H.德姆塞茨．一个研究所有制的框架［A］//R.科斯，A.阿尔钦等．财产权利与制度变迁［C］．上海：上海三联书店，1994.

［117］［美］道格拉斯·C.诺思，罗伯斯·托马斯．西方世界的兴起［M］．历以平等译．北京：华夏出版社，1999.

［118］［美］道格拉斯·C.诺思．经济史中的结构与变迁［M］．陈郁，罗华平等译．上海：上海三联书店、上海人民出版社，1994.

［119］邓娇娇．公共项目契约治理与关系治理的整合及其治理机理研究［D］．天津大学硕士学位论文，2013.

［120］邓若冰．农业劳动力市场化程度与农业劳动生产率关系的实证研究——以湖北省为例［J］．华中师范大学研究生学报，2012，19（3）：148－153.

［121］杜乐其，陈士林．新型农村合作医疗制度：社会契约理念与模式构建［J］．农村经济，2011（9）：79－82.

［122］杜威漩，吕瑜，袁俊林．政府投资的小型农田水利项目建设中的委托代理博弈［J］．江苏农业科学，2016，44（4）：493－496.

［123］杜威漩．农田水利治理的 DEA 效率分析［J］．水利发展研究，2016（3）：18－25.

［124］杜威漩．小型农田水利设施治理结构：豫省例证［J］．改革，2015（8）：125－134.

［125］杜威漩．准公共物品视阈下农田水利供给困境及对策［J］．节水灌溉，2012（7）：63－65.

［126］段艳，范静波，张晶．小型水利工程产权制度创新评估指标体系研究［J］．水利经济，2008（2）：50－54.

［127］丰景春，姚健辉，张可．农田水利 PPP 项目的运行机制——基于随机演化博弈［J］．技术经济，2018，37（1）：68－75.

［128］冯广志，谷丽雅．印度和其他国家用水户参与灌溉管理的经验及其启示［J］．中国农村水利水电，2000（4）：23－26.

［129］桂丽．云南省农田水利建设多元化投入机制研究［J］．中国农村水利水电，2014（6）：5－8.

［130］郭丽萍．嘉善县"管养分离"模式探析［J］．水利技术监督，2018（2）：44－45.

［131］［美］哈维·S. 罗森．财政学［M］．郭庆旺译．北京：中国人民大学出版社，2003.

［132］何金霞，张海锋．平原县小型农田水利产权制度改革及管护探讨［J］．水利建设与管理，2017，37（5）：72－74.

［133］何平均，刘睿．基于 DEA－Tobit 模型的中国各地区农田水利基础设施投资绩效及影响因素分析［J］．南方农村，2014，30（11）：59－64.

［134］何平均．我国农业基础设施供给效率的实证分析——基于 SBM 和 Malmquist 的计量解释［J］．软科学，2014，28（2）：127－130.

［135］何倩倩，桂华．农田水利治理困境与治理机制分析［J］．中国国情国力，2015（2）：24－26.

［136］何寿奎，汪媛媛，黄明忠．用水户协会管理模式比较与改进对策［J］．中国农村水利水电，2015（1）：33－35.

［137］何寿奎．农村水利多元供给模式选择及治理机制探讨［J］．农村经济，2016（4）：91－98.

[138] 贺雪峰，郭亮. 农田水利的利益主体及其成本收益分析：以湖北省沙洋县农田水利调查为基础 [J]. 管理世界，2010（7）：86-97.

[139] 贺雪峰，罗兴佐. 论农村公共物品供给中的均衡 [J]. 经济学家，2006（1）：62-69.

[140] 贺雪峰. 公私观念与农民行动的逻辑 [J]. 广东社会科学，2006（1）：153-158.

[141] 洪名勇，钱龙. 声誉机制、契约选择与农地流转口头契约自我履约研究 [J]. 吉首大学学报（社会科学版），2015（1）：34-43.

[142] 洪名勇. 信任、空间距离与农地流转契约选择研究 [J]. 江西财经大学学报，2017（1）：81-90.

[143] 胡继连，苏百义，周玉玺. 小型农田水利产权制度改革问题研究 [J]. 山东农业大学学报（社会科学版），2000（3）：38-41.

[144] 胡继连，周玉玺，谭海鸥. 小型农田水利产业组织问题研究 [J]. 农业经济问题，2003（3）：57-62.

[145] 胡雯. 农田水利治理机制创新与可持续发展：新型网络合作治理结构 [J]. 中共四川省委省级机关党校学报，2013（4）：77-81.

[146] 华坚，祁智国，马殷琳. 基于超效率 DEA 的农村水利基础建设投入产出效率研究 [J]. 经济问题探索，2013（8）：55-60.

[147] 黄彬彬，胡振鹏，刘青，等. 农户选择参与农田水利建设行为的博弈分析 [J]. 中国农村水利水电，2012（4）：1-7.

[148] 黄春. 远安县小型水利产权制度改革经验 [J]. 中国农村水利水电，2003（3）：16-17.

[149] 黄露，朱玉春. 异质性对农户参与村庄集体行动的影响研究——以小型农田水利设施建设为例 [J]. 农业技术经济，2017（11）：61-71.

[150] 黄少安，宫明波. 委托—代理与农村供水系统制度创新——以山东省临朐县农村供水协会为例 [J]. 理论学刊，2009（4）：37-40.

[151] 黄少安. 产权经济学导论 [M]. 济南：山东人民出版社，1995.

[152] 黄祖辉，张静，Kevin Chen. 交易费用与农户契约选择——来自浙冀两省 15 县 30 个村梨农调查的经验证据 [J]. 管理世界，2008（9）：76-81.

[153] 贾晋，蒲明. 购买还是生产：农业产业化经营中龙头企业的契约选择

[J]．农业技术经济，2010（11）：57－65.

[154] 贾小虎．基于农户收入差异视角的农田水利设施供给效果研究[D]．西北农林科技大学博士学位论文，2016.

[155] 姜翔程，乔莹莹．"三权分置"视野的农田水利设施管护模式[J]．改革，2017（2）：108－115.

[156] 焦长权．政权"悬浮"与市场"困局"：一种农民上访行为的解释框架——基于鄂中G镇农民农田水利上访行为的分析[J]．开放时代，2010（6）：39－51.

[157] 康蕾，张红旗．中国五大粮食主产区农业抗旱能力综合评价[J]．资源科学，2014，36（3）：481－489.

[158] 李斌．基于"行为经济学理论"的旅游者行为分析[D]．西南大学硕士学位论文，2009.

[159] 李国祥．农田水利建设和管护主体研究[J]．农村金融研究，2011（6）：48－53.

[160] 李鹤，江彬，顾涛，龙海游．小型农田水利设施管理市场化改革出现的问题与对策[J]．湖南社会科学，2011（6）：99－101.

[161] 李名威，尉京红．小型农田水利设施建设项目绩效评价指标体系的构建研究[J]．中国农村水利水电，2014（3）：154－156.

[162] 李平原．浅析奥斯特罗姆多中心治理理论的适用性及其局限性——基于政府、市场与社会多元共治的视角[J]．学习论坛，2014（5）：50－53.

[163] 李武，胡振鹏．农民合作过程中搭便车行为演化博弈分析[J]．安徽农业科学，2011（18）：11220－11222.

[164] 李学．不完全契约、交易费用与治理绩效——兼论公共服务市场化供给模式[J]．中国行政管理，2009（1）：114－118.

[165] 李雪松．新农村建设中的水利设施产权制度改革与创新[J]．中国农村水利水电，2007（3）：122－124.

[166] 李一花．中国财政收入增长之谜探析——兼谈地方政府收入策略、行为及问题[J]．中国经济问题，2013（2）：38－45.

[167] 连英祺．我国农田水利建设的融资方式选择研究[J]．农业经济问题，2012（1）：88－92.

[168] 廖媛红. 制度因素与农村公共品的满意度研究 [J]. 经济社会体制比较, 2013 (6): 121 – 132.

[169] 林钟高, 徐虹, 吴玉莲. 交易成本与内部控制治理逻辑——基于信任与不确定性的组织内合作视角 [J]. 财经研究, 2009, 35 (2): 111 – 122.

[170] 刘翠芳. 济南市历城区小型农田水利治理模式与管理体系研究 [D]. 山东大学硕士学位论文, 2013 (5): 18 – 20.

[171] 刘东. 交易费用概念的内涵与外延 [J]. 南京社会科学, 2001 (3): 1 – 4.

[172] 刘海英, 李大胜. 农田水利设施多中心治理研究——基于供给效率的分析 [J]. 贵州社会科学, 2014 (5): 100 – 104.

[173] 刘海英, 朱檬. 农田水利协同治理的瓶颈及运行机制——基于民族团结灌区的实践 [J]. 改革与战略, 2017, 33 (12): 130 – 133.

[174] 刘海英. 我国农田水利设施高效治理的瓶颈与对策研究 [J]. 新疆农垦经济, 2018 (11): 27 – 33.

[175] 刘辉, 陈思羽. 农户参与小型农田水利建设意愿影响因素的实证分析——基于对湖南省粮食主产区 475 户农户的调查 [J]. 中国农村观察, 2012 (2): 54 – 66.

[176] 刘辉, 张慧玲. 农田水利产权与治理：国际经验与借鉴 [J]. 世界农业, 2017 (10): 148 – 153.

[177] 刘辉, 周长艳. 山地丘陵区农田水利产权治理模式及创新分析——基于湖南省张家界市的调查 [J]. 农村经济, 2016 (4): 99 – 103.

[178] 刘辉, 周长艳. 小型农田水利治理：禀赋特征、产权结构与契约选择 [J]. 农业经济问题, 2018 (8): 128 – 137.

[179] 刘辉. 农业技术创新的产权问题研究 [M]. 北京：中国农业出版社, 2010.

[180] 刘辉. 制度规则影响小型农田水利治理绩效的实证分析——基于湖南省 192 个小型农田水利设施的调查 [J]. 农业技术经济, 2014 (12): 110 – 117.

[181] 刘建秋. 要素禀赋差异与企业产权博弈 [J]. 商业研究, 2009 (6): 45 – 49.

［182］刘敏．农田水利工程管理体制改革的社区实践及其困境——基于产权社会学的视角［J］．农业经济问题，2015，36（4）：78－86．

［183］刘能．中国乡村社区集体行动的一个理论模型：以抗交村提留款的集体行动为例［J］．学海，2007（5）：51－55．

［184］刘石成．我国农田水利设施建设中存在的问题及对策研究［J］．宏观经济研究，2011（8）：40－44．

［185］刘铁军．产权理论与小型农田水利设施治理模式研究［J］．节水灌溉，2007（3）：50－57．

［186］刘威．基于层次契约的企业治理结构研究［D］．中国海洋大学硕士学位论文，2014．

［187］卢现祥．西方新制度经济学［M］．北京：中国发展出版社，2003．

［188］路振广，王敏，张玉顺，等．郑州市农田水利现代化内涵特征与建设标准探讨［J］．中国水利，2014（1）：47－49．

［189］罗必良，何一鸣．博弈均衡、要素品质与契约选择——关于佃农理论的进一步思考［J］．经济研究，2015，50（8）：162－174．

［190］罗必良，邹宝玲，何一鸣．农地租约期限的“逆向选择”——基于9省份农户问卷的实证分析［J］．农业技术经济，2017（1）：4－17．

［191］罗必良．合约短期化与空合约假说——基于农地租约的经验证据［J］．财经问题研究，2017（1）：10－21．

［192］罗琳，李晓晓．新型农业经营主体参与农田水利建设和管理存在的问题及对策［J］．中国农村水利水电，2017（1）：23－26．

［193］罗琳，尉京红．基于灰色关联分析的小型农田水利绩效评价——以河北省第一批小农水重点县为例［J］．节水灌溉，2014（8）：85－88．

［194］罗斯·莱文，孙守纪．法律、资源禀赋与产权［J］．制度经济学研究，2007（1）：208－238．

［195］罗兴佐，贺雪峰．乡村水利的组织基础——以荆门农田水利调查为例［J］．学海，2003（6）：38－44．

［196］罗兴佐，刘书文．市场失灵与政府缺位——农田水利的双重困境［J］．中国农村水利水电，2005（6）：24－26．

［197］吕俊．小型农田水利设施供给机制：基于政府层级差异［J］．改革，

2012（3）：59－65.

[198] 马林靖. 中国农村公共物品投资的现状、绩效与满意度研究——以水利灌溉设施为例 [D]. 南京农业大学博士学位论文，2008.

[199] [美] 迈克尔·麦金尼斯. 多中心体制与地方公共经济 [M]. 毛寿龙，李梅译，上海：上海三联书店，2000.

[200] 聂辉华. 最优农业契约与中国农业产业化模式 [J]. 经济学，2012（1）：313－329.

[201] 牛利民，姜雅莉. 农户参与小型农田水利合作灌溉意愿及影响因素研究——基于 DEMATEL 法的实证分析 [J]. 中国农村水利水电，2017（10）：194－200.

[202] 裴丽萍，王军权. 水资源配置管理的行政许可与行政合同模式比较 [J]. 郑州大学学报（哲学社会科学版），2016，49（3）：25－29.

[203] 朋文欢，黄祖辉. 契约安排、农户选择偏好及其实证——基于选择实验法的研究 [J]. 浙江大学学报（人文社会科学版），2017，47（4）：143－158.

[204] 钱龙，钱文荣. 社会资本影响农户土地流转行为吗？——基于 CFPS 的实证检验 [J]. 南京农业大学学报（社会科学版），2017，17（5）：88－99.

[205] 秦国庆，朱玉春. 用水者规模、群体异质性与小型农田水利设施自主治理绩效 [J]. 中国农村观察，2017（6）：100－115.

[206] 区晶莹，林泳雄，俞守华. 广东小型农田水利利益相关者博弈均衡分析 [J]. 北京农业，2013（5）：265－267.

[207] 屈兴锋. 新制度经济学产权界定理论演进研究 [D]. 湖南大学硕士学位论文，2006.

[208] 任贵州，杨晓霞. 契约精神规塑与农田水利设施管护的再组织化 [J]. 中国农村水利水电，2017（3）：191－194.

[209] 任贵州. 农户参与农田水利设施管护的问题及其治理——基于苏南 420 家农户的实地调查 [J]. 湖南农业大学学报（社会科学版），2016，17（3）：59－64.

[210] 商井. 《自由、市场和国家》——20 世纪 80 年代的政治经济学 [J]. 世界经济与政治，1989（5）：75.

［211］石洪斌．农村公共物品供给研究［M］．北京：科学出版社，2009．

［212］舒全峰，苏毅清，张明慧，等．第一书记、公共领导力与村庄集体行动——基于 CIRS "百村调查" 数据的实证分析［J］．公共管理学报，2018，15（3）：51－65＋156．

［213］宋春晓．气候变化和农户适应性对小麦灌溉效率影响［J］．农业技术经济，2014（2）：4－16．

［214］宋洪远，吴仲斌．盈利能力、社会资源介入与产权制度改革——基于小型农田水利设施建设与管理问题的研究［J］．中国农村经济，2009（3）：4－13．

［215］宋晶，朱玉春．管护模式、关系网络对小农水管护效果影响分析［J］．中国农村水利水电，2018（2）：159－163＋167．

［216］宋敏，汪琦，吉晓雨．中国全要素农田水利效率的地区差异和门槛效应研究［J］．河海大学学报（哲学社会科学版），2017，19（4）：40－46＋91．

［217］［日］速水佑次郎．发展经济学：从贫困到富裕［M］．李周译．蔡昉，张车伟校．北京：社会科学文献出版社，2002．

［218］孙静．小型农田水利工程治理模式绩效评价研究［D］．山东大学硕士学位论文，2013．

［219］孙枭雄，仝志辉．村社共同体的式微与重塑？——以浙江象山 "村民说事" 为例［J］．中国农村观察，2020（1）：17－28．

［220］孙小燕．产权改革反思：小型农田水利设施建设与管理路径选择——基于山东省 10 县（市）的调查［J］．宏观经济研究，2011（12）：89－95．

［221］Thiravong Sisavath，吴海燕．基于委托代理博弈的水利工程 PPP 项目逆向选择与道德风险分析［J］．水利经济，2016，34（4）：9－12．

［222］谭智心．不完全契约、"准租金" 配置与合作社联合社的产权［J］．东岳论丛，2017，38（1）：54－65．

［223］汤喆．交易费用理论综述［D］．吉林大学硕士学位论文，2006．

［224］唐娟莉，倪永良．中国省际农田水利设施供给效率分析——基于三阶段 DEA 模型的检验［J］．农林经济管理学报，2018，17（1）：23－35．

［225］唐忠，李众敏．改革后农田水利建设投入主体缺失的经济学分析［J］．农业经济问题，2005（2）：34－40．

[226] 仝志辉，贺雪峰．村庄权力结构的三层分析——兼论选举后村级权力的合法性 [J]．中国社会科学，2002（1）：158－167＋208－209．

[227] 涂圣伟．农村"一事一议"制度效力的理论与案例分析 [J]．南方经济，2009（2）：62－68．

[228] 王春来．农村公共产品供给问题研究综述及转型期思考——以小型农田水利设施为例 [J]．中国农村水利水电，2013（5）：92－95．

[229] 王冠军，刘小勇，王健宇，等．小型农田水利工程产权制度改革研究——改革思路及总体框架 [J]．中国水利，2015（2）：14－16．

[230] 王广正．论组织和国家中的公共物品 [J]．管理世界，1997（1）：209－212．

[231] 王洪．作为不完全契约的产权：一个注释 [J]．改革，2000（5）：53－57．

[232] 王金霞，黄季焜，Scott Rozelle．地下水灌溉系统产权制度的创新与理论解释——小型水利工程的实证研究 [J]．经济研究，2000（4）：66－74．

[233] 王蕾．基于不同收入水平农户的农田水利设施供给效果研究 [D]．西北农林科技大学博士学位论文，2014．

[234] 王昕，陆迁．农村社区小型水利设施合作供给意愿的实证 [J]．中国人口·资源与环境，2012，22（6）：115－119．

[235] 王亚飞，黄勇，唐爽．龙头企业与农户订单履约效率及其动因探寻——来自91家农业企业的调查资料 [J]．农业经济问题，2014，35（11）：16－25．

[236] 王亚华．水权解释 [M]．上海：上海三联书店，上海人民出版社，2005．

[237] 王亚华．中国用水户协会改革：政策执行视角的审视 [J]．管理世界，2013（6）：61－72．

[238] 王艳．我国公共资源产权界定的路径依赖及制度选择 [J]．云南行政学院学报，2006（4）：104－106．

[239] 王毅杰，王春．制度理性设计与基层实践逻辑——基于苏北农民用水户协会的调查思考 [J]．南京农业大学学报（社会科学版），2014，14（4）：85－93．

[240] 王英辉，薛英焕．我国农村水利设施产权困境的制度经济学分析 [J]．中国农村水利水电，2013（9）：168-172．

[241] 王永德，江萍，杨柠．水利 PPP 项目盈利模式和长效运行机制的思考 [J]．水利发展研究，2017，17（9）：39-41．

[242] 翁士洪，顾丽梅．治理理论：一种调适的新制度主义理论 [J]．南京社会科学，2013（7）：49-56．

[243] [英] 戴维·M. 沃克．牛津法律大辞典 [M]．北京社会与科技发展研究所译．北京：光明日报出版社，1988．

[244] 吴本健，肖时花，马九杰．农业供给侧结构性改革背景下的农业产业化模式选择——基于三种契约关系的比较 [J]．经济问题探索，2017（11）：183-190．

[245] 吴加宁，吕天伟．小型农田水利建设主体及相关问题的探讨 [J]．中国农村水利水电，2008（9）：5-7．

[246] 吴淼，黄倩．农村水利的性质及其治理模式回应 [J]．农村经济，2013（5）：84-88．

[247] 吴平，谭琼．我国粮食主产区农田水利设施配置效率及区域差异分析——基于 DEA 和动态 Malmquist 指数的实证研究 [J]．农业现代化研究，2012（3）：331-335．

[248] 吴秋菊，林辉煌．重复博弈、社区能力与农田水利合作 [J]．中国农村观察，2017（6）：86-99．

[249] 吴泽俊，吴善翔．小型农田水利工程治理模式变迁与选择研究 [J]．中国农村水利水电，2012（8）：5-8．

[250] 伍柏树．云阳县小型农田水利设施治理模式与管护体系研究 [D]．重庆三峡学院硕士学位论文，2017．

[251] 夏春玉，杜楠，张闯．契约型农产品渠道中的契约治理、收购商管控与农户绩效 [J]．经济管理，2015，37（1）：87-97．

[252] [日] 小林良彰．公共选择 [M]．杨永超译．北京：经济日报出版社，1989：11．

[253] 熊清华，聂元飞．中国市场化改革的社会学底蕴 [J]．管理世界，1998（4）：25-28．

［254］徐定德，谢芳婷，刘邵权. 农户对山丘区灌溉设施供给满意度及其影响因素分析——以四川省 402 户农户为例［J］. 中国农业大学学报，2014，19（4）：218－226.

［255］闫华，郑文刚，赵春江，等. 国外农业节水与水权转换的实践经验和启示［J］. 中国农村水利水电，2008（12）：73－75.

［256］杨阳，周玉玺，周霞. 差序氛围、组织支持与农户合作意愿——基于小型农田水利建管护的调查［J］. 南京农业大学学报（社会科学版），2015，15（4）：87－97.

［257］姚汉源. 从历史上看中国水利的特征［J］. 水利学报，1985（5）：77－83.

［258］叶文辉，郭唐兵. 我国农田水利运营效率的实证研究——基于2003～2010 年省际面板数据的 DEA－TOBIT 两阶段法［J］. 山西财经大学学报，2014（2）：63－71.

［259］叶祥松，徐忠爱. 显性契约还是隐性契约——公司和农户缔约属性的影响因子分析［J］. 学术研究，2015（5）：87－91.

［260］于学花，栾谨崇. 新制度经济学产权理论与我国农地产权制度改革［J］. 理论导刊，2008（4）：74－77.

［261］余艳欢，刘小勇，王健宇. 小型农田水利工程产权制度改革历程及阶段特征浅析［J］. 水利发展研究，2014，14（12）：12－14.

［262］俞雅乖. "一主多元"农田水利基础设施供给体系分析［J］. 农业经济问题，2012，33（6）：55－60.

［263］俞雅乖. 我国农田水利财政支出效率的省际差异分析［J］. 农业经济问题，2013，34（4）：55－63.

［264］袁庆明. 新制度经济学教程［M］. 北京：中国发展出版社，2014.

［265］［美］詹姆斯·M. 布坎南. 自由、市场和国家［M］. 吴良健，桑伍，曾获译. 北京：北京经济学院出版社，1988：12＋13＋20＋22.

［266］张海燕. 基于农户自筹资金博弈模型的农田小水利融资激励机制研究［J］. 湖南科技大学学报（社会科学版），2015，18（4）：114－119.

［267］张红玲，王玥，闫建军，等. 宁夏基于 ET 的小型农田水利工程产权制度改革应用研究［J］. 中国农村水利水电，2018（1）：10－13.

[268] 张静. 交易费用与农户契约选择——来自梨农调查的经验证据 [D]. 浙江大学博士学位论文, 2009.

[269] 张凯, 马培衢. 农田水利建设与管理: 国际经验与启示——以中国河南省为例 [J]. 世界农业, 2016 (2): 51-55.

[270] 张连刚, 柳娥. 组织认同、内部社会资本与合作社成员满意度——基于云南省 263 个合作社成员的实证分析 [J]. 中国农村观察, 2015 (5): 39-50.

[271] 张林秀, 李强, 罗仁福, 等. 中国农村公共物品投资情况及区域分布 [J]. 中国农村经济, 2005 (11): 18-25.

[272] 张明林, 吉宏. 集体行动与农业合作组织的合作条件 [J]. 企业经济, 2005 (8): 18-20.

[273] 张五常. 关于新制度经济学 [M]. 北京: 经济科学出版社, 1999.

[274] 张五常. 交易费用的范式 [J]. 社会科学战线, 1999 (1): 1-9.

[275] 张五常. 经济解释 [M]. 北京: 中信出版社, 2015.

[276] 张琰, 叶文辉, 杨小明, 等. 近年来农田水利设施建设问题的研究——以云南为例 [J]. 经济问题探索, 2011 (5): 180-185.

[277] 张羽, 徐文龙, 张晓芬. 不完全契约视角下的 PPP 效率影响因素分析 [J]. 理论月刊, 2012 (12): 103-107.

[278] 张云华, 丰景春, 薛松. 水利基础设施 PPP 项目剩余控制权优化配置模型 [J]. 科技管理研究, 2017, 37 (1): 189-193.

[279] 张志原, 刘贤春, 王亚华. 富人治村、制度约束与公共物品供给——以农田水利灌溉为例 [J]. 中国农村观察, 2019 (1): 66-80.

[280] 折晓叶. 县域政府治理模式的新变化 [J]. 中国社会科学, 2014 (1): 121-139.

[281] 郑荣卿. 市场情绪对商品住房市场交易的影响 [D]. 中南财经政法大学硕士学位论文, 2017.

[282] 周洪文, 张应良. 农田水利建设视野的社区公共产品供给制度创新 [J]. 改革, 2012 (1): 93-100.

[283] 周立群, 曹利群. 商品契约优于要素契约——以农业产业化经营中的契约选择为例 [J]. 经济研究, 2002 (1): 14-19.

［284］周翔鹤．清代台湾宜兰水利合股契约研究［J］．中国经济史研究，2000（3）：104－114.

［285］周晓平，郑垂勇，陈岩．小型农田水利工程产权制度改革动因的博弈解释［J］．节水灌溉，2007（3）：54－57.

［286］周晓平．基于网络分析法（ANP）的小型农田水利工程治理绩效评价研究［J］．江苏农业学报，2009，25（6）：1400－1406.

［287］周晓平．农田水利设施产权制度改革原理和制约性分析［J］．江苏农业科学，2009（6）：1－3.

［288］周晓平．小型农田水利工程治理模式浅析［J］．河北农业科学，2009（10）：161－163.

［289］周应恒，胡凌啸．对我国农田基础设施建设的思考［J］．华中农业大学学报（社会科学版），2016（2）：23－29＋135.

［290］朱冬亮．村庄社区产权实践与重构：关于集体林权纠纷的一个分析框架［J］．中国社会科学，2013（11）：85－103.

［291］朱红根，翁贞林，康兰媛．农户参与农田水利建设意愿影响因素的理论与实证分析——基于江西省619户种粮大户的微观调查数据［J］．自然资源学报，2010（4）：539－546.

《农田水利产权的契约与治理研究》
调查内容及说明

（县政府及相关部门）

本调查属于"农田水利产权的契约与治理研究"专题调研，调查分为定性和定量两部分。定性部分对象为政府及相关部门，主要采取座谈的形式；定量部分主要采取调查问卷的形式进行。在此对你们的大力帮助深表感谢！

一、所在县的基本情况介绍

二、定性调查主要内容

（一）农业发展和农民收入情况

（二）农地流转基本情况与新型农业经营主体发展情况

（三）农田水利设施建设情况

（1）农田水利设施总体情况？农田水利设施类型？建设的主要资金来源？资金投入情况？灌溉水源是否满足农业生产需求？

（2）小型病险水库除险加固、病险水闸更新改造等情况，灌区现代化建设情况？

（3）滴灌、微灌等节水设施建设情况？是否推进了智慧水利建设？

（四）农田水利设施管理与维护情况

（1）水利设施管理人员配备情况？管护经费情况？管护人员工资？

（2）农田水利设施是否定期进行清淤、疏通与维护？现阶段的管理维护方案？

（3）是否利用物联网、卫星遥感、无人机、视频监控等手段建设现代水利监管体系？是否利用互联网、云计算、大数据等先进技术建设农田水利信息管理平台？

（4）农田水利合作组织（如用水户协会）情况如何？数量是多少？使用了什么扶持政策？

（五）农田水利设施产权改革和契约缔结情况

（1）农田水利设施归谁所有？是否实施农田水利设施产权改革？是否对农田水利工程清产核资、确权颁证？

（2）设施所有权人是否与管护主体签订协议书？是否有对合同执行的监督和考评？

《农田水利产权的契约与治理研究》
调查内容及说明

（乡政府）

本调查属于"农田水利产权的契约与治理研究"专题调研，调查分为定性和定量两部分。定性部分对象为政府及相关部门（水利站、农经站等），主要采取座谈的形式；定量部分主要采取调查问卷的形式进行。在此对你们的大力帮助深表感谢！

一、所在乡镇的基本情况介绍

二、定性调查主要内容

（一）农业发展情况和农民收入情况

（二）农地流转基本情况与新型农业经营主体发展情况

（三）农田水利设施建设情况

（1）农田水利设施基本情况？现阶段农田水利设施建设的主要资金来源？

（2）有哪些主要的农田水利设施？分别有几座水库、几条水渠、几座山塘等？最近是否新修农田水利设施？干旱或洪涝时采取哪些紧急措施灌溉或排水？田间渠系等建筑物配套情况？

（3）新型农业经营主体与传统小农户参与农田水利建设的方式？

（四）农田水利设施管理与维护情况

（1）主要由谁负责农田水利设施的治理（管理与维护）？政府、灌区、村社还是农户？

（2）水利设施管理人员配备情况，管护资金投入情况？农田水利设施是否定期进行清淤、疏通与维护？

（3）通常采取什么方式鼓励农民自主参与到农田水利的"建、管、护"当中来？

（4）乡镇农田水利合作组织（如用水户协会）情况如何？农户用水是否需要交水费？标准如何？

（五）农田水利设施产权改革和契约缔结情况

（1）农田水利设施归谁所有？农田水利设施是否有拍卖、承包、租赁的产权改革行为？

（2）农户是否签订用水合同？

附录三

农田水利治理的农户意愿度调查问卷

_____省_____市（区）_____县_____镇（乡）_____村

一、农户基本情况

1. 性别：_____年龄：_____

2. 家庭人口数为（　　）。

A. 3 个及以下　　　　B. 4 个　　　　　　C. 5 个　　　　　　　D. 6 个

E. 7 个及以上

3. 您的文化程度是（　　）。

A. 没有上学　　　　B. 小学　　　　　　C. 初中　　　　　　　D. 初中以上

4. 您的身体健康状况属于（　　）。

A. 差　　　　　　　B. 一般　　　　　　C. 健康

5. 家庭从事农业生产的成年劳动力人数为（　　）。

A. 1 个　　　　　　B. 2 个　　　　　　C. 3 个　　　　　　　D. 4 个

E. 5 个及以上

6. 家庭劳动力短缺状况（　　）。

A. 经常存在　　　　B. 较少存在　　　　C. 不存在

7. 家庭的年收入为（　　）。

A. 3 万元以下　　　B. 3 万 ~ 6 万元　　C. 6 万 ~ 9 万元

D. 9 万 ~ 12 万元　　　　　　　　　　　E. 12 万元以上

8. 家庭资金不足状况（　　）。

A. 经常存在　　　B. 较少存在　　　C. 不存在

9. 务农收入在您家庭收入中的比重为（　　　）。

A. 20% 及以下　　B. 21% ~ 40%　　　C. 41% ~ 60%　　D. 61% ~ 80%

E. 80% 以上

10. 种粮收入占家庭总收入的比重为（　　　）。

A. 10% 以下　　　B. 10% ~ 30%　　　C. 30% ~ 50%　　D. 50% 以上

11. 种粮补贴与种粮投入的比例为（　　　）。

A. 10% 以下　　　B. 10% ~ 20%　　　C. 20% ~ 30%　　D. 30% 以上

二、农田水利设施的参与情况

1. 您认为现阶段农田水利设施整体状况如何（　　　）。

A. 较差　　　　　B. 一般　　　　　C. 较好　　　　　D. 很好

2. 您是否愿意参与农田水利设施建设？（　　　）

A. 否　　　　　　B. 是

3. 如果愿意，您会选择的投资方式为（　　　）

A. 投工　　　　　B. 投钱

4. 您对农田水利设施建设的参与程度为（　　　）。

A. 不参与　　　　B. 低度　　　　　C. 中度　　　　　D. 高度

5. 您认为农田水利设施对农业生产的重要程度为（　　　）。

A. 不重要　　　　B. 一般　　　　　C. 比较重要　　　D. 很重要

6. 现阶段农田水利设施投资主要来源于（　　　）。

A. 地方政府　　　B. 灌区或村社　　C. 农户　　　　　D. 用水户协会

E. 中央政府

7. 您认为农田水利设施的建设费用更应由（　　　）来承担。

A. 自己　　　　　B. 政府

8. 您认为采用（　　　）才能吸引农民参与农田水利设施的建设。

A. 非报酬性参与　　B. 报酬性参与

9. 如果是报酬性参与，你认为给予（　　　）较为合理。

A. 用水优先权　　B. 排涝优先权　　C. 减免水费　　　D. 分红

10. 农田水利设施的治理（管理与维护）主要由（　　）来负责。

A. 地方政府　　　　B. 灌区或村社　　　C. 农户　　　　　　　D. 用水户协会

11. 您认为村集体组织动员力度为（　　）。

A. 无　　　　　　　B. 较弱　　　　　　C. 中等　　　　　　　D. 较强

E. 非常强

12. 您认为农田水利设施村集体管护程度为（　　）。

A. 非常差　　　　　B. 较差　　　　　　C. 中等　　　　　　　D. 较好

E. 非常好

13. 您认为自然灾害对农业生产的影响程度为（　　）。

A. 没有影响　　　　B. 一般　　　　　　C. 比较严重　　　　　D. 很严重

14. 您认为政府对农田水利设施的投入情况怎样？（　　）

A. 没有　　　　　　B. 有，但不多　　　C. 有

15. 您认为政府对农田水利设施的政策宣传情况怎样？（　　）

A. 没有宣传　　　　B. 效果低　　　　　C. 效果一般　　　　　D. 效果好

附录四

农田水利产权与契约治理的现状及农户满意度调查问卷

_____省_____市（区）_____县_____镇（乡）_____村

一、农户基本情况

1. 性别：_____年龄：_____

2. 家庭人口数为（　　）。

A. 3 个及以下　　　　B. 4 个　　　　　　C. 5 个　　　　　　　D. 6 个

E. 7 个及以上

3. 家庭从事农业生产的成年劳动力人数为（　　）。

A. 1 个　　　　　　B. 2 个　　　　　　C. 3 个　　　　　　　D. 4 个

E. 5 个及以上

4. 您的文化水平是（　　）。

A. 小学及以下　　　B. 初中　　　　　　C. 高中　　　　　　　D. 大专

E. 本科及以上

5. 您的身体健康状况属于（　　）。

A. 有病在身　　　　B. 较弱　　　　　　C. 无病一般　　　　　D. 很好

6. 您是否是纯农户？（　　）

A. 不是　　　　　　B. 是

7. 家庭拥有（　　）地（包括田）。

A. 0～5 亩　　　　　B. 6～10 亩　　　　C. 11～15 亩　　　　　D. 16～20 亩

E. 20 亩以上

8. 家庭的年收入为（　　　）。

A. 3 万元以下　　　B. 3 万~6 万元　　　C. 6 万~9 万元

D. 9 万~12 万元　　　　　　　　E. 12 万元以上

9. 务农收入在您家庭收入中的比重为（　　　）。

A. 20% 及以下　　B. 21%~40%　　C. 41%~60%　　D. 61%~80%

E. 80% 以上

二、农田水利产权的契约与治理问题调查

1. 您是否愿意投资于农田水利基础设施？（　　　）

A. 否　　　　　B. 是

2. 如果愿意，您会选择以下哪种投资方式？（　　　）

A. 投工　　　　B. 投钱

3. 您对农田水利基础设施的满意程度为（　　　）。

A. 不满意　　　B. 满意

4. 农田水利所在地缘特征为（　　　）。

A. 平原或湖区　　B. 丘陵地区　　　C. 山地区

5. 农田水利个性特征为（　　　）。

A. 灌渠　　　　B. 水库或山塘　　C. 机灌井

6. 农田水利的类型包括（　　　）。

A. 私人治理　　B. 集权治理　　　C. 用水户参与式治理

D. 自主治理

7. 现阶段农田水利设施投资主要来源于（　　　）。

A. 地方政府　　B. 灌区或村社　　C. 农户　　　　D. 用水户协会

E. 中央政府

8. 农田水利设施的治理（管理与维护）主要是由（　　　）负责。

A. 地方政府　　B. 灌区或村社　　C. 农户　　　　D. 用水户协会

9. 农田水利受自然灾害影响情况？（　　　）

A. 没有　　　　B. 基本没有　　C. 偶尔　　　　D. 经常

10. 近五年是否修筑新的农田水利设施？（　　　）

A. 否　　　　　　　　B. 是

11. 农田水利设施维护状况如何？（　　　）

A. 无人维护管理，严重损毁　　　　B. 维护管理一般，局部损毁

C. 维护管理很好

12. 您认为谁该出钱建设农田水利基础设施？（　　　）

A. 村内企业　　　B. 村民　　　C. 村民小组　　　D. 村集体

E. 政府

13. 您认为对农田水利设施建设最重要的条件是什么？（　　　）

A. 政府资金资助　　　　　　　　B. 村集体资金雄厚

C. 村干部的能力强　　　　　　　D. 村民支持

E. 其他条件

14. 当地目前主要农田水利设施的建造年代是（　　　）。

A. 20 世纪 60 年代之前　　　　　B. 20 世纪 60~80 年代

C. 20 世纪 80 年代至 2000 年　　　D. 近十几年

15. 您对农田水利基础设施建设决策的参与度为（　　　）。

A. 无参与　　　B. 低度　　　C. 中度　　　D. 高度

16. 您认为村集体组织动员力度为（　　　）。

A. 无　　　　　B. 较弱　　　C. 中等　　　D. 较强

E. 非常强

17. 您认为村集体对农田水利基础设施的管护程度如何？（　　　）

A. 非常差　　　B. 较差　　　C. 中等　　　D. 较好

E. 非常好

18. 您对其他村民参与农田水利治理的信任程度如何？（　　　）

A. 一点不信任　　B. 有些不信任　　C. 一般信任　　D. 比较信任

E. 完全信任

19. 您觉得村社凝聚力怎样？（　　　）

A. 无　　　　　B. 较弱　　　C. 中等　　　D. 较强

E. 非常强

20. 您的灌溉方式是（　　　）。

A. 靠天　　　　　　　　　　B. 自己人力挑水或运水灌溉

C. 自己机械抽水灌溉　　　　　　D. 村或小组有组织地抽水灌溉

E. 其他

21. 您家里的灌溉水源主要来自（　　　）。

A. 周围的河流、湖泊　　　　　B. 地下水

C. 池塘、水库　　　　　　　　D. 天然雨水

E. 其他

22. 您认为灌溉水源是否充足？（　　　）

A. 否　　　　　　　B. 是

23. 您认为采用哪种方式才能吸引农民参与水利设施的建设？（　　　）

A. 非报酬性参与　　B. 报酬性参与

24. 如果是报酬性参与，你觉得给予何种报酬较为合理？（　　　）

A. 用水优先权　　　B. 排涝优先权　　　C. 减免水费　　　　D. 分红

25. 您认为现存的农田水利设施迫切需要对哪些方面进行投资和维护？
（　　　）（可多选，按重要程度排序）

A. 水库补漏除险　　　　　　　B. 清理河道，加固堤坝

C. 泵站改进　　　　　　　　　D. 明渠改暗渠

E. 改造饮用水网

26. 您家庭中是否有人加入农水合作组织（用水户协会)？（　　　）

A. 否　　　　　　　B. 是

27. 您是否签订了用水协议？（　　　）

A. 否　　　　　　B. 是

制度规则影响小型农田水利
产权治理绩效调查问卷

_____县、_____镇（乡）、_____村、_____（水利设施名称）

第一层次

1. 小型农田水利所在地缘特征为（　　　）。

A. 平原或湖区　　　　B. 丘陵地区　　　　C. 山地区

2. 小型农田水利个性特征为（　　　）。

A. 灌渠　　　　　　　B. 水库或山塘　　　C. 机灌井

第二层次

3. 小型农田水利是否被维护良好？（　　　）

A. 是　　　　　　　　B. 否

4. 农水的使用者是否遵从操作规则？（　　　）

A. 是　　　　　　　　B. 否

5. 农水的供应是否充足？（　　　）

A. 是　　　　　　　　B. 否

6. 若供水不充足，原因是（　　　）。

A. 自然条件（环境）

B. 小型农田水利没有维护好（渗漏等）

7. 小型农田水利的治理主体是（　　　）。

A. 政府　　　　　　　B. 集体　　　　　　　C. 农民用水户协会

第三层次（制度规则）

一、边界规则

8. 是不是小型农田水利组织内的成员？（　　　）

A. 是　　　　　　　　B. 否

9. 是否在每次使用水资源时要支付进入费（水价）？（　　　）

A. 是　　　　　　　　B. 否

10. 是否在小型农田水利地区拥有土地承包权？（　　　）

A. 是　　　　　　　　B. 否

二、分配规则

11. 是否用某种物理装置把水流量分成固定的比例（固定比例)？（　　　）

A. 是　　　　　　　　B. 否

12. 是否在固定时段取水？（　　　）

A. 是　　　　　　　　B. 否

13. 是否按固定顺序轮流取水？（　　　）

A. 是　　　　　　　　B. 否

三、投入规则

14. 是否要求所有农水使用者（灌溉者）作出投入（人·日/年)？（　　　）

A. 是   B. 否

15. 若投入，是否要求所有农水使用者（灌溉者）作出均等投入（人·日/年）?（　　）

A. 是   B. 否

16. 若投入但非均等投入，是否要求所有农水使用者（灌溉者）作出比例投入（投入量与水权份额或灌溉的土地面积成正比）（人·日/年）?（　　）

A. 是   B. 否

17. 与取消农业税前相比，小型农田水利的变化情况如何?（　　）

A. 变差   B. 基本无变化   C. 变好

18. 与取消农业税前相比，小型农田水利政府投入的变化情况如何?（　　）

A. 减少   B. 基本无变化   C. 增加

四、监督与制裁规则

19. 是否有管水员对农水使用者（灌溉者）用水进行监督?（　　）

A. 是   B. 否

20. 如果有管水员，则管水员的类型为（　　）。

A. 政府委派   B. 集体推选   C. 协会推选

21. 是否有机构（政府、集体或协会）对农水使用者（灌溉者）用水进行监督?（　　）

A. 是   B. 否

22. 如果有监督，则监督主体是（　　）。

A. 政府   B. 法院（法庭）   C. 集体   D. 协会

后　记

本书由国家社会科学基金项目"农田水利产权的契约与治理研究"（14BJY113）结题报告修改而成，也是我从事农业经济理论与政策、农田水利产权研究的阶段性成果。从国家社科基金项目的前期选题、课题申报、论文发表、结项申请，到专著撰写及出版，前后历经五年多时间，回头想想这段漫长的求知路，时而喜悦，时而惆怅，心中最多的却是感恩和感激。在本书即将付梓出版之际，禁不住收获的喜悦，更觉知识浩瀚，学海无涯，由此平添对给予我帮助过的人们感激之情，感谢命运的安排，让我有幸结识了许多优秀的人，是他们教我如何与科研相伴，让我懂得如何攻克难题！人生处处是驿站，在此，向所有帮助过我的人献上我最诚挚的谢意！

我要感谢专著中所引用文献的作者，牛顿曾经说过："如果说我看得比别人更远些，那是因为我站在巨人的肩膀上。"如果没有这些学者研究成果的启发和帮助，我将无法顺利完成专著的最终写作。当然，也要感谢中国知网、百度学术等学术网络平台，为我提供了巨大的资源和信息数据库，无论是在收集专著的选题、构思、资料及写作过程中，还是在研究方法及成文定稿过程中，我都得到了平台搜索引擎的大力帮助和无私奉献，在此表示真诚的感谢和深深的谢意。此外，湖南农业大学图书馆和经济学院资料室也给我提供了许多帮助，正是他们出钱出力购买了相关数据库，才能让我用上如此便利的网络资源，不用往返于图书馆和阅览室之间，在线查阅中华人民共和国国家统计局、国研网统计数据库、中经网统计数据库等，采集全国层面的总量数据和省级层面的面板数据，通过查阅《新中国六十年统计资料汇编》《中国统计年鉴》《中国农村统计年鉴》《全国各省、自治区、直辖市历史统计资料汇编（1949—1989）》《中国财政年鉴》《新中国农业 60 年统计资料》及《中国劳动统计年鉴》等，可以轻松完成数据资料的搜集与整理，搜索页码和浏览书本扫描原件。另外，我还要感谢中国知网开发的学术不端文献检测系统，让我明白如何用严谨的语句措辞，避免戴上抄袭的绿帽，使我在尊重作者知识产权的基础上，能够以快捷的方式获取大量的信息和资料。

我更要衷心感谢湖南大学经济学院各位领导、老师的关心和照顾，他们在我申报国家社科项目申报过程中给我带来了许多中肯的意见，不仅在论文发表过程中提供热情的帮助，也在专著的排版和撰写过程中更是给予了我很多有用的素材，经济学院是一个团结协作、积极进取、充满学术氛围的集体，能在这样的环境下学习和工作，我感到无比的荣幸和自豪。本书从选题、构思、写作、校稿到定稿，每一环节无不凝结着团队成员的心血和汗水，由此我衷心地向大家道一声"辛苦了"！大家严谨细致、实事求是的治学态度，认真勤奋、不知疲倦的科研作风以及对事业和学术的执着追求都使我终生难忘，并时时鞭策我努力工作，在科学研究的道路上不断奋发向上。本书得到了曾福生教授、黎红梅教授、杨林老师、周路军老师、许慧老师的无私支持和帮助，在课题研究过程中遇到困难和障碍时，他们毫不犹豫地出手帮助我，更是积极参与了项目调研及访谈工作，希望我们以后能够继续合作，共同进步。此外，还要特别感谢科研团队的周长艳硕士、张慧玲硕士、彭排硕士和李海博士等研究生在项目研究过程中长久的付出与持续的努力，大家严谨进取的治学精神和乐观向上的生活态度，令我着实感动，谢谢大家一直以来的大力支持，在此一并表示感谢。我一定不会忘记大家彼此安慰、相互鼓励的话语，还有"心有灵犀一点通"的时刻，你们的每一句话，每一个微笑，都值得我永远珍藏于记忆中！自此，我也意识到了科研团队建设的重要性，科学研究需要合作，量子物理学的创立者玻尔曾说："所有的科学进步取决于合作。"海森伯也说过："科学扎根于交流，起源于讨论。"虽然团队间的相互交流、碰撞和批判，不仅可以触发科研灵感，激发创造激情，更能加强团队精神、团队文化建设，形成合力，提升团队创造能力。但是，所谓"金无足赤，人无完人"，由于我水平有限，编写时间仓促，所以书中错误和不足之处在所难免，恳请广大读者批评指正！

本书得到了国家社会科学基金项目（14BJY113）的资助，出版得到了湖南省农林经济管理重点学科、湖南省农村发展研究基地和"三农"问题研究基地的资助，在此表示衷心感谢。

　　谨以此书献给所有帮助、关心我的领导、同事、同学和朋友们！

刘辉

2020 年 5 月